高等院校计算机应用技术系列教材

系列教材主编　谭浩强

U0128746

Visual FoxPro 数据库应用教程

孔庆彦　王革非　王俊生　等编著

机械工业出版社

本书按照教育部提出的计算机基础教学的要求，以 Visual FoxPro 为主要内容，结合面向对象程序设计方法的基本知识，介绍关系数据库理论基础知识和应用系统开发的过程与方法。全书共分 9 章，覆盖了 Visual FoxPro 中的所有知识，包括 Visual FoxPro 基础、数据库和表、程序设计、查询和视图、表单、报表和标签、菜单、项目及应用系统开发实例。书中各章均配有与教学内容配套的复习指导。另外，"应用能力提高"部分以本书的第 9 章为基础，设置了相关的上机实践题目，完成以上内容，就基本完成了一个小型数据库管理系统的开发。

本书与配套教材《Visual FoxPro 数据库实践教程》（ISBN：978-7-111-31447-9）一起使用，更利于读者理解和掌握 Visual FoxPro。《Visual FoxPro 数据库实践教程》中各章的上机实训给出了本书中应用能力提高部分的相关操作过程。

本书既可作为高校教材，也可作为社会培训教材，还可用于读者自学。

图书在版编目 (CIP) 数据

Visual FoxPro 数据库应用教程/孔庆彦等编著. —北京：机械工业出版社，2010.8
（高等院校计算机应用技术系列教材）
ISBN 978 - 7 - 111 - 31206 - 2

Ⅰ.①V… Ⅱ.①孔… Ⅲ.①关系数据库 - 数据库管理系统，Visual Fox Pro - 高等学校 - 教材 Ⅳ.①TP311.138

中国版本图书馆 CIP 数据核字 (2010) 第 128231 号

机械工业出版社(北京市百万庄大街22号 邮政编码100037)
责任编辑：赵 轩
责任印制：杨 曦
北京蓝海印刷有限公司印刷
2010 年 8 月第 1 版·第 1 次印刷
184mm×260mm ·21 印张·519 千字
0001—3000 册
标准书号：ISBN 978 - 7 - 111 - 31206 - 2
定价：34.00 元

凡购本书，如有缺页、倒页、脱页，由本社发行部调换
电话服务　　　　　　　　　网络服务
社服务中心：(010)88361066　　门户网：http://www.cmpbook.com
销 售 一 部：(010)68326294　　教材网：http://www.cmpedu.com
销 售 二 部：(010)88379649　　**封面无防伪标均为盗版**
读者服务部：(010)68993821

序

进入信息时代，计算机已成为全社会不可或缺的现代工具，每一个有文化的人都必须学习计算机，使用计算机。计算机课程是所有大学生必修的课程。

在我国 3000 多万大学生中，非计算机专业的学生占 95% 以上。对这部分学生进行计算机教育将对影响今后我国在各个领域中的计算机应用的水平，影响我国的信息化进程，意义是极为深远的。

在高校非计算机专业中开展的计算机教育称为高校计算机基础教育。计算机基础教育和计算机专业教育的性质和特点是不同的，无论在教学理念、教学目的、教学要求、还是教学内容和教学方法等方面都不相同。在非计算机专业进行的计算机教育，目的不是把学生培养成计算机专家，而是希望把学生培养成在各个领域中应用计算机的人才，使他们能把信息技术和各专业领域相结合，推动各个领域的信息化。

显然，计算机基础教育应该强调面向应用。面向应用不仅是一个目标，而应该体现在各个教学环节中，例如：

教学目标：培养大批计算机应用人才，而不是计算机专业人才；

学习内容：学习计算机应用技术，而不是计算机一般理论知识；

学习要求：强调应用能力，而不是抽象的理论知识；

教材建设：要编写出一批面向应用需要的新教材，而不是脱离实际需要的教材；

课程体系：要构建符合应用需要的课程体系，而不是按学科体系构建课程体系；

内容取舍：根据应用需要合理精选内容，而不能漫无目的地贪多求全；

教学方法：面向实际，突出实践环节，而不是纯理论教学；

课程名称：应体现应用特点，而不是沿袭传统理论课程的名称；

评价体系：应建立符合培养应用能力要求的评价体系，而不能用评价理论教学的标准来评价面向应用的课程。

要做到以上几个方面，要付出很大的努力。要立足改革，埋头苦干。首先要在教学理念上敢于突破理论至上的传统观念，敢于创新。同时还要下大功夫在实践中摸索和总结经验，不断创新和完善。近年来，全国许多高校、许多出版社和广大教师在这领域上作了巨大的努力，创造出许多新的经验，出版了许多优秀的教材，取得了可喜的成绩，打下了继续前进的基础。

教材建设应当百花齐放，推陈出新。机械工业出版社决定出版一套计算机应用技术系列教材，本套教材的作者们在多年教学实践的基础上，写出了一些新教材，力图为推动面向应用的计算机基础教育作出贡献。这是值得欢迎和支持的。相信经过不懈的努力，在实践中逐步完善和提高，对教学能有较好的推动作用。

计算机基础教育的指导思想是：面向应用需要，采用多种模式，启发自主学习，提倡创新意识，树立团队精神，培养信息素养。希望广大教师和同学共同努力，再接再厉，不断创造新的经验，为开创计算机基础教育新局面，为我国信息化的未来而不懈奋斗！

全国高校计算机基础教育研究会荣誉会长　谭浩强

前　　言

我国经过改革开放 30 年的高速发展，高等教育逐步普及，越来越多的高等院校将会面向国民经济发展的第一线，为企业培养各类高级应用型人才。计算机应用能力已经成为社会从业人员的重要工作能力之一，而高等院校中的计算机基础教学无疑是非专业学生掌握计算机应用能力的重要途径。

Visual FoxPro 关系数据库系统具有性能强大、应用工具丰富、界面友好和使用简单易学等众多优点，特别是可视化编程和面向对象程序设计方法，十分适合初学者作为学习计算机知识的起点和工具。

本书由从事 Visual FoxPro 程序设计课程教学的一线教师根据多年的教学经验积累编写。以易学为出发点，淡化理论，注重操作，精心设计各章的例题，使书中内容更接近实际教学。

本书具有以下特点：

1）在知识内容方面具有系统性、先进性和应用性。

2）在内容组织和章节设置方面，更加强调操作技能的培养。

3）每章中的复习指要可以引导学习者理解和掌握章重点和难点。

4）每章中的应用技能提高基本上是以本书第 9 章应用系统开发实例为基础设计的操作题目，与各章内容紧密联系，用于学习者通过实践操作掌握所学知识。

5）对基本概念、基本技术与方法的阐述力求准确、明晰，通俗易懂。

本书共分为 9 章，主要包括 Visual FoxPro 操作基础、数据库与表的基本操作、结构化程序设计、查询和视图、表单设计、报表、菜单、项目管理器和应用程序系统开发等内容。

本书配套教材《Visual FoxPro 数据库应用实践教程》与本书的内容对应，包括知识结构图、知识点精练、上机实训、习题等 4 大部分内容。上机实训内容的选取紧密结合本书，由本书的应用能力提高和补充的与本书内容相关的实验组成。习题的选取与本书内容对应，紧密结合本书中的知识点。

本书第 1、7、8、9 章由王革非、王俊生、宗明魁、金巨波、张伟阳和张鸿静编写，第 2~6 章由孔庆彦编写，最后由孔庆彦、王革非统稿。

在本书的编写过程中，贾宗福教授对本书的编写提出了很好的建议和帮助，编者所在学校也提供了大力支持和帮助，在此表示衷心的感谢，同时对在编写过程中所参考的大量文献资料的作者表示感谢。

由于时间仓促和编者水平所限，书中难免有不妥之处，敬请读者批评指正。

编　者

目　　录

第1章 Visual FoxPro 基础

学习目标

- 了解 Visual FoxPro 所能实现的功能
- 掌握 Visual FoxPro 的安装和启动方法
- 掌握 Visual FoxPro 窗口中各组成部分的作用
- 了解 Visual FoxPro 的操作方式，能够根据需要设置必要的运行环境
- 了解 Visual FoxPro 的命令结构、用法要求

1.1 Visual FoxPro 简介

Visual FoxPro 是 Microsoft 公司推出的面向对象的关系数据库管理系统，是新一代小型数据库管理系统的杰出代表，适用于 Windows 操作系统，是功能最强的数据库管理系统之一。

Visual FoxPro 具有完善的性能、丰富的工具、极其友好的图形界面、简单的数据管理方式、良好的兼容性和真正的可编译性等特点，使数据的组织、管理和应用等工作变得简单易行。

Visual FoxPro 提供了丰富的可视化设计工具，为开发应用系统中用到的人机界面、数据组织和管理等提供了方便。这些可视化设计工具包括设计器、向导和生成器等。

1）设计器：包括表设计器、数据库设计器、表单设计器、菜单设计器、查询设计器和报表设计器等。

2）向导：包括表向导、表单向导、报表向导和查询向导等。

3）生成器：在表单中设置控件属性的对话框，为设置表单及表单中控件的属性提供了方便。

通过学习 Visual FoxPro，能够学会下列操作。

1）组织数据：包括把相互间有关系的数据组织成规则的二维表，通过数据库管理表及表之间的关系。

2）查询数据：从表和视图中查询需要的数据，使用查询和视图可以方便地找到需要的数据。

3）操作界面：操作界面主要是窗口和对话框，通过表单和菜单实现。

4）数据打印：数据的输出形式之一是通过报表或标签的形式体现。

5）组织管理不同文件：在开发一个应用系统时，会使用为实现共同目标而建立的多个文件，这些文件的统一管理是通过项目实现的。

综合组织上述内容就可以形成一个小型的数据库应用系统，如本书第9章应用系统开发实例中给出的田径运动会比赛成绩管理系统。

Visual FoxPro 在开发小型数据库管理系统方面有一定的优势。Visual FoxPro 有不同的版

本，不同版本的主体内容没有根本区别，本书以 Visual FoxPro 6.0 为例，介绍 Visual FoxPro 的功能。

1.2 Visual FoxPro 操作基础

1.2.1 Visual FoxPro 的安装和启动

只有硬件系统而没有安装软件系统的计算机称为裸机。要在裸机上先安装操作系统，如 Windows XP、Windows Vista 等，再安装 Visual FoxPro 6.0 数据库管理系统，才能使用 Visual FoxPro 6.0 数据库管理系统。

1. 安装环境要求

Visual FoxPro 6.0 能够运行在 Windows 95/98/2000/XP/NT/Vista 等操作系统下，具有强大的功能，其运行环境满足以下基本要求就可以。

1）处理器（CPU）：486/66MHz 以上的处理器。

2）内存：最小 16MB 内存，建议使用更大容量的内存。

3）硬盘：典型安装需要 85MB 硬盘空间，完全安装需要约 190MB 硬盘空间。

4）操作系统：Windows 95 以上版本的操作系统。

2. 安装步骤

Visual FoxPro 6.0 可以从 CD-ROM 或网络上进行安装。这里只介绍从 CD-ROM 安装 Visual FoxPro 6.0 的方法。

1）将 Visual FoxPro 6.0 系统光盘放入光盘驱动器，光盘中的安装文件会自动执行，进入安装过程；如果光盘中的安装文件没有自动执行，可以在"我的电脑"或"资源管理器"中双击 setup.exe 文件，运行 setup.exe 文件，进入 Visual FoxPro 6.0 安装过程。

2）按照安装向导的提示，单击 下一步(N)> 按钮，进入"最终用户许可协议"对话框，如图 1-1 所示。选择"接受协议"单选按钮后，单击 下一步(N)> 按钮。

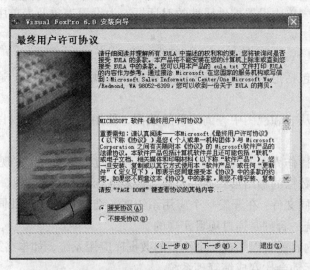

图 1-1　"安装向导－最终用户许可协议"对话框

2

注意：只有选择"接受协议"单选按钮，下一步(N) > 按钮才可用。

3）在如图 1-2 所示的"产品号和用户 ID"界面中，输入产品的 ID 号和 用户信息，单击 下一步(N) > 按钮。

 注意：只有输入正确的产品 ID 号以后，安装过程才能继续。

图 1-2　"安装向导 – 产品号和用户 ID"对话框

4）接下来要为 Visual FoxPro 6.0 应用程序所公用的文件选择安装位置。单击 下一步(N) > 按钮后，显示如图 1-3 所示的安装类型和安装位置选择界面。默认情况下，Visual FoxPro 6.0 会自动将公用文件安装在 C:\Program Files\Microsoft Visual Studio\vfp98 文件夹下，如果还安装了其他 Visual Studio 6.0 的产品，最好不要更改此文件夹。通过 更改文件夹(F)... 按钮，可以设置安装位置。

图 1-3　"Visual FoxPro 6.0 安装类型和安装位置"对话框

系统提供了"典型安装"和"自定义安装"两种安装类型。如果选择"典型安装(T)"，将安装最常用的组件，并将帮助文件留在 CD-ROM 上。如果选择"自定义安装(U)"，该选项允许自定义要安装的组件，将安装其他 Visual FoxPro 文件，包括 ActiveX 控件或企业版文件。

单击所选择的安装类型图标，进入 Visual FoxPro 系统安装过程。

5）进入系统安装过程后，开始复制文件，直至系统安装完毕。

3. 安装后自定义系统

完成 Visual FoxPro 6.0 的安装以后，可能希望自定义自己的系统，包括添加或删除 Visual FoxPro 6.0 的某些组件、更新 Windows 注册表中的注册项及安装 ODBC 数据源等，其操作方法如下。

1）打开 Windows 操作系统的"控制面板"，单击"添加/删除程序"图标按钮，在出现的对话框中的"当前安装的程序"列表中选择"Microsoft Visual FoxPro 6.0（简体中文）"选项，并单击 更改/删除 按钮。

2）弹出"Visual FoxPro 6.0 安装程序"对话框，在其中单击 添加/删除(A)... 按钮。此时弹出"Visual FoxPro 6.0 - 自定义安装"对话框，可以根据需要选择或取消选择对话框中的选项来添加或删除组件。

3）单击 继续(C) 按钮，系统将根据所选定的组件进行安装或删除已经安装的组件。

4. 启动 Visual FoxPro 6.0

常用的启动 Visual FoxPro 6.0 的方法有以下 3 种。

方法 1：单击"开始"菜单，选择"所有程序" → "Microsoft Visual FoxPro 6.0" → "Microsoft Visual FoxPro 6.0"命令，如图 1-4 所示。

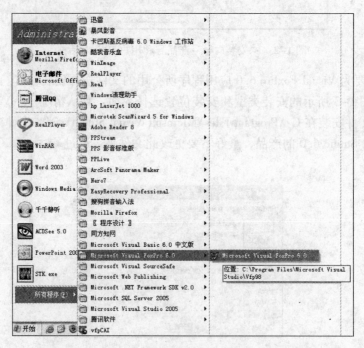

图 1-4 "开始"菜单启动 Visual FoxPro 6.0 的方法

方法 2：如果在桌面上有 Visual FoxPro 6.0 的快捷方式，则双击该快捷方式，如图 1-5 所示。

方法 3：通过"资源管理器"或"我的电脑"在 Visual FoxPro 6.0 安装位置找到 VFP6. EXE 应用程序，双击该程序文件，如图 1-6 所示。

第一次启动 Visual FoxPro 6.0 时，显示如图 1-7 所示的对话框，可以选择"以后不再显示此屏"复选框，并单击"关闭此屏"按钮，进入 Visual FoxPro 6.0 应用程序窗口。

图 1-5　Windows 桌面启动 Visual FoxPro 6.0 的方法

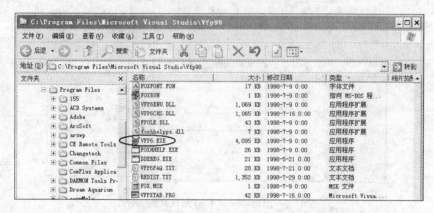

图 1-6　安装位置启动 Visual FoxPro 6.0 的方法

图 1-7　Visual FoxPro 6.0 第一次启动时显示的界面

5. Visual FoxPro 6.0 的退出

不使用 Visual FoxPro 6.0 时，就可以退出 Visual FoxPro 6.0。要采用正确的方法退出 Visual FoxPro 6.0，以保证文件中数据的正确性。退出 Visual FoxPro 6.0 常用的有下面 6 种方法，具体操作如图 1-8 所示。

方法 1：单击系统控制菜单，选择"关闭"命令。

方法 2：单击 Visual FoxPro 6.0 应用程序窗口的"关闭"按钮⊠。

方法 3：选择"文件"→"退出"命令。

方法 4：在命令窗口中输入"QUIT"命令。

方法 5：使用〈Alt + F4〉组合键。

方法 6：双击标题栏中的系统控制菜单图标⊠。

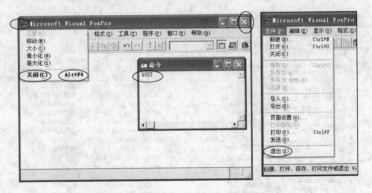

图 1-8　退出 Visual FoxPro 6.0 的方法

1.2.2　Visual FoxPro 窗口

Visual FoxPro 6.0 系统启动后，进入 Visual FoxPro 6.0 应用程序集成开发环境界面，如图 1-9 所示。窗口主要包括标题栏、菜单栏、工具栏、状态栏、命令窗口和输出区域等内容。

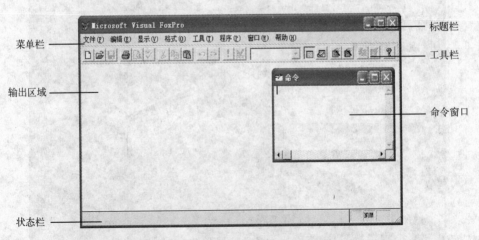

图 1-9　Visual FoxPro 6.0 应用程序窗口

1. 标题栏

标题栏用于显示正在运行的应用程序名，最左端是系统控制菜单图标，最右端是窗口的最小化按钮、最大化按钮或还原按钮，以及关闭按钮。

2. 菜单栏

菜单栏是 Visual FoxPro 提供的命令及操作的集合，并按功能进行分组。菜单栏中包含的菜单项会随着当前操作的状态进行相应的变化，例如，当数据库设计器打开时，菜单栏中就会出现"数据库"菜单，当表单设计器打开时，菜单栏中就会出现"表单"菜单。

3. 工具栏

工具栏以图标按钮的形式给出 Visual FoxPro 的命令，为用户的操作提供了方便。工具栏有两种类型：一种是"常用"工具栏，如图 1-9 中所示的工具栏，由常用命令的快捷按钮组成，通过快捷按钮，可以快速访问相应的菜单命令；另一种是具有专门用途的工具栏，如"表单控件"工具栏、"报表控件"工具栏、"报表设计器"工具栏及"表单设计器"工具栏等。

工具栏可以显示或隐藏，选择"显示"→"工具栏"命令，弹出如图 1-10 所示的"工具栏"对话框，单击要显示或隐藏的工具栏，然后单击 确定 按钮；或右击 Visual Fox-Pro 窗口中的工具栏，弹出如图 1-11 所示的快捷菜单，选择所需的工具栏名称。

图 1-10 "工具栏"对话框

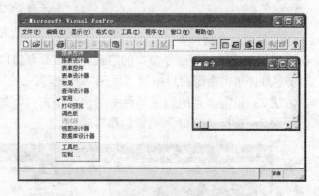

图 1-11 右击工具栏按钮弹出的快捷菜单

4. 状态栏

状态栏在 Visual FoxPro 窗口的底部，给出了 Visual FoxPro 当前的工作状态。

5. 命令窗口

命令窗口用来接收 Visual FoxPro 中的命令，是以交互方式执行命令的窗口。Visual Fox-Pro 中的命令大部分都可以在命令窗口中执行。

（1）命令窗口的特点

特点 1：可以在命令窗口中直接输入 Visual FoxPro 中的大部分命令并按〈Enter〉键执行。

特点 2：如果要重复执行命令窗口中已有的命令，可以将光标定位到此命令行并按〈Enter〉键执行。

特点 3：可以选择命令窗口中的多条命令，按〈Enter〉键执行。选择多条命令的方法是按住〈Shift〉键，移动上下箭头选择或用鼠标拖曳选择。

特点 4：通过菜单方式执行操作时，对应的命令会自动显示在命令窗口中。

特点 5：可以进行命令行的编辑操作，如修改、删除、复制、粘贴等操作，以节省时间并且便于命令的录入和修改。

（2）显示命令窗口

可以根据需要控制命令窗口的显示，显示命令窗口的方法如图 1-12 所示。

方法 1：选择"窗口"→"命令窗口"命令。

方法 2：单击"常用"工具栏中的"命令窗口"按钮 。

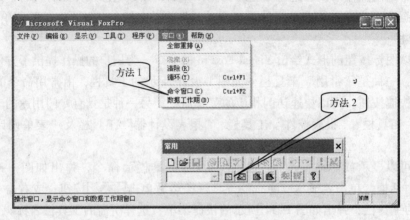

图 1-12 显示命令窗口

（3）隐藏命令窗口

可以根据需要控制命令窗口的隐藏，隐藏命令窗口的方法如图 1-13 所示。

方法 1：单击命令窗口中的"关闭"按钮 。

方法 2：单击"常用"工具栏中的"命令窗口"按钮 。

方法 3：选择"窗口"→"隐藏"命令。

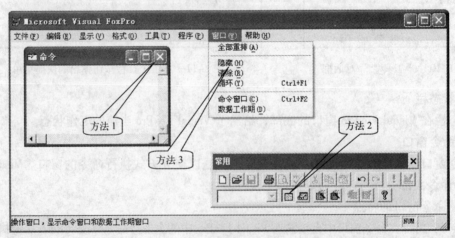

图 1-13 隐藏命令窗口的方法

6. 输出区域

输出区域是输出程序或命令运行结果的区域，如图 1-14 所示。如果要清除输出区域的内容，可以在命令窗口中输入"CLEAR"命令。

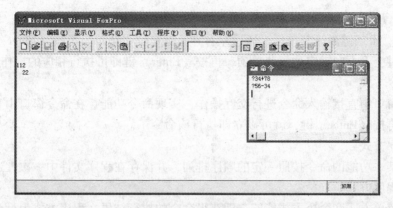

图 1-14　输出区域

1.2.3　Visual FoxPro 的操作概述

Visual FoxPro 是一个简单、快速的开发工具，在提供了多种操作方式的同时，也提供了可视化的设计工具，给开发应用系统提供了方便。

1. Visual FoxPro 的操作方式

Visual FoxPro 有两种操作方式，即交互方式和程序方式，其中交互方式又可分为菜单方式和命令方式。Visual FoxPro 的操作方式如图 1-15 所示。

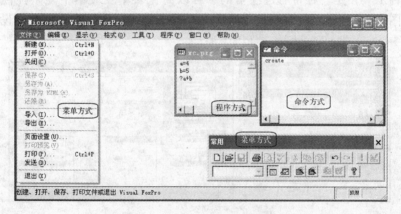

图 1-15　Visual FoxPro 工作方式

（1）菜单方式

利用菜单栏中的菜单项或工具栏按钮执行命令功能。菜单操作方式能够在交互方式下实现人机对话，完成菜单操作可以采用以下 3 种方法。

方法 1：鼠标操作。

用鼠标左键单击菜单，引出下拉菜单，再单击下拉菜单中的子菜单。

方法 2：键盘操作。

按住〈Alt〉键的同时按下所选菜单对应的热键，激活主菜单，再按下子菜单的热键，如在按住〈Alt〉键的同时按下〈F〉键，激活"文件"主菜单，再按下〈O〉键，激活"打开"子菜单，就执行了打开操作；或者在按住〈Ctrl〉键的同时，直接按下子菜单的热键，如在按住〈Ctrl〉键的同时按下〈O〉键，直接执行打开操作。

9

方法 3：方向键操作。

首先用〈Alt〉键激活菜单栏，通过左右方向键定位主菜单，再按〈Enter〉键激活子菜单，其次通过上下方向键定位子菜单项，再按〈Enter〉键即可执行相应的操作。

（2）命令方式

在命令窗口中直接输入命令进行交互操作，实现命令功能。在命令窗口中直接输入要执行的命令，再按〈Enter〉键，就可以立即执行该命令了。

（3）程序方式

将完成某一功能的命令按照一定的顺序排列，并保存在程序文件中一次性连续执行，这种方式称为程序方式。

其中，菜单方式和命令方式能够立即获得命令的执行结果；程序方式为批命令方式，将一些命令按照一定的逻辑顺序和控制结构，组织成一个程序文件，然后一次性执行这些命令。

2. Visual FoxPro 可视化设计工具

Visual FoxPro 提供了各种向导、设计器和生成器等可视化设计工具，帮助用户方便、灵活、快速地开发应用程序。向导通过交互方式由系统提问、用户回答来完成设计任务，如图 1-16 所示。设计器是可视化的开发工具，以窗口的形式提供了创建或修改数据库、表、查询、视图、表单、报表及标签等操作的平台，如图 1-17 所示。生成器是简化开发过程的另一种工具，是一种带有选项卡的、可以简化表单及表单中复杂控件等设置操作的工具，如图 1-18 所示。在后续章节的学习过程中，用户将体会到可视化设计工具带来的便利。

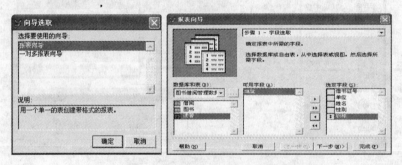

图 1-16　向导

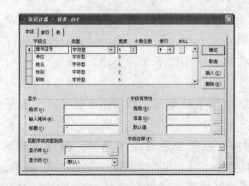

图 1-17　设计器

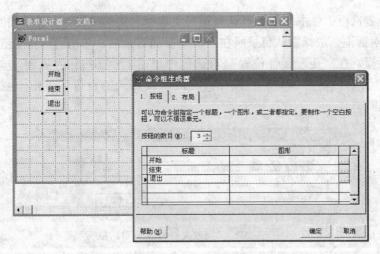

图 1-18　生成器

3. Visual FoxPro 系统环境的设置

安装了 Visual FoxPro 系统后，系统中环境设置采用的是默认设置。在使用 Visual FoxPro 系统过程中，随着对 Visual FoxPro 系统的熟悉，对系统环境会有不同的使用要求，那么可以根据需要自己设置环境参数。

选择"工具"→"选项"命令，弹出如图 1-19 所示的"选项"对话框。"选项"对话框由"常规"选项卡、"区域"选项卡、"文件位置"选项卡等 12 个选项卡组成，用于实现系统环境设置。

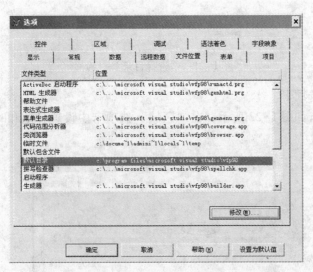

图 1-19　"选项"对话框

（1）"文件位置"选项卡

"文件位置"选项卡包括了 Visual FoxPro 中各种类型文件的有效位置，一般需要对"默认目录"进行设置，让系统到指定的工作路径去存取文件。

在"选项"对话框的"文件位置"选项卡中，选择"文件类型"列表框中的"默认目录"选项，单击 修改(M)... 按钮，弹出如图 1-20 所示的"更改文件位置"对话框。选择"使

11

用默认目录"复选框，单击"定位默认目录"文本框右边的按钮 ，显示如图1-21所示的"选择目录"对话框，选择默认目录所在的驱动器和目录后，单击 选定 按钮返回"更改文件位置"对话框。在"更改文件位置"对话框中单击 确定 按钮，返回"选项"对话框，在"选项"对话框中单击 设置为默认值 按钮，完成默认目录的设置，单击 确定 按钮，退出"选项"对话框。

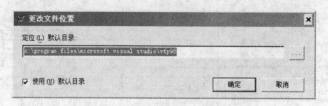

图1-20　"更改文件位置"对话框

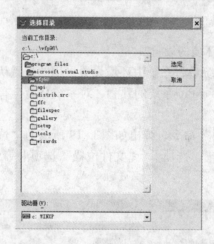

图1-21　"选择目录"对话框

（2）"区域"选项卡

"区域"选项卡如图1-22所示，在"区域"选项卡中设置日期和时间格式及货币和数字格式。

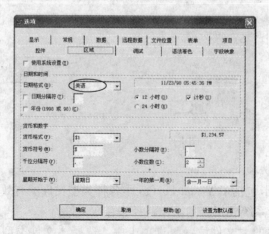

图1-22　"区域"选项卡

在"日期和时间"选项组中，单击"日期格式"右边的■按钮，可以设置日期格式，用于控制 Visual FoxPro 系统显示的日期型数据形式；在"货币和数字"选项组中，可以设置货币格式和数字格式。

（3）"常规"选项卡

"常规"选项卡如图 1-23 所示，在"常规"选项卡中可以设置 2000 年兼容性的严格日期级别，用于控制 Visual FoxPro 系统接收的日期型数据形式。

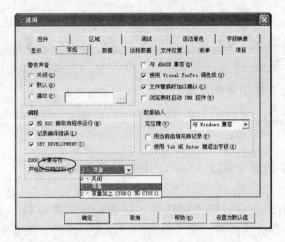

图 1-23　"常规"选项卡

1.2.4　Visual FoxPro 命令概述

Visual FoxPro 中的命令大部分既可以在命令窗口中执行又可以在程序中执行，但有关程序控制结构的命令必须在程序中执行。Visual FoxPro 中的命令是有限的，将这些命令按照合理的规则组合起来，就能实现各种功能。要正确使用这些命令，必须按照命令的格式去使用，才能正确实现命令的功能。

在书写 Visual FoxPro 命令时，需要注意以下几方面。

1）每个命令必须以一个命令动词开头，命令中各短语的次序可以任意排列。

例如：

    LIST   FOR 性别 = "女"   ALL
    LIST   ALL   FOR 性别 = "女"

上面两条命令作用相同，其中 LIST 是命令动词，ALL 和"FOR 性别 = "女""是两个短语，次序可以任意排列。

2）命令行的各项内容以空格隔开。

在上面的例子中，LIST 、ALL 、FOR 和"性别 = "女""中间以空格隔开。

3）命令的最大长度为 254 个字符，如果命令行的命令太长，可以使用续行符";"，然后回车换行，接着输入命令中的其他内容。

例如：

    SELECT * FROM 学生 ;

```
        WHERE 性别 = "女" ;
        ORDER BY 入学成绩 ;
        INTO DBF XSH
```

4）Visual FoxPro 中的命令不区分英文字母的大小写。

例如：下面两条命令作用完全相同。

```
        LIST
        list
```

5）Visual FoxPro 中的命令都是系统保留字，大部分命令只输入前 4 个英文字母就可以被 Visual FoxPro 识别。

例如：下面两条命令作用完全相同。

```
        MODIFY   COMMAND
        MODI   COMM
```

6）Visual FoxPro 中的命令是以〈Enter〉键作为结束标志的。

7）一行只能输入一条命令。

8）Visual FoxPro 中的命令可以添加注释，增强程序的可读性，系统不执行注释命令。Visual FoxPro 的注释命令分为两种，用 * 或 NOTE 作为行注释，用 && 作为命令注释。

例如：

```
        NOTE 以下程序段完成圆面积功能
        R = 3                           && 用 R 表示圆的半径
        AR = 3. 14 *R^2                 && 用 AR 表示圆的面积
        ? AR                            && 输出圆的面积
```

1.3 本章复习指要

1.3.1 系统的安装和启动

1. Visual FoxPro 系统的安装

系统安装环境要求：＿＿＿＿＿＿＿＿＿＿＿＿＿＿＿＿＿＿＿＿＿＿＿＿＿＿＿＿＿＿＿＿＿＿。

要安装系统，是否接受协议：＿＿＿＿＿＿＿＿＿＿＿＿＿＿＿＿＿＿＿＿＿＿＿＿＿＿＿＿。

安装需要序列号，序列号的作用：＿＿＿＿＿＿＿＿＿＿＿＿＿＿＿＿＿＿＿＿＿＿＿＿＿。

安装位置可以改变，更改安装位置的方法：＿＿＿＿＿＿＿＿＿＿＿＿＿＿＿＿＿＿＿＿＿

＿＿＿

＿＿。

安装方式有＿＿＿＿＿＿＿＿＿＿＿＿＿＿和＿＿＿＿＿＿＿＿＿＿＿＿＿＿两种方式。

选择安装方式的方法：＿＿＿＿＿＿＿＿＿＿＿＿＿＿＿＿＿＿＿＿＿＿＿＿＿＿＿＿＿＿。

2. Visual FoxPro 启动方法

如果"开始"菜单和桌面上都没有 Visual FoxPro 的快捷方式，可以采用下面方式启动

Visual FoxPro：_____

_____。

3. Visual FoxPro 退出方法

可以在命令窗口中输入_____命令，退出 Visual FoxPro 系统。

1.3.2　Visual FoxPro 窗口

1. 工具栏的显示方法：_____

_____。

2. 工具栏的隐藏方法：_____

_____。

3. 命令窗口的显示方法：_____

_____。

4. 命令窗口的隐藏方法：_____

_____。

5. 命令窗口执行命令的特点：_____

_____。

6. 输出区域的作用：_____

_____。

1.3.3　Visual FoxPro 操作方式

1. 菜单方式的操作方法：_____

_____。

2. 命令方式的操作方法：_____

_____。

3. 程序方式的操作方法：_____

_____。

1.3.4　书写 Visual FoxPro 命令的规则

1. 一条命令分多行书写，可以采用_____作为续行符。
2. Visual FoxPro _____命令中英文字母的大小写（区分/不区分）。
3. Visual FoxPro 中大部分命令或短语可以只输入前_____个字母就可以被识别。

1.4　应用能力提高

1. Visual FoxPro 的安装

在没有安装 Visual FoxPro 系统的计算机中安装 Visual FoxPro 6.0 系统。

2. Visual FoxPro 的启动和退出

用不同的方法启动 Visual FoxPro 系统和退出 Visual FoxPro 系统。

3. Visual FoxPro 的窗口

（1）用不同方式打开"常用"工具栏和隐藏"常用"工具栏。

（2）用不同方式打开命令窗口和隐藏命令窗口。

4. Visual FoxPro 操作概述

（1）用菜单方式执行新建表命令。（提示：选择"文件"→"新建"命令，在弹出的"新建"对话框的"文件类型"选项组中选择"表"选项，单击"新建文件"图标按钮。）

（2）用命令方式执行新建表命令。（提示：在命令窗口中输入"CREATE"命令。）

第 2 章　数据库和表的基本操作

学习目标

- 掌握数据库的操作
- 掌握表的操作
- 掌握数据类型、常量、变量、函数及表达式
- 了解表的两种存在形式，并掌握两种表的相互转换操作
- 了解索引及索引文件的建立方法
- 了解多工作区中表的操作
- 了解数据完整性

2.1　数据库及其基本操作

2.1.1　数据库概述

在 Visual FoxPro 中，数据库是一个逻辑上的概念和实现，它通过一组系统文件将相互间存在关系的表及其相关的数据对象统一组织和管理，数据库以文件的形式保存在外部存储器中。建立 Visual FoxPro 数据库时，实际建立的数据库是扩展名为".dbc"的文件，与之相关，Visual FoxPro 系统还会自动建立一个扩展名为".dct"的数据库备注文件和一个扩展名为".dcx"的数据库索引文件，其中".dct"和".dcx"这两个文件供 Visual FoxPro 数据库管理系统使用，用户一般不能直接使用这些文件。

2.1.2　数据库的基本操作

数据库的操作包括建立数据库、打开数据库、关闭数据库和删除数据库等。

1.　建立数据库

如果要建立一个新的数据库文件，可以通过下面两种方法实现。

方法 1：通过菜单方式建立数据库。

在如图 2-1 所示的 Visual FoxPro 窗口中，选择"文件"→"新建"命令或单击"常用"工具栏中的"新建"按钮□，打开如图 2-2 所示的"新建"对话框；在"文件类型"选项组中选择"数据库"单选按钮，单击"新建文件"图标按钮，显示如图 2-3 所示的"创建"对话框；在"保存在"下拉列表框中选择文件的存放位置，并在"数据库名"文本框中输入数据库文件名，单击 保存(S) 按钮，显示如图 2-4 所示的数据库设计器，就完成了数据库的建立过程。

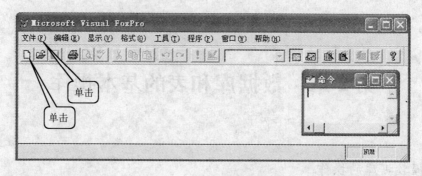

图 2-1　Visual FoxPro 窗口

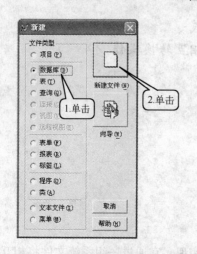

图 2-2　"新建"对话框

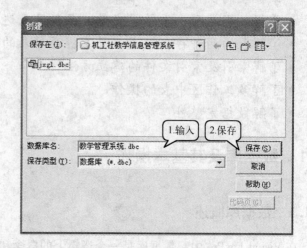

图 2-3　"创建"对话框

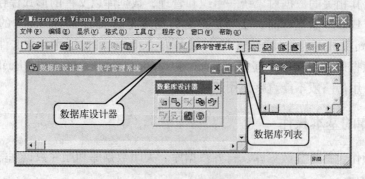

图 2-4　数据库设计器

方法 2：在命令窗口中使用 CREATE DATABASE 命令建立数据库。其命令格式为：

　　CREATE DATABASE［＜数据库文件名＞|?］

短语"数据库文件名"给出了要建立的数据库文件名称。在使用时可以输入具体要建立的数据库文件名称，也可以不输入数据库文件名或者输入"?"，这时会弹出如图 2-3 所示的"创建"对话框。

注意：通过命令方式建立数据库与通过菜单方式建立数据库不同，使用命令方式建立数据库时不打开数据库设计器，数据库只是处于打开状态，可以使用 MODIFY DATA-

18

BASE 命令打开数据库设计器，也可以不打开数据库设计器。

成功地建立数据库后，在"常用"工具栏的数据库列表中显示新建立的数据库名或已经打开的数据库名。如图 2-5 所示为"常用"工具栏中的数据库列表。

图 2-5　"常用"工具栏中的数据库列表

【例 2-1】　分别使用不同的方法建立 3 个数据库，文件名分别为"教学管理系统.dbc"、"学生.dbc"和"教师.dbc"。注意观察"常用"工具栏中数据库列表内容的变化。

使用菜单方式建立"教学管理系统.dbc"数据库，具体建立过程参见图 2-1~图 2-4。使用命令方式建立"学生.dbc"数据库和"教师.dbc"数据库。在命令窗口中输入下列命令：

CREATE DATABASE 学生
CREATE DATABASE 教师

如图 2-6 所示为输入第一条命令的形式和结果。第二条命令的操作方式与之相同。

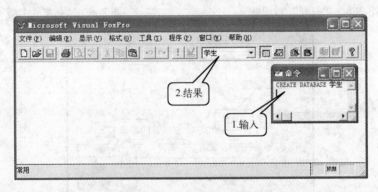

图 2-6　例 2-1 命令方式建立数据库操作示例

注意：如果要继续完成下面的操作，请先在命令窗口中执行"CLOSE DATA-BASE ALL"命令。

2. 打开数据库

如果要将已经存在于存储器中的数据库打开，可以通过下面两种方法完成。

方法 1：通过菜单方式打开数据库。

在如图 2-7 所示的 Visual FoxPro 窗口中，选择"文件"→"打开"命令或单击"常用"工具栏中的"打开"按钮，弹出如图 2-8 所示的"打开"对话框；在"查找范围"下拉列表框中选择数据库文件存放的位置，在"文件类型"下拉列表框中选择文件类型为"数据库（*.dbc）"，如图 2-9 所示，在文件列表中选择要打开数据库的文件名，如图 2-10 所示，单击 确定 按钮，即可打开数据库，同时也打开数据库设计器，如图 2-11 所示。

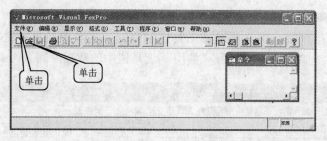

图 2-7　Visual FoxPro 窗口

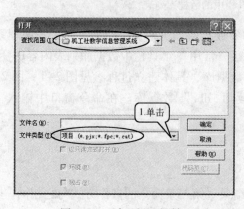

图 2-8　"打开"对话框

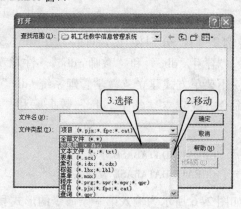

图 2-9　选择文件类型

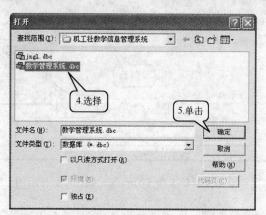

图 2-10　选择文件

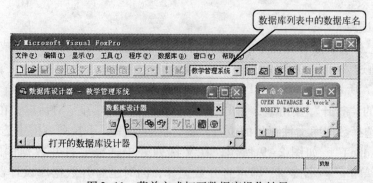

图 2-11　菜单方式打开数据库操作结果

方法2：通过在命令窗口中输入命令完成数据库的操作。

打开数据库的命令格式为：

OPEN DATABASE［＜数据库文件名＞|?]

MODIFY DATABASE［＜数据库文件名＞|?]

- 如果在命令中给出具体的数据库文件名（如教学管理系统），表示在命令中明确指出了要打开的数据库文件。
- 如果没有给出数据库文件名，而是给出"?"，在执行命令时，将弹出如图2-8所示的"打开"对话框，选择要打开的数据库文件名并单击 确定 按钮。
- 如果命令中没有给出具体的数据库文件名，也没有给出"?"，使用 OPEN DATABASE 命令也将弹出如图2-8所示的"打开"对话框，选择要打开的数据库文件名并单击 确定 按钮。
- 如果命令中没有给出具体的数据库文件名，也没有给出"?"，使用 MODIFY DATABASE 命令时，如果在"常用"工具栏数据库列表中显示了已经打开的数据库，则打开此数据库的设计器；如果在"常用"工具栏数据库列表中没有显示打开的数据库，则弹出如图2-8所示的"打开"对话框，选择要打开的数据库文件名并单击 确定 按钮。

注意：用命令方式打开数据库时，如果只打开数据库，不需要打开数据库设计器，则使用 OPEN DATABASE 命令，如图2-12所示。如果既要打开数据库，也要打开数据库设计器，则使用 MODIFY DATABASE 命令，如图2-13所示。在数据库打开而数据库设计器未打开时，使用 MODIFY DATABASE 命令也可以将数据库设计器打开。

图2-12　OPEN DATABASE 打开数据库示例

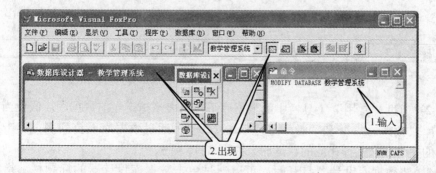

图2-13　MODIFY DATABASE 打开数据库示例

【例2-2】 通过菜单方式打开"教学管理系统.dbc"数据库，分别使用 OPEN DATA-BASE 和 MODIFY DATABASE 命令打开"学生.dbc"数据库和"教师.dbc"数据库，注意观察命令执行结果。

通过菜单操作方式打开"教学管理系统.dbc"数据库的操作过程参见图 2-7 ~ 图 2-11。在命令窗口中输入下面命令，打开"学生.dbc"数据库和"教师.dbc"数据库。

    OPEN DATABASE 学生
    MODIFY DATABASE 教师

3. 设置当前数据库

Visual FoxPro 在同一时刻可以打开多个数据库，但在同一时刻只能有一个当前数据库，通常情况下所有作用于数据库的命令或函数都是对当前数据库而言的。

如果要将一个已经打开的数据库设置为当前数据库，可以采用下面 3 种方法。

方法 1：在命令窗口中输入命令。

设置当前数据库可以使用 SET DATABASE 命令。其命令格式为：

    SET DATABASE TO [<数据库文件名>]

在命令中如果给出具体的数据库文件名，则指定此数据库为当前数据库。如果不指定任何数据库，即执行命令：

    SET DATABASE TO

将会使得所有打开的数据库都不是当前数据库，此时在"常用"工具栏数据库列表中不显示数据库文件名。

注意：所有的数据库都没有关闭，只是都不是当前数据库。

如图 2-14 所示给出了使用 SET DATABASE 命令将"教学管理系统.dbc"设置为当前数据库的命令和执行结果示例。

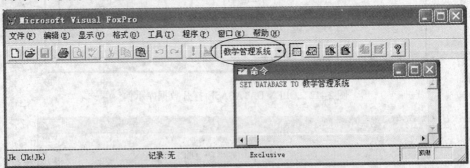

图 2-14　设置"教学管理系统.dbc"数据库为当前数据库

方法 2：通过"常用"工具栏中的数据库下拉列表来指定当前数据库。假设当前打开了两个数据库"教师.dbc"和"教学管理系统.dbc"，通过数据库下拉列表，单击要指定当前数据库的文件名来选择相应的数据库，如图 2-15 所示。

方法 3：当数据库设计器打开时，可以通过单击数据库设计器的标题栏，指定当前数据库。

22

如图 2-15 所示给出了设置当前数据库的 3 种方法示例。

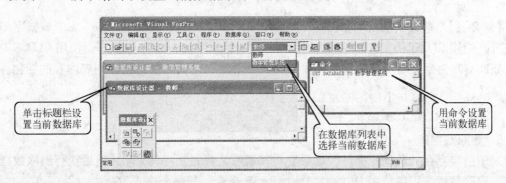

图 2-15　设置当前数据库方法示例

【例 2-3】　假设"教师.dbc"数据库和"教学管理系统.dbc"数据库都已经打开，分别将"教师.dbc"数据库和"教学管理系统.dbc"数据库设置为当前数据库，并注意观察"常用"工具栏中数据库列表内容的变化。

在命令窗口中输入下列命令：

> SET DATABASE TO 教师
> SET DATABASE TO 教学管理系统

4. 关闭数据库

如果数据库不使用了，可以将数据库关闭。

如果所有打开的数据库都不使用了，可以使用 CLOSE ALL 命令或 CLOSE DATABASE ALL 命令关闭所有打开的数据库。其命令格式为：

> CLOSE DATABASE ALL

或

> CLOSE ALL

如果要关闭当前数据库，使用 CLOSE DATABASE 命令。其命令格式为：

> CLOSE DATABASE

如图 2-16 所示给出了关闭当前数据库和关闭所有数据库的示例。关闭数据库以后，在"常用"工具栏的数据库列表中数据库文件名就不再出现了。

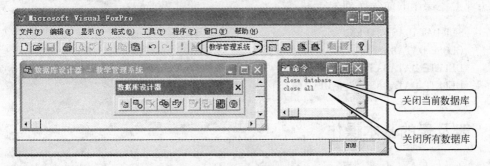

图 2-16　关闭数据库的示例

注意：关闭数据库设计器并不是关闭数据库。

【例2-4】 假设"教师.dbc"、"学生.dbc"和"教学管理系统.dbc"3个数据库都已经打开，使用 CLOSE DATABASE 命令关闭"教学管理系统.dbc"数据库，使用 CLOSE DATABASE ALL 命令关闭所有数据库。注意观察"常用"工具栏中数据库列表内容的变化。

> SET DATABASE TO 教学管理系统
> CLOSE DATABASE ALL

5. 删除数据库

对于已经存在的数据库文件，如果要将其删除，首先要将其关闭，然后执行删除数据库命令。删除数据库可以使用 DELETE DATABASE 命令。其命令格式为：

> DELETE DATABASE <数据库文件名> |? [DELETETABLES] [RECYCLE]

- 短语"数据库文件名"指出了要删除的数据库文件名。
- 如果不给出要删除的数据库文件名，而是给出了"?"，就会打开"删除"对话框，选择要删除的数据库文件，单击 ⎡删除⎦按钮。
- 短语"DELETETABLES"表示在删除数据库的同时，删除数据库中的表。
- 短语"RECYCLE"表示将删除的内容放入回收站。

如图2-17所示给出了删除数据库文件的示例。

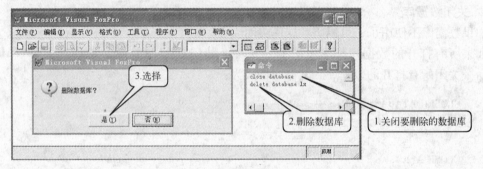

图2-17 删除数据库文件的示例

 注意：删除数据库文件时，首先关闭要删除的数据库，再执行删除数据库的操作。

【例2-5】 假设"LX.dbc"数据库已经打开，而"学生.dbc"数据库未打开。分别将"LX.dbc"数据库和"学生.dbc"数据库删除，并将"学生.dbc"数据库放入回收站。

实现上述操作的命令序列为：

> SET DATABASE TO LX
> CLOSE DATABASE
> DELETE DATABASE LX
> DELETE DATABASE 学生 RECYCLE

2.2 表及表的基本操作

Visual FoxPro 是采用关系模型管理数据的数据库管理系统。关系模型是用规则的二维表表示实体及实体间关系的模型。实体是现实世界中的客观事物，可以指人，如一名教师，也可以指物，如一本书，还可以指抽象的事件，如一次借书事件。相同类型的实体集合称为实体集。

在关系模型中，把实体集看成是一个二维表，每一个二维表称为一个关系，每个关系有一个名称，称为关系名，如图 2-18 所示给出了关系模型的示例。关系中的每一行称为一个元组。关系中的每一列称为属性，每一个属性都有属性名和属性值。

图 2-18　关系模型示例

通过图 2-18，可以归纳出关系模型的主要特点如下。

- 关系中的每一个数据项不可再分，是最基本的单位。
- 每一列数据项属性相同，列数根据需要设置，且各列的顺序是任意的。
- 每一元组由一个实体的诸多属性项构成，元组的顺序可以是任意的。
- 一个关系就是一张二维表，不允许有相同的属性名。

2.2.1　表的概述

1.　什么是表

在 Visual FoxPro 中，表就是关系模型中的关系，也就是通常意义上的规则的二维表格。关系中的一个元组就是表中的一条记录，关系中的一个属性就是表中的一个字段，属性名对应字段名，属性值对应字段值。把表中的每一列称为一个字段，每列的名称称为字段名，每列的其他行的内容称为字段值。把表中除第一行外其他内容称为数据，一行数据称为一条记录，如图 2-19 所示。

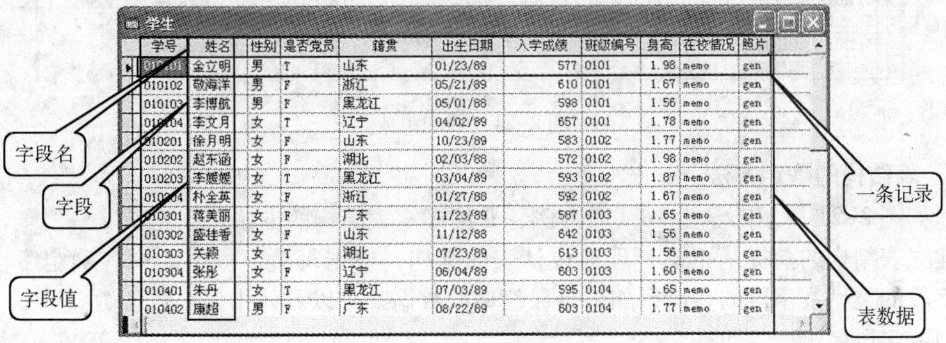

图 2-19　Visual FoxPro 中的表

25

在 Visual FoxPro 中，表以文件形式保存在外部存储器中，表文件的扩展名为 . dbf，如果表中包含备注型字段或通用型字段，Visual FoxPro 系统还会自动建立一个与表名相同、扩展名为 . fpt 的备注文件。

2. 表的存在形式

在 Visual FoxPro 中，表有两种存在形式，即自由表和数据库表。一个表如果存在于数据库中，就表示这个表归数据库管理，这样的表称为数据库表，如图 2-20 所示。一个表只能存在于一个数据库中，不能同时存在于不同数据库中。不存在于任何数据库中的表称为自由表。

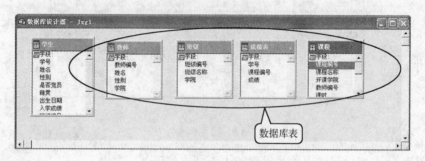

图 2-20　数据库表

3. 表的组成

在 Visual FoxPro 中建立表，就如同手工制表一样，首先将表中每个字段的字段名、字段类型、字段宽度和小数位数等确定下来，然后再录入数据。

把每个字段的字段名、字段类型、字段宽度和小数位数等称为表的结构，填写的数据称为表中的记录，例如，在图 2-21 中，除字段名之外的各行内容构成表中的数据，数据的第一条记录表示学号是"010101"、姓名是"金立明"、性别是"男"、是党员、籍贯在"山东"、出生日期是 {^1989-1-23}、入学成绩是 577、班级编号是"0101"、身高是 1.98 等信息。

表的结构和表中的记录组成了 Visual FoxPro 中的表，如图 2-21 所示。

学号	姓名	性别	是否党员	籍贯	出生日期	入学成绩	班级编号	身高	在校情况	照片
010101	金立明	男	T	山东	01/23/89	577	0101	1.98	memo	gen
010102	敬海洋	男	F	浙江	05/21/89	610	0101	1.67	memo	gen
010103	李博航	男	F	黑龙江	05/01/88	598	0101	1.58	memo	gen
010104	李文月	女	F	辽宁	04/02/89	657	0101	1.78	memo	gen
010201	徐月明	女	T	山东	10/23/89	583	0102	1.77	memo	gen
010202	赵东涵	女	F	湖北	02/03/88	572	0102	1.98	memo	gen
010203	李媛媛	女	T	黑龙江	03/04/89	593	0102	1.87	memo	gen

图 2-21　表的组成

4. 表结构的确定方法

以如图 2-21 所示的学生 . dbf 表为例，介绍确定表结构的方法。

建立表结构的前提是正确合理地设计表的结构，根据每个字段值的内容确定字段的名称、字段的类型及字段的宽度，如果是数值型的数据，可以具体指出小数位数。

（1）字段名

字段名必须以字母、汉字或下画线开头，可以包括字母、汉字、数字和下画线，数据库表的字段名最多可以是 128 个字节，自由表的字段名最多可以是 10 个字节。字段名最好采用与字段内容相关的名称，例如，学生.dbf表中用学号、姓名、出生日期和身高等作为字段名。

（2）字段类型

字段类型是对应字段值的类型，即表中每列输入数据的类型，可以根据需要选择下列数据类型。

1）字符型（C）和二进制字符型（C）。

字段类型为字符型时，对应字段值填写的数据可以是任何字符，汉字、英文字母、数字或各种符号等。如果一个列中填写的数据包含汉字、英文字母或各种符号，这个字段的类型就可以定义为字符型。如果填写的数据是数字，但不需要对数字进行数学运算，如学号、编号和序号类的内容，最好也定义为字符型。

字段类型为二进制字符型时，其字段值是以二进制格式保存的，当代码页更改时字符值不变，因而有着特殊的作用。

例如，学生.dbf表中学号、姓名、性别、籍贯和班级编号等字段的类型可以确定为字符型。

2）数值型（N）、浮动型（F）和双精度型（B/8）。

字段类型为数值型时，对应字段值填写的数据可以是带小数点的数据。数值型（N）字段在表中可以根据需要确定宽度和小数位数；双精度型（B/8）字段在表中固定宽度为8，但可以定义小数位数；浮动型（F）字段在表中可以根据需要确定宽度和小数位数。

例如，学生.dbf表中的身高等字段类型为数值型。

3）货币型（Y/8）。

字段值用于表示货币的数量时，字段类型定义为货币型。

4）整型（I/4）。

字段类型为整型时，对应字段值填写的数据是不带小数点的数据，并且填写的数据不超过4字节。

例如，学生.dbf表中的入学成绩字段类型为整型。

5）日期型（D/8）和日期时间型（T/8）。

字段类型为日期型或日期时间型时，对应字段值填写的数据是表示年月日或年月日时分秒的数据等。

例如，学生.dbf表中的出生日期字段类型就是日期型。

6）逻辑型（L/1）。

对应字段值填写的内容是带有判断性的数据，且其字段值只有两个选项，可以把这样的字段类型定义为逻辑型，逻辑型数据值只有.T.和.F.。

例如，学生.dbf表中的是否党员字段类型是逻辑型。

7）备注型（M/4）和二进制备注型（M/4）。

对于字段值的内容比较多或字符内容不能限定宽度时，可以把这样的字段类型定义为备注型。

例如，学生.dbf表中的在校情况字段类型是备注型。

8）通用型（G/4）。

如果字段的内容是图形、图像等OLE嵌入对象，就可以把这样的字段类型定义为通用型。

例如，学生.dbf表中的照片字段类型是通用型。

（3）字段宽度

字段宽度是表中每列填写数据的最大宽度。当字段类型为数值型、浮动型或字符型时，需要指定字段宽度，其他数据类型的字段宽度由系统规定。

1）数值型和浮动型字段的宽度包括正数或负数的符号位、数字和小数点，它们各占一个字节，例如，填写的数据最多位数是"××××.××"，那么字段的宽度至少要定义为8个字节，小数位数为2个字节，小数点和符号位各占1个字节。

例如，学生.dbf表中身高字段的宽度为5个字节，小数位数为2个字节。

2）字符型和二进制字符型的宽度确定方法为：汉字、全角字符占两个字节，半角字符、数字等占一个字节，如填写的数据最多是4个汉字，那么字段的宽度至少定义为8个字节。

例如，学生.dbf表中学号字段的宽度为6个字节；姓名字段的宽度为8个字节；性别字段宽度为2个字节；籍贯字段宽度为10个字节；班级编号字段宽度为4个字节。

3）货币型、双精度型、日期型和日期时间型的宽度由Visual FoxPro系统规定为8个字节。

例如，学生.dbf表中出生日期字段宽度为8个字节。

4）逻辑型的宽度系统规定为1个字节。

例如，学生.dbf表中的是否党员字段宽度为1个字节。

5）整型、备注型、二进制备注型和通用型的字段宽度由Visual FoxPro系统规定为4个字节。

例如，学生.dbf表中的入学成绩、在校情况和照片字段宽度为4个字节

注意：字段宽度要根据填写数据的最大宽度设置，如果宽度设置过大，会浪费存储空间。

（4）小数位数

数值型字段、浮动型字段和双精度型字段可以根据需要规定小数位数，小数位数至少应该比该字段的宽度值小2。例如，学生.dbf表中身高字段的宽度为5个字节，小数位数为2个字节。

（5）NULL

在建立新表时，可以指定字段是否接受NULL值，使用NULL值表示不确定的值。

综合上述内容，学生.dbf表结构如表2-1所示。

表2-1 学生.DBF表结构

字 段 名	类 型	宽 度	小 数 位 数
学号	字符型（C）	6	
姓名	字符型（C）	8	
性别	字符型（C）	2	
是否党员	逻辑型（L）	1	
籍贯	字符型（C）	10	
出生日期	日期型（D）	8	
入学成绩	整型（I）	4	
班级编号	字符型（C）	4	
身高	数值型（N）	5	2
在校情况	备注型（M）	4	
照片	通用型（G）	4	

2.2.2　表的建立

建立表分为两步操作：第一步建立表的结构，可以使用表设计器建立表结构，也可以使用 SQL 语言中的 CREATE TABLE 命令建立表结构；第二步填写表中的数据。

1.　建立表结构

方法 1：用菜单方式打开表设计器并在表设计器中建立表结构。

以建立学生 .dbf 表的结构为例，介绍方法 1（菜单方式）建立表结构的过程，表的结构参见表 2-1。

选择"文件"→"新建"命令，弹出如图 2-22 所示的"新建"对话框，在"新建"对话框中的"文件类型"选项组中选择"表"单选按钮，单击"新建文件"图标按钮，弹出如图 2-23 所示的"创建"对话框。在"创建"对话框中给出表的文件名（如学生），单击 保存(S) 按钮，弹出如图 2-24 所示的表设计器对话框。

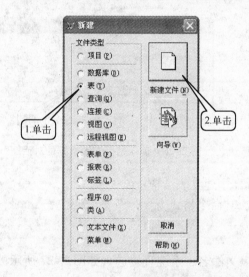

图 2-22　新建对话框

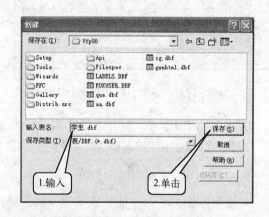

图 2-23　"创建"对话框

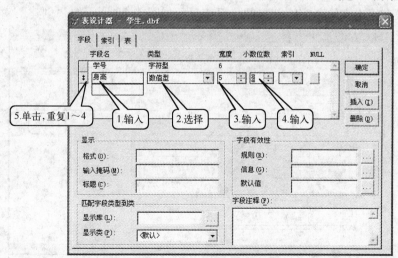

图 2-24　表设计器对话框

29

在表设计器对话框中确定每个字段的属性。如图2-24所示，直接用鼠标单击"字段名"输入框，输入字段名；在"类型"列中单击类型列表按钮▼，选择需要的字段类型；在字段宽度输入框中可以直接输入字段宽度的值，也可以通过宽度右边的微调按钮调整字段宽度，字符型、数值型、浮动型的类型宽度根据需要确定，其他类型的宽度由系统根据所选类型在宽度位置自动给出宽度值；如果字段类型是数值型、双精度型或浮动型，可以根据需要在"小数位数"位置输入小数所占位数。如图2-25所示给出了学生.dbf表的部分字段。定义好每个字段后，单击 确定 按钮，完成表结构的建立过程，显示如图2-26所示的要求确认是否输入数据的对话框。

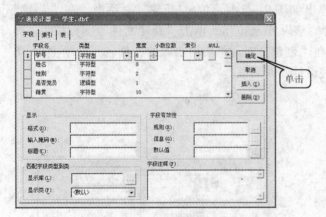

图2-25　学生.dbf表的部分字段　　　　　图2-26　确认是否输入数据的对话框

方法2：用命令方式打开表设计器，在表设计器中建立表结构。
在命令窗口中使用CREATE命令建立表结构，其命令格式为：

CREATE [< 表文件名 > |?]

- 使用CREATE命令建立表结构，如果给出表文件名，系统直接进入如图2-27所示的表设计器。
- 如果没有给出文件名或给出"?"，系统显示如图2-23所示的"创建"对话框。

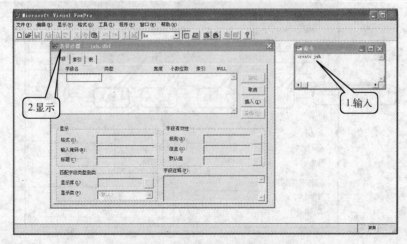

图2-27　命令建立表结构示例

方法3：在数据库设计器中建立表结构。

打开数据库设计器，在数据库的空白区域右击，在弹出的快捷菜单中选择"新建表"命令，弹出"新建表"对话框，单击"新建表"图标按钮，弹出"创建"对话框，输入要建立的表文件名，单击 保存(S) 按钮，弹出表设计器对话框，操作过程参见图2-28。

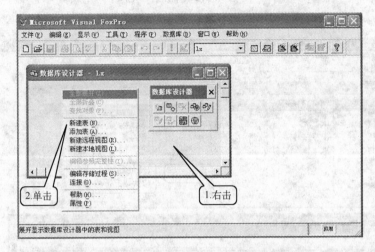

图2-28　在数据库中建立表操作示例

方法4：使用 CREATE TABLE 命令不打开表设计器直接建立表结构。

在表设计器中实现的定义功能也完全可以通过 SQL 语言的 CREATE TABLE 命令实现，而不用打开表设计器。CREATE TABLE 命令部分内容格式为：

CREATE TABLE | DBF ＜表名＞［FREE］
（字段名1 字段类型［（宽度［, 小数位数］）］
［, 字段名2…］）

表2-2列出了在 CREATE TABLE 命令中可以使用的字段类型及说明，这些字段类型的详细说明可参见2.2.1节的数据类型内容的介绍。

表2-2　数据类型说明

字段类型	字段宽度	小数位数	说　　明
C	N	—	字符型字段（Character），宽度为 N
D	—	—	日期型（Date）字段
T	—	—	日期时间型（Date Time）字段
N	N	D	数值型字段，宽度为 N，小数位数为 D（Numeric）
F	N	D	浮动型字段，宽度为 N，小数位数为 D（Float）
I	—	—	整数型（Integer）字段
B	—	D	双精度型（Double）字段
Y	—	—	货币型（Currency）字段
L	—	—	逻辑型（Logical）字段
M	—	—	备注型（Memo）字段
G	—	—	通用型（General）字段

例如，在命令窗口中输入下面命令后，建立了学生1.dbf表，命令中的";"是续行符，建立的结果如图2-29中的"学生1"表。

CREATE TABLE 学生1(学号 C(6),姓名 C(8),性别 C(2),是否党员 L,;
　　　　　　　　籍贯 C(10),出生日期 D,入学成绩 I,;
　　　　　　　　班级编号 C(4),身高 N(5,2),在校情况 M,照片 G)

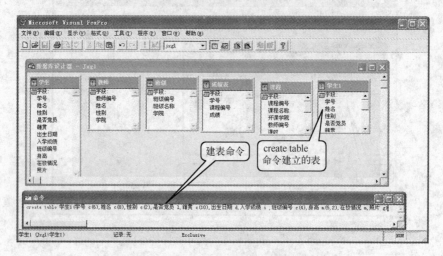

图2-29　CREATE TABLE 命令建表示例

命令中"学生1"是新建立表的名称，括号中给出了表中的各个字段，各个字段用","分隔，"学号 C（6）"定义了字段名为学号、类型为字符型、字段宽度为6的一个字段。

【例2-6】　建立 tsh.dbf 表，表中字段包括借书证号，字符型宽度为4字节；图书编号，字符型宽度为4字节；借书日期，日期型。在命令窗口输入的命令和命令执行的结果如图2-30所示。

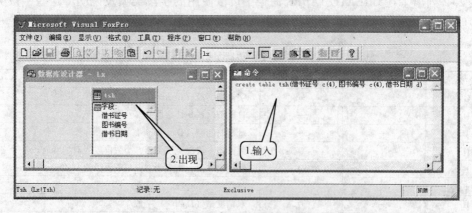

图2-30　例2-6示例

如图2-31所示给出了使用 CREATE TABLE 命令建立表的格式示例，使用 CREATE TABLE 命令定义表结构时，需要注意以下几点。

● 表的所有字段用括号括起来。

- 字段之间用逗号分隔。
- 字段名和字段类型用空格分隔。
- 字段的宽度用括号括起来。
- FREE 短语表示建立的表是自由表。

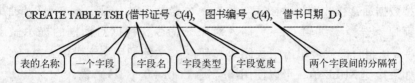

图 2-31   CREATE TABLE 命令格式示例

2. 录入数据

录入数据时，要根据表的状态和所处操作不同使用不同的录入方法。若刚刚建立了表结构，可以直接录入表数据，这种录入数据的方式只有建立表结构的过程结束时才有机会使用，称为直接录入数据。除此之外的其他情况下，录入数据都要使用追加录入数据方式。

方法 1：直接录入数据。

在如图 2-32 所示的要求确认是否输入数据的对话框中单击 是(Y) 按钮，显示如图 2-33 所示的表数据录入窗口。

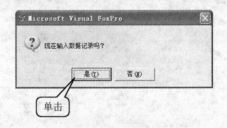

图 2-32   确认录入表数据对话框

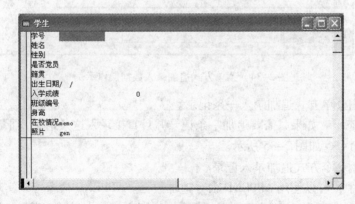

图 2-33   表数据录入窗口

录入数据时，各种类型数据的录入方法如下。

- 字符型和数值型数据直接输入。
- 逻辑型数据输入 F 表示 .F. ，输入 T 表示 .T. 。
- 日期型数据根据系统中区域的日期格式输入，默认的日期格式为"mm/dd/yy"。区域

33

的日期格式可以设置，方法是选择"工具"→"选项"命令，在"选项"对话框中切换到"区域"选项卡，设置"日期和时间"格式。

- 备注型字段接收字符型数据，数据录入时，只要双击 memo，即可打开备注型数据的录入窗口。按〈Ctrl+w〉组合键或者单击"关闭"按钮✕，关闭备注型字段录入窗口。
- 通用型数据通常接收图形、图表等数据，数据录入时，双击 gen，打开通用型数据的录入窗口，选择"编辑"→"插入对象"命令，根据对话框的提示做出选择。按〈Ctrl+w〉组合键或者单击"关闭"按钮✕，关闭通用型字段录入窗口。
- 字段如果接受 NULL 值，可以使用组合键〈Ctrl+0（零）〉输入。

注意：通用型字段和备注型字段输入数据后，meno 和 gen 的第一个字母变成大写。

【例2-7】 根据图2-21中学生.dbf表的数据，录入学生.dbf表中各记录。

方法2：使用菜单方式追加录入多条记录。

对于已经建立好的表，在表浏览状态下，要录入数据却不能录入，则可以采用追加方式录入。

在表的浏览状态下，选择"显示"→"追加方式"命令，就可以录入数据了，如图2-34所示，这种方式可以录入多条记录。

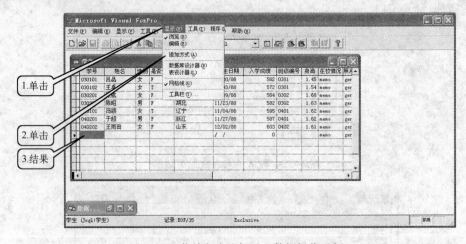

图2-34 菜单方式追加录入数据操作示例

方法3：使用菜单方式追加录入一条记录。

在表浏览状态下，如果只需要追加一条记录并且直接录入这条记录，可以选择"表"→"追加新记录"命令，如图2-35所示。

方法4：使用命令方式追加录入记录。

在命令窗口中，可以使用 APPEND 命令追加数据。APPEND 命令可以实现在表的末尾追加记录，根据命令中是否选择了 BLANK 短语，分别实现追加多条记录，或追加一条空记录。其命令格式为：

APPEND ［BLANK］

短语 BLANK 表示追加一条空记录，不进入录入数据状态。如果不选择 BLANK 短语，可以追加多条记录，并同时进入录入数据状态。

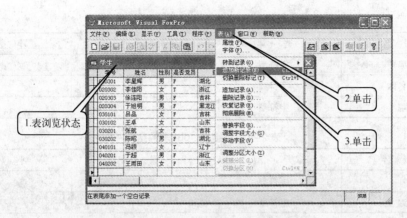

图 2-35　追加一条新记录操作示例

方法 5：从其他文件向打开的表中追加记录。

如果有两个表，其中一个表（表 1）中需要的数据在另一个表（表 2）中已经存在了，可以使用 APPEND FROM 命令将（表 2）中的数据追加到（表 1）中。其命令格式为：

APPEND FROM ＜文件名＞［FIELDS ＜字段名表＞］［FOR ＜条件＞］

【例 2-8】　分别采用不同方法建立班级 . dbf 表、成绩表 . dbf 表、课程 . dbf 表和教师 . dbf 表。如图 2-36 所示给出了各个表的数据，如表 2-3 ~ 表 2-6 所示给出了各个表的结构。

教师

教师编号	姓名	性别	学院
001	李明	男	会计
002	韩燕	女	会计
003	李志明	男	会计
004	刘新	女	计算机
005	李明亮	男	计算机
006	郭艳琴	女	计算机
007	杨敏	女	贸经
008	李南	男	贸经
009	王淼	男	贸经
010	李英	女	工商
011	张水	男	工商
012	王思	女	工商
013	匡星	女	英语
014	陆敏	女	英语
015	水滨	男	基础
016	王世	男	基础

班级

班级编号	班级名称	学院
0101	07会计一班	会计
0102	07会计二班	会计
0103	07财务管理	会计
0104	07审计	会计
0201	07计算机	计算机
0202	07信息	计算机
0203	07电子商务	计算机
0301	07国际贸易	贸经
0302	07财政	贸经
0401	07行政管理	工商
0402	07工商管理	工商

课程

课程编号	课程名称	开课学院	教师编号	课时	学分	学期	课程类型
01	大学英语一	英语	013	68	3	1	必修
02	大学数学	基础	015	68	3	1	必修
03	计算机基础	计算机	004	48	3	1	必修
04	会计学	会计	001	48	2	1	必须
05	大学英语二	英语	014	68	3	2	必修
06	计算机软件	计算机	005	68	2	2	必修
07	西方经济学	基础	016	56	2	2	选修
08	创业学	工商	010	30	2	3	选修
09	行政管理	工商	011	30	2	4	选修
10	财务管理	会计	002	48	2	4	选修

成绩表

学号	课程编号	成绩
010101	01	78
010101	02	89
010101	03	89
010101	04	78
010101	05	67
010101	06	76
010101	08	87
010101	10	76
010102	01	78
010102	02	89
010102	03	90
010102	04	86
010102	05	73
010102	06	45
010102	07	78
010102	08	89
010102	09	56
010202	01	89
010202	02	76
010202	03	56
010202	04	87
010202	06	99
010202	07	84
010301	01	73
010301	02	67
010301	03	56
010301	04	58
010301	05	84
020102	01	84
020102	02	38
020102	03	92
020102	04	82
020102	05	74
020102	06	84
020102	08	72
020301	01	87

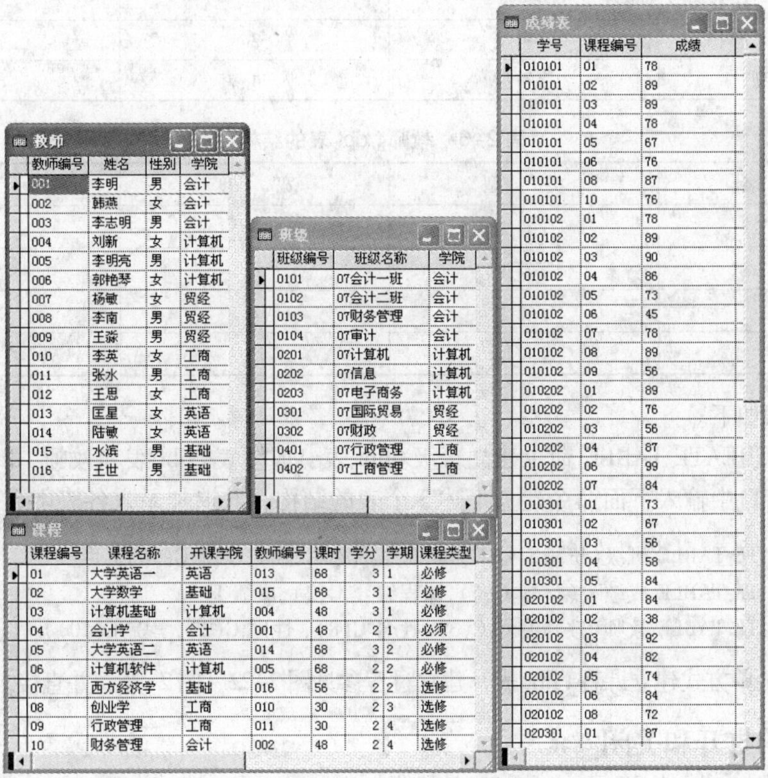

图 2-36　例 2-8 要建立的表

表 2-3　班级. dbf 表的结构

字 段 名	类 型	宽 度	小 数 位
班级编号	字符型	4	
班级名称	字符型	10	
学院	字符型	10	

表 2-4　成绩表. dbf 表的结构

字 段 名	类 型	宽 度	小 数 位
学号	字符型	6	
课程编号	字符型	2	
成绩	整型	4	

表 2-5　课程. dbf 表的结构

字 段 名	类 型	宽 度	小 数 位
课程编号	字符型	2	
课程名称	字符型	10	
开课学院	字符型	10	
教师编号	字符型	3	
课时	数值型	10	
学分	整型	4	
学期	字符型	2	
课程类型	字符型	4	

表 2-6　教师. dbf 表的结构

字 段 名	类 型	宽 度	小 数 位
教师编号	字符型	3	
姓名	字符型	8	
性别	字符型	2	
学院	字符型	10	

操作步骤如下。

1）使用 CREATE TABLE 命令建立班级. dbf 表、成绩表. dbf 表和教师. dbf 表。

在命令窗口中输入下面命令建立上述 3 个表的结构，并追加录入各表中数据。

```
CREATE TABLE 班级(班级编号 C(4),班级名称 C(10),学院 C(10))
CREATE TABLE 成绩表(学号 C(6),课程编号 C(2),成绩 I)
CREATE TABLE 教师(教师编号 C(3),姓名 C(8),性别 C(2),学院 C(10))
```

2）使用菜单方式建立课程. dbf 表，建立过程参见图 2-22 ~ 图 2-26，并直接录入表中数据。

2.2.3　表的打开和关闭

1. 表的关闭

在学习表的相关内容时，大家可能会有这样的疑问，表是怎么保存的？其实这个问题很简单，建立了表结构，输入了表数据，要保存表，只要把表关闭，表就保存到外部存储器中了。

表的关闭可以通过以下几种方法完成。

方法1：在表打开的情况下，当新建一个表或打开一个表时，原来打开的表会自动关闭。

例如，当前正在操作的表是学生.dbf，当新建 xsh.dbf 表时，Visual FoxPro 系统就会将学生.dbf 表关闭，这样就保存了学生.dbf 表的信息。

方法2：在命令窗口或程序中使用 USE 命令关闭表。其命令格式为：

    USE

方法3：在"数据工作期"窗口中关闭表。

当操作的表多于一个表时，也可以在"数据工作期"窗口中选择要关闭的表。在图 2-37 中，选择"窗口"→"数据工作期"命令，打开如图 2-38 所示的数据工作期窗口，选择要关闭的表，单击 关闭(C) 按钮。

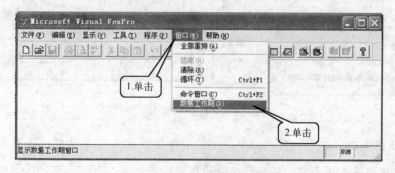

图 2-37　打开"数据工作期"窗口示例

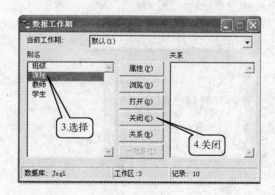

图 2-38　在"数据工作期"窗口中关闭表示例

【例2-9】　在"数据工作期"窗口中关闭学生.dbf、教师.dbf、课程.dbf 和班级.dbf 表。

具体操作参见图 2-37 和图 2-38 操作示例。

2. 表的打开

在 Visual FoxPro 中，要对存储在外部存储器中的表进行操作，首先要将表打开，然后才能使用命令操作表。

方法1：单击"常用"工具栏中的"打开"按钮 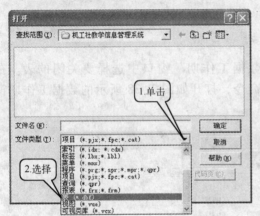 。

方法2：选择"文件"→"打开"命令。

方法3：选择"窗口"→"数据工作期"命令，在打开的"数据工作期"窗口中单击
[打开(O)]按钮。

用上述3种方法中的任意一种方法，打开如图2-39所示的"打开"对话框，在"打
开"对话框中选择打开文件类型为"表（*.dbf)"，选择要打开的表文件名，选择"独占"
方式，单击[确定]按钮。

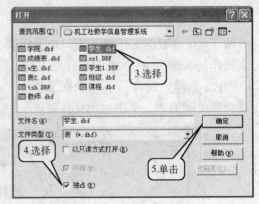

图2-39　"打开"操作示例

注意： 在"打开"对话框中，一定要选择"独占"复选框，否则表是以只读方
式打开的，只能查看表的内容，不能修改表的内容。

【例2-10】　用菜单方式打开学生.dbf表。

具体操作参见如图2-39所示的操作示例。

方法4：使用USE命令打开表。USE命令格式为：

　　USE ＜表文件名＞

【例2-11】　用命令方式打开教师.dbf表。

　　USE 教师

2.2.4　表结构的操作

1. 修改表结构

对于已经存在的表，当其中的字段名称、类型、宽度及小数位数等需要修改，或者需要
添加新字段、删除已有字段等操作时，就需要修改表结构。修改表结构时，根据需要可以先
打开表设计器，在表设计器中完成字段属性的更改、字段的插入、字段的删除等操作。也可
以直接使用SQL语言中的ALTER TABLE命令在不打开表设计器的情况下，直接修改表
结构。

（1）在表设计器中修改表结构

方法 1：在表打开的状态下，选择"显示"→"表设计器"命令，打开表设计器，如图 2-40 所示给出了操作示例。

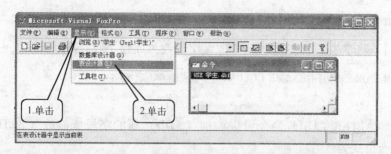

图 2-40　通过"显示"菜单打开表设计器操作示例

方法 2：在数据库设计器中右击数据库表，在弹出的快捷菜单中选择"修改"命令。如图 2-41 所示给出了在数据库设计器中打开表设计器操作示例。

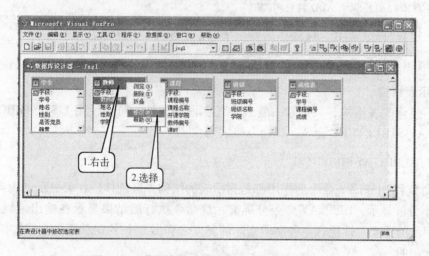

图 2-41　数据库设计器中打开表设计器操作示例

方法 3：在命令窗口中输入 MODIFY STRUCTURE 命令，打开表设计器。其命令格式为：

　　MODIFY STRUCTURE

【例 2-12】　在教师 . dbf 表中增加工作日期字段，类型为日期型。

在表设计器中单击 插入(I) 按钮或直接用鼠标单击学院下方，输入字段名为"工作日期"，选择类型为"日期型"，单击 确定 按钮。

（2）使用 ALTER TABLE 命令直接修改表结构

ALTER TABLE 命令可以在不打开表设计器的情况下直接修改表结构。ALTER TABLE 命令有 3 种格式，这里主要介绍其中的两种格式，不同的格式可以完成不同的修改操作。

格式 1：

这种格式的 ALTER TABLE 命令可以删除字段、更改字段名等，其具体的命令格式为：

　　ALTER TABLE 表名［DROP［COLUMN］字段名］［RENAME COLUMN 原字段名 TO 新字段名］

● 命令中使用"DROP［COLUMN］"短语删除字段，COLUMN 可以省略。

- 命令中使用"RENAME COLUMN"短语更改字段名。

【例2-13】 删除学生.dbf表中的照片字段。

  ALTER TABLE 学生 DROP COLUMN 照片

【例2-14】 将学生.dbf表中的入学成绩字段改为成绩字段。

  ALTER TABLE 学生 RENAME COLUMN 入学成绩 TO 成绩

格式2：

这种格式的 ALTER TABLE 命令可以添加（ADD）新的字段或修改（ALTER）已有的字段等，其命令格式为：

  ALTER TABLE 表名 ADD | ALTER [COLUMN] 字段名 字段类型 [（字段宽度 [,小数位数]）]

【例2-15】 为学生.dbf表增加一个特长字段，字段类型为字符型，宽度为20。

  ALTER TABLE 学生 ADD 特长 C(20)

【例2-16】 修改学生.dbf表中的特长字段，字段类型改为备注型。

  ALTER TABLE 学生 ALTER 特长 M

2. 显示表结构

如果不想修改表结构，只想看一看表中各字段的属性，可以使用 LIST STRUCTURE 命令或 DISPLAY STRUCTURE 命令，其命令格式为：

  LIST | DISPLAY STRUCTURE

LIST 命令和 DISPLAY 命令的作用都是显示表的结构。区别体现在要显示的内容较多时，LIST 命令不分屏显示，DISPLAY 命令分屏显示。命令执行后结果显示在输出区域，所显示的表中各字段的宽度总计比表中各字段实际的宽度之和多1个字节，多出的1个字节是用来存放删除标记的。

【例2-17】 用命令方式显示教师.dbf表结构。观察命令执行结果中字段宽度的总计值。

  LIST STRUCTURE

或

  DISPLAY STRUCTURE

命令执行结果如图2-42所示。

3. 复制表结构

如果想要建立的表结构与已经存在的表结构部分相同或完全相同，可以使用 COPY STRUCTURE 命令复制表结构，取其部分或全部字段，其命令格式为：

  COPY STRUCTURE TO <文件名> [FIELDS <字段名表>]

- 命令中"<文件名>"是指新表的名称。
- 如果只复制部分字段，可以使用"FIELDS <字段名表>"短语，此短语用方括号括起来，表示是可选项，当只复制部分字段时使用此短语。

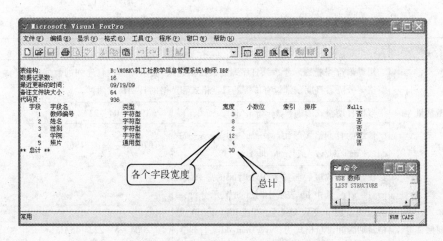

图 2-42 LIST STRUCTURE 执行结果

【例 2-18】 新建立一个表 jsh. dbf，其结构与已经存在的教师 . dbf 表结构完全相同。

```
USE 教师                           && 先将提供表结构内容的教师 . dbf 表打开
COPY STRUCTURE TO JSH
```

【例 2-19】 新建立一个表 jx. dbf，其结构与已经存在的教师 . dbf 表中的姓名、性别和学院字段相同。

```
USE 教师
COPY STRUCTURE TO JX FIELDS 姓名,性别,学院
```

2.2.5 Visual FoxPro 数据元素

建立了表结构，输入了表中的数据，如果想要深入学习 Visual FoxPro 用法，如要显示表中的男生数据，这里的男生如何在命令中体现呢？这就需要掌握常量、变量、函数、运算符和表达式等知识，这些知识是深入学习 Visual FoxPro 程序设计所需要掌握的理论基础知识。

1. 常量

常量是指以相应类型数据形态直接出现在命令中的数据，在程序运行过程中其值固定不变的数据对象。常量有 6 种类型，字符型常量、数值型常量、货币型常量、日期型常量、日期时间型常量和逻辑型常量，不同类型的常量表现形式如表 2-7 所示。

表 2-7 Visual FoxPro 中的常量

常量类型	内容组成	表现形式
字符型常量	用界限符" "、[ ]和' '将字母、数字、空格、符号及标点等括起来的数据，界限符本身是字符型常量的一部分，则应该使用其他界限符	"李明"、'345 '、[FG $ 5]、["教材"]
数值型常量	由数字"0 ~ 9"、正负号" + "、" - "及小数点"."组成	56、- 90. 8、2. 34E - 6
货币型常量	在数值型常量的前面加前置符号" $ "，不能用科学计数形式表示	$ 24. 46

常量类型	内容组成	表现形式
日期型常量	用界限符｛｝把表示年、月、日序列的数据括起来,表示年、月、日序列的数据用"/"、"－"、"."和空格等分隔。日期型常量有传统的日期格式和严格的日期格式两种	
	严格日期格式形如｛^yyyy/mm/dd｝	｛^1967－04－23｝
	传统的日期格式形如｛yy/mm/dd｝、｛yyyy/mm/dd｝、｛mm/dd/yy｝或｛mm/dd/yyyy｝等	｛67－04－23｝、｛1967.04.23｝
日期时间型常量	在日期型常量后面加上表示时间的序列hh:mm:ss a|p,其中hh表示小时,mm表示分钟,ss表示秒,a或p表示AM(上午)或PM(下午),严格日期时间常量格式为｛^yyyy-mm-dd[,][hh[:mm[:ss]][a|p]]｝,其中方括号中的内容是可选项,若不选择则以00记,省略a|p则默认为AM	｛^2004－5－22 9:45AM｝
逻辑型常量	真和假两种值,真用.T.、.t.、.Y.、.y.表示,假用.F.、.f.、.N.、.n.表示	.T.、.F.

注意：在传统日期格式中，采用年月日形式还是日月年等形式与"工具"菜单"选项"对话框中"区域"选项卡的日期和时间设置有关。

严格的日期格式用形如 ｛^yyyy/mm/dd｝ 的格式表示，其中年必须用 4 位表示，如｛^1967-04-23｝。严格日期格式在任何情况下均可以使用，而传统日期格式只能在 SET STRICTDATE TO 0 状态下使用。当设置 SET STRICTDATE TO 1 或 SET STRICTDATE TO 2 时，只能使用严格日期格式，若使用传统日期格式，系统会显示如图 2-43 所示的日期格式无效对话框。

图 2-43　日期格式无效时的对话框

设置日期格式也可以选择"工具"→"选项"命令，在"选项"对话框中切换到"常规"选项卡，如图 2-44 所示。在"2000 年兼容性"选项组中设置严格的日期级别，若选择 0，则可以使用传统日期格式；若选择 1，则必须使用严格日期格式；若选择 2，则可以使用严格日期格式或用CTOD( )函数表示日期型常量。

2. 变量

变量是指在程序运行过程中其值可以改变的数据对象。在 Visual FoxPro 中，变量分为内存变量、字段变量和系统变量。其中，字段变量是依赖于表而存在的变量，是多值变量，如

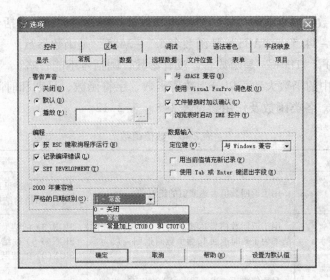

图2-44 在"选项"对话框中设置日期格式

学生.dbf表中的学号字段；内存变量是不依赖于表，可以单独存在的变量，是单值变量；系统变量是由系统定义的变量，在需要的时候用户可以直接使用。

内存变量和字段变量的值是可以改变的，在使用变量时，首先要给变量命名。在 Visual FoxPro 中，给变量命名要符合以下规则：

- 以字母、汉字、下画线开头，可以包含字母、数字、汉字、下画线；
- 不能用 Visual FoxPro 中的系统保留字作为变量名；
- 尽量按照见名知意的原则为变量命名。

例如，XM、姓名、X_1等都是合法的变量名，而2A、LIST等就不是合法的变量名。

内存变量名和字段变量名允许同名，同名时字段变量优先，需要用如下形式才能访问内存变量。

    M. 内存变量名 或 M -> 内存变量名

例如，学生.dbf表中有姓名字段，下面命令序列中的姓名既是内存变量又是字段变量，"?"输出的分别是字段变量的值和内存变量的值，"? 姓名"输出的是字段变量的值，"? m -> 姓名"输出的是内存变量的值。

```
姓名 = "刘洋"                    && 给内存变量姓名赋值
use 学生
? 姓名                          && 此处姓名为字段变量
? m -> 姓名                     && 此处姓名为内存变量
```

3. 函数

Visual FoxPro 系统提供了大量函数，这些函数给解决问题带来了方便。Visual FoxPro 中的函数是用来实现数据运算或转换功能的，每个函数都有特定的数据运算或转换功能。每个函数都有且必须有一个结果，称为函数值或返回值。调用函数通常用函数名加一对圆括号，并在括号内给出参数，即函数调用的一般形式为：

    函数名([<参数表 >])

其中，有些函数在调用时可以不需要给出参数，但函数名后面的圆括号不能省略。

例如，ABS（-34.5），"ABS"是函数名，"-34.5"是函数参数。

例如，TIME()，"TIME"是函数名，没有参数，圆括号不能省略。

Visual FoxPro 中的函数大致可以分为数值函数、字符函数、日期和时间函数、类型转换函数及测试函数等。各类函数及作用参见表 2-8～表 2-12。

表 2-8　数值函数

函　数	作　用	举　例
ABS(<数值表达式>)	用于返回数值表达式值的绝对值	ABS(34)的结果是 34，ABS(-34)的结果是 34
SIGN(<数值表达式>)	用于返回数值表达式的符号。当表达式的结果为正数时返回 1，为负数时返回 -1，为零时返回 0	SIGN(3)的结果是 1 SIGN(-3)的结果是 -1 SIGN(0)的结果是 0
INT(<数值表达式>)	对数值表达式进行取整，即舍掉表达式的小数部分	INT(34.56)的结果是 34
FLOOR(<数值表达式>)	对数值表达式向下取整，即取小于或等于指定数值表达式的最大整数	FLOOR(34.56)的结果是 34 FLOOR(-34.56)的结果是 -35
CEILING(<数值表达式>)	对数值表达式向上取整，即取大于或等于指定数值表达式的最小整数	CEILING(34.56)的结果是 35 CEILING(-34.56)的结果是 -34
ROUND(<数值表达式 1>，<数值表达式 2>)	对<数值表达式 1>根据<数值表达式 2>进行四舍五入处理	ROUND(34.5645,2)的结果是 34.56 ROUND(34.5645,0)的结果是 35 ROUND(34.5645,-1)的结果是 30
SQRT(<数值表达式>)	计算一个数的平方根,其中,数值表达式的值应该大于等于 0	SQRT(9)的结果是 3
MOD(<数值表达式 1>，<数值表达式 2>)	计算<数值表达式 1>除以<数值表达式 2>所得到的余数	MOD(9,4)的结果是 1
MAX(参数 1，参数 2[，参数 3…])	从所给的若干个参数中找出最大值。在同一函数中,各参数的类型必须一致	MAX(34,45,1,4,78,9)的结果是 78 MAX("34","45","78","9")的结果是 9
MIN(参数 1，参数 2[，参数 3…])	从所给的若干个参数中找出最小值。在同一函数中,各参数的类型必须一致	MIN(34,45,4,78,9)的结果是 4 MIN("12","4","78","9")的结果是 12

表 2-9　字符函数

函　数	作　用	举　例
LEFT(<字符表达式>，<数值表达式>)	从<字符表达式>的左部取<数值表达式>指定的若干个字符	LEFT("中国北京",4)的结果是中国 LEFT("Visual FoxPro",6)的结果是 Visual
RIGHT(<字符表达式>，<数值表达式>)	从<字符表达式>的右部取<数值表达式>指定的若干个字符	RIGHT("中国北京",4)的结果是北京 RIGHT("Visual FoxPro",6)的结果是 FoxPro

函　数	作　用	举　例
SUBSTR（＜字符表达式＞，＜数值表达式1＞，＜数值表达式2＞）	在＜字符表达式＞中，从＜数值表达式1＞指定位置开始取＜数值表达式2＞个字符，组成一个新的字符串	SUBSTR（"中国首都是北京"，5，4）的结果是首都 SUBSTR（"中国首都是北京"，5）的结果是首都是北京
LEN（＜字符表达式＞）	计算字符串的长度	LEN（"中国北京"）的结果是8 LEN（"Visual"）的结果是6
STUFF（＜字符表达式1＞，＜数值表达式1＞，＜数值表达式2＞，＜字符表达式2＞）	在＜字符表达式1＞中，从＜数值表达式1＞所指位置开始的＜数值表达式2＞个字符，用＜字符表达式2＞替换	STUFF（"Infomation"，3，2，"for"）的结果是Information
UPPER（＜字符表达式＞）	将字符串中的所有小写字母转换为大写字母	UPPER（"Visual"）的结果是VISUAL
LOWER（＜字符表达式＞）	将字符串中的所有大写字母转换为小写字母	LOWER（"Visual"）的结果是visual
SPACE（＜数值表达式＞）	生成＜数值表达式＞个空格组成的字符串	SPACE（3）的结果是三个空格
REPLICATE（＜字符表达式＞，＜数值表达式＞）	产生＜数值表达式＞指定个数的字符	REPLICATE（"*"，5）的结果是*****
ALLTRIM（＜字符表达式＞）	删除＜字符表达式＞首部和尾部的空格	ALLTRIM（" Visual "）的结果是Visual
LTRIM（＜字符表达式＞）	删除＜字符表达式＞首部的空格	"S" + LTRIM（" Information "）+ "S"的结果是SInformation　S
RTRIM（＜字符表达式＞）	删除＜字符表达式＞尾部的空格	"S" + RTRIM（" Information "）+ "S"的结果是S　InformationS
& 字符型内存变量［. 表达式］	去掉字符型内存变量值的界限符。其中"."用来终止 & 函数的作用范围	假设 X = 12，Y = "X" 则 &Y 的结果是12
AT|ATC（＜字符表达式1＞，＜字符表达式2＞［，＜数值表达式＞]）	计算＜字符表达式1＞在＜字符表达式2＞中出现的位置，如果＜字符表达式1＞没有在＜字符表达式2＞中出现，则返回0，AT 区分大小写	AT（"TE"，"COMPUTER TEST"）的结果是6 AT（"TE"，"COMPUTER TEST"，2）的结果是10 AT（"TU"，"COMPUTER TEST"）的结果是0 AT（"te"，"COMPUTER TEST"）的结果是0 ATC（"te"，"COMPUTER TEST"）的结果是6

表 2-10　日期和时间函数

函　数	作　用	举　例
DATE( )	返回系统的当前日期,返回值的类型为日期型(D)	
TIME( )	返回系统的当前时间,返回值的类型为字符型(C)	
DATETIME( )	返回系统当前的日期和时间,返回值的类型为日期时间型(T)	
YEAR(<参数>)	取日期型或日期时间型数据对应的年份,返回值为整数数值(N)	YEAR(¦^2009/9/19¦)的结果是 2009
MONTH(<参数>)	取日期型或日期时间型数据对应的月份,返回值为整数数值(N)	MONTH(¦^2009/9/19¦)的结果是 9
DAY(<参数>)	取日期型或日期时间型数据对应月份的天数,返回值为整数数值(N)	DAY(¦^2009/9/19¦)的结果是 19
CDOW(<参数>)	返回指定日期的英文星期名称	CDOW(¦^2009/9/19¦)的结果是 Saturday

表 2-11　类型转换函数

函　数	作　用	举　例
STR(<数值表达式> [, <长度> [, <小数位数>]])	将数值型数据转换为字符型数据	STR(23.45)的结果是"　　23" STR(23.45,5)的结果是"　23" STR(23.45,4,1)的结果是"23.5"
VAL(<字符型表达式>)	将字符串前面符合数值型数据要求的数字字符转换为数值型数据	VAL("23.45 +6FG")的结果是 23.45 VAL("FG")的结果是 0.00
CHR(<数值型表达式>)	将数值表达式的值作为 ASCII 码,给出其所对应的字符	CHR(67)的结果是 C
ASC(<字符型表达式>)	给出字符型表达式最左边的一个字符的 ASCII 码值	ASC("C")的结果是 67
CTOD(<字符型表达式>)	将日期格式的字符串转换为日期型的日期值	CTOD("9/19/2009")的结果是 ¦09/19/09¦
DTOC(<日期型数据>)	将日期值转换为字符串	DTOC(¦^2009/9/19¦)的结果是 "09/19/09"

表 2-12　测试函数

函　数	作　用	举　例
IIF(<逻辑表达式> , <表达式1> , <表达式2>)	如果 <逻辑表达式> 的值为 .T. ,则表达式1 为函数的结果,否则表达式2 为函数的结果	假设 X =23 则 IIF(X >0,X, -X)的结果是 23
BETWEEN(<表达式1> , <表达式2> , <表达式3>)	测试表达式 1 的值是否在[表达式2,表达式3]范围内,如果在测试范围内,则函数结果为 .T. ,否则函数结果为 .F.	BETWEEN(23,10,30)的结果是 .T. BETWEEN(43,10,30)的结果是 .F.
VARTYPE(<表达式> , <逻辑表达式>)	测试表达式的数据类型,返回用字母代表的数据类型,函数值为字符型。未定义或表达式错误返回字母 U	VARTYPE(23)的结果是 N VARTYPE("23")的结果是 C VARTYPE(P)的结果是 U

4. 运算符和表达式

Visual FoxPro 系统提供了不同的运算符，包括算术运算符、字符运算符、关系运算符逻辑运算符和日期时间运算符等。表达式是通过运算符将常量、变量、函数等按照一定规则合理地组合在一起的形式。

（1）算术运算符及表达式

算术运算符包括乘方（^或＊＊）、乘（＊）、除（/）、取余（%）、加（＋）和减（－）。由算术运算符连接的表达式称为算术表达式，算术表达式中参加运算的数据类型和运算结果类型都是数值型。运算规则和实例如表 2－13 所示。

表 2－13　算术运算符含义及运算实例

运 算 符	含 义	优 先 级	运 算 实 例	结 果
^或＊＊	乘方	1	3^3	27
＊	乘	2	5＊(50－3)	235
/	除	2	50/10	5
%	取余	2	50%3	2
＋	加	3	12＋3	15
－	减	3	100－50	50

【例 2－20】　求表达式 $100+27\%2^3*4$ 的值。

运算时先求 2^3 的值为 8，其次求 27%8 的值为 3，再其次求 3＊4 的值为 12，最后求 100＋12 的值为 112。

（2）字符运算符及表达式

字符运算符主要包括加号连接（＋）和减号连接（－）两种连接运算符，其中，加号连接是原样连接，减号连接是将第一个字符串尾部空格移到整个连接结果的尾部。字符表达式中参加运算的数据类型和运算结果类型都是字符。运算规则和实例如表 2－14 所示。

表 2－14　字符运算符含义及运算实例

运 算 符	含 义	运 算 实 例	结 果
＋	原样连接	C1＋C2	"中国　　　北京"
－	第一个字符串尾部空格移到整个连接结果的尾部	C1－C2	"中国　北京　　"

注：C1、C2 为字符型变量，且 C1＝"中国　　"，C2＝"　北京"，表示一个空格。

（3）关系运算符及表达式

关系运算符包括 >、>=、<、<=、=、<>或!=或#、== 及 $，用于表达式值的比较运算，运算的结果为逻辑值 .T. 或 .F.。表 2－15 给出了关系运算符的含义及其运算实例。

表 2－15　关系运算符含义及运算实例

运 算 符	含 义	运 算 实 例	说 明
>	大于	8>X	8 大于 X 不成立，表达式结果为 .F.
>=	大于等于	100>=Y	100 大于等于 Y 成立，结果为 .T.

运 算 符	含 义	运算实例	说 明
<	小于	50 < Z	50 小于 Z 成立，结果为 .T.
<=	小于等于	X <= 10	X 小于等于 10 成立，结果为 .T.
=	等于	X = Y	X 等于 Y 不成立，结果为 .F.
==	精确等于	"AS" == "AS"	"AS"精确等于"AS"，结果为 .T.
! = 或#或 <>	不等于	X ! = Y	X 不等于 Y 成立，结果为 .T.
$	包含	"A" $ "GAF"	"A"包含在"GAF"中，结果为 .T.

注：X、Y、Z 为数值型变量，其中 X = 10，Y = 80，Z = 100。

包含运算符"$"只能用于字符型数据。其他运算符可以用于数值型、字符型、日期型等比较运算，但运算符两边的运算对象数据类型必须相同。

"="在进行字符串比较时，其结果与 SET EXACT ON | OFF 的状态有关，若为 ON，则是精确比较，"="两边内容必须完全相同；若为 OFF，则"="左边从第一个字符开始包含"="右边的字符串，结果就为 .T.。系统默认状态为 SET EXACT OFF。

【例2-21】 假设：

A = " abcdef"

B = " abc"

则命令：

? A = B

的输出结果在 SET EXACT OFF 状态下为 .T.，在 SET EXACT ON 状态下为 .F.。

（4）逻辑运算符及表达式

逻辑运算符包括 NOT 或 !、AND、OR 这 3 种运算符。要求运算的数据必须是逻辑值，运算结果也是逻辑值。表 2-16 给出了逻辑运算符的含义及其运算规则。

表 2-16 逻辑运算符含义及运算规则

运 算 符	含 义	优 先 级	运算实例	结 果
NOT	取运算数据的相反值	1	NOT .T. NOT .F.	.F. .T.
AND	运算数据都为 .T.， 结果为 .T.，其他 情况都为 .F.	2	.T. AND .T. .T. AND .F. .F. AND .T. .F. AND .F.	.T. .F. .F. .F.
OR	运算数据都为 .F.， 结果为 .F.， 其他情况都为 .T.	3	.F. OR .F. .T. OR .T. .T. OR .F. .F. OR .T.	.F. .T. .T. .T.

【例2-22】 数学表达式 $3 \leqslant X \leqslant 10$ 用 Visual FoxPro 表达式表示的形式为：

X >= 3 AND X <= 10

【例2-23】 数学表达式 $X \leqslant 3$ 或者 $X \geqslant 10$ 用 Visual FoxPro 表达式表示的形式为：

X <= 3 OR X >= 10

【例2-24】 单位招聘工作人员，招聘条件为 35 岁以下的女性，并且要求本科或专科毕业。用 Visual FoxPro 表达式表示形式为：

性别 = "女" AND 年龄 <= 35 AND（学历 = "本科" OR 学历 = "专科"）

（5）日期或日期时间运算符及表达式

日期或日期时间运算符包括加号（＋）和减号（－）两种，运算规则和实例见表2-17。加号（＋）可以完成日期或日期时间与数值数据的相加运算，表示在日期或日期时间数据上加上天数或秒数，结果为日期或日期时间数据。减号（－）可以完成两个日期或日期时间数据的减法运算，结果为相差的天数或秒数。也可以完成日期或日期时间与数值数据的减法运算，表示在日期或日期时间数据上减去天数或秒数，其结果为日期或日期时间数据。

表2-17 日期运算符含义及运算实例

运 算 符	含 义	运算实例	结 果
＋	日期加天数,结果为日期	D1 + N	09/20/06
－	日期减天数,结果为日期	D1 - N	08/31/06
－	两日期相减,结果为天数	D2 - D1	30
＋	日期时间加秒数,结果为日期时间	T1 + N	09/10/06 10:20:20
－	日期时间减秒数,结果为日期时间	T1 - N	09/10/06 10:20:00
－	两日期时间相减,结果为秒数	T2 - T1	70

注：D1、D2 为日期型变量，T1、T2 为日期时间型变量，N 为数值型变量，表示天数或秒数。其中 D1 = {^2006/09/10}，D2 = {^2006/10/10}，N = 10，T1 = {^2006/09/10 10：20：10}，T2 = {^2006/09/10 10：21：20}。

（6）运算符的优先级

不同类型的运算符在同一个表达式中出现时，先执行算术运算、字符运算和日期时间运算，其次执行关系运算，最后执行逻辑运算。

在算术运算符中，先括号内，再括号外。算术运算符运算顺序为先^（或＊＊），其次＊、/、%，最后＋、－；字符运算符优先级相同；关系运算符优先级相同；逻辑运算符优先级先 NOT 运算，再 AND 运算，最后 OR 运算。

【例2-25】 假设性别 = "男"，出生日期 = {^1969/10/5}，职称 = "教授"，基本工资 = 5000，求下面表达式的值。

性别 = "女" OR INT（（date（）－出生日期）/365）> 30 and;

not（职称 = "副教授" or 基本工资 > 6000）　　&& date( ) 函数结果按 2009 年 9 月 1 日计算

计算过程为：

. F. OR 39 > 30 AND NOT(. F. OR . F.)

. F. OR . T. AND NOT . F

. F. OR . T. AND . T.

. F. OR . T.

. T.

5. 表达式值的显示

在前面的例题中，已经多次使用"？"输出表达式的值。在 Visual FoxPro 中，显示表达式的值可以使用"？"命令或"？？"命令，其命令格式为：

? 〔 < 表达式表 > 〕

?? 〔 < 表达式表 > 〕

其功能是计算表达式的值并将结果输出。"？"和"？？"的区别在于"？"先换行，再输出表达式的值；"？？"在当前位置输出表达式的值。

请在命令窗口中输入下面命令，并观察结果。命令序列及命令执行结果如图 2-45 所示。

M = 3

STORE "北京" TO STRM

? M,STRM

? M

?? STRM

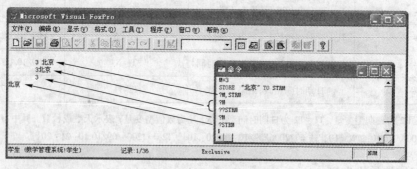

图 2-45　？ 和?? 输出示例

2.2.6　表记录的操作

1. 当前记录

在表浏览状态下，可以观察到在表的最左侧有一个三角箭头，如图 2-46 所示，称三角箭头为记录指针，其所指的记录，称为当前记录。某一时刻，一个表中只能有一条记录是当前记录。

Visual FoxPro 中，按照输入记录的顺序，确定了记录的原始排列顺序，用记录号表示，但在表浏览状态下不显示记录号。

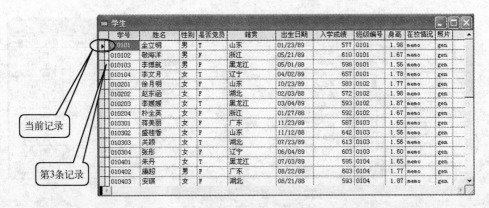

图 2-46　当前记录示例

2. 与表有关的函数

通过与表有关的函数,可以了解表中记录指针的位置和记录的状态,表 2-18 中给出了与表有关的函数,图 2-47 给出了这些函数中用到的一些名词的图示。

表 2-18　与表有关的函数

函　数	作　用	说　明
RECCOUNT( )	计算并返回当前表或指定表中记录的个数	如果表中有 7 条记录,则 RECCOUNT( ) 的结果是 7
RECNO( )	返回当前表或指定表的当前记录号	如果当前记录为 3,则 RECNO( ) 的结果是 3
BOF( )	如果记录指针在表头则返回 . T. ,否则返回 . F.	表头位置是: GO TOP SKIP － 1 这时 BOF( ) 的结果是 . T.
EOF( )	如果当前记录指针在表尾,则返回 . T. ,否则返回 . F.	表尾位置是: GO BOTTOM SKIP 1 这时 EOF( ) 的结果是 . T.
DELETED( )	测试当前记录是否有删除标记(＊),如果有则返回 . T. ,否则返回 . F.	如果当前记录被逻辑删除了,则 DELETED( ) 的结果是 . T.
FOUND( )	在表中执行查找命令时,测试查找结果,如果找到,则返回 . T. ,否则返回 . F.	常用的查找操作有 LOCATE、FIND、SEEK 等

【例 2-26】　打开学生 . dbf 表,在命令窗口中输入并执行下列命令,注意观察结果。

USE 学生
SKIP－1
? BOF( ),RECNO( )

输出结果为:

. T. 1

 注意: 执行命令过程中不要去单击表。

51

图 2-47　表中一些名词的图示

【例 2-27】　打开学生.dbf 表，在命令窗口中输入并执行下列命令，注意观察结果（假设表中共有 10 条记录）。

```
USE 学生
GO BOTTOM
SKIP
? EOF( ),RECNO( )
```

输出结果为：

.T. 11

 注意：执行命令过程中不要去单击表。

3. 指针定位

在操作表中记录时，当前记录随着所执行的操作而改变，例如，在表浏览状态下，可以直接用鼠标单击某条记录，使其成为当前记录。

Visual FoxPro 系统提供了专门用于改变记录指针的命令。这些命令实现了指针的绝对定位和相对定位。

（1）绝对定位

绝对定位与当前记录位置无关，直接通过绝对定位命令 GO 或 GOTO 命令将记录指针指向需要的记录。其命令格式为：

```
GO|GOTO n | TOP | BOTTOM
```

- 如果定位到第 n 条记录，可以使用 GO| GOTO n 或 n 的形式。
- 如果定位到排在第一位置的记录，可以使用 GO| GOTO TOP 的形式。
- 如果定位到排在最末位置的记录，可以使用 GO| GOTO BOTTOM 的形式。

【例 2-28】　将学生.dbf 表打开，分别用命令实现将记录指针指向排在最末位置记录、第一位置记录和第 5 条记录，并分别显示当前记录。执行结果如图 2-48 所示。

```
USE 学生
GO BOTTOM        && 记录指针指向最后一条记录
DISPLAY          && 显示当前记录
GO TOP           && 记录指针指向第一条记录
DISPLAY          && 显示当前记录
GO 5
```

或者

  5   && 记录指针指向第 5 条记录

  DISPLAY   && 显示当前记录

图 2-48 例 2-28 执行结果示例

（2）相对定位

相对定位是在考虑当前记录位置的情况下，从当前记录位置向前或向后移动记录指针的定位方式。相对定位使用 SKIP 命令，其命令格式为：

  SKIP [N]

- N 可以是正整数或负整数。
- 如果 N 是正整数则从当前记录向其后面移动 N 条记录。
- 如果 N 是负整数则从当前记录向其前面移动 N 条记录。
- SKIP 命令是按逻辑顺序定位，即如果使用索引，是按索引项的顺序定位的。
- 不加参数的 SKIP 命令表示向后移动一条记录。

【例 2-29】 打开学生 .dbf 表，将记录指针指向第 3 条记录并显示当前记录；将记录指针指向排在其前面的第 2 条记录并显示当前记录；将记录指针指向排在当前记录后面的第 5 条记录并显示当前记录；将记录指针指向排在当前记录后面的 1 条记录并显示当前记录。操作结果如图 2-49 所示。

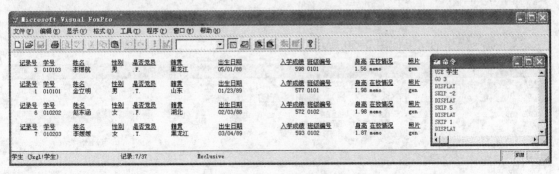

图 2-49 例 2-29 结果示例

实现指针定位的命令为：

  USE 学生

  GO 3

```
DISPLAY
SKIP  -2
DISPLAY
SKIP 5
DISPLAY
SKIP 1
```

或者

```
SKIP
DISPLAY
```

4. 查找记录

用指针定位可以将记录指针指向表中的某条记录，如果需要将记录指针指向满足条件的记录，可以使用 LOCATE 命令，其命令格式为：

```
LOCATE <范围> FOR <条件>
```

- ［范围］短语用来规定命令的操作范围，范围短语共有 4 个选项，即 ALL、NEXT N、RECORD N 和 REST。ALL 表示操作表中所有记录，NEXT N 表示操作从当前记录开始的 N 条记录，RECORD N 表示操作第 N 条记录，REST 表示操作从当前记录开始到表尾的所有记录。
- FOR <条件> 是定位的条件，由关系表达式或逻辑表达式构成，例如，FOR 籍贯 = "黑龙江"。
- 该命令执行后将记录指针定位到指定范围内满足条件的第 1 条记录上。如果没有满足条件的记录，若给出范围短语则指针指向范围内的最后一条记录，若未给出范围短语则指针指向表尾。

【例 2-30】 在学生 . dbf 表中，将记录指针指向籍贯是黑龙江的记录。

可以在命令窗口中输入下列命令：

```
USE 学生
LOCATE FOR 籍贯 = "黑龙江"
DISPLAY
```

这组命令操作的结果如图 2-50 所示。

图 2-50　例 2-30 结果示例

在学生 . dbf 表中，还有多条记录其籍贯字段值是"黑龙江"，如果要使指针指向其他满足 FOR <条件> 的记录，可以使用 CONTINUE 命令继续查找满足条件的其他记录，直到没有记录再满足条件为止。

54

为了判断 LOCATE 命令或 CONTINUE 命令是否找到了满足条件的记录，可以使用 FOUND( )函数测试查找操作是否成功，若找到满足条件的记录，则函数返回.T.，否则函数返回.F.。

【例2-31】 在例 2-30 的基础上，再继续查找满足条件的记录并显示查找结果。

可以使用下面的命令序列继续查找满足条件的记录：

```
CONTINUE
DISPLAY
```

这组命令可以一直使用，直到在给定范围内再没有满足条件的记录为止，就实现了查找所有满足条件记录的操作。操作结果如图 2-51 所示，在图 2-52 中给出了指针移动图示。

图 2-51　例 2-31 操作示例和执行结果

图 2-52　CONTINUE 移动指针示例

【例2-32】 在例2-31中，用FOUND( )函数检查是否找到满足条件的记录，并显示找到的记录。

```
CONTINUE
? FOUND( )
DISPLAY
```

5. 浏览表记录

表中记录在浏览状态下是可以修改的，浏览记录的显示形式有浏览和编辑两种形式，如图2-53所示。两种显示形式通过选择"显示"→"浏览"命令或"编辑"命令进行切换。

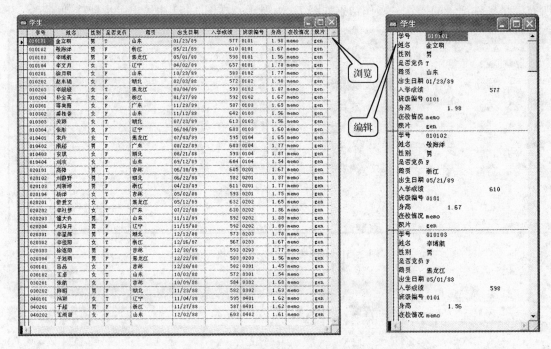

图2-53　浏览表记录的两种显示方式

浏览表中记录常用以下3种方法，图2-54给出了3种方法的操作过程。

方法1：在表打开的状态下，选择"显示"→"浏览"命令。

方法2：在命令窗口或程序中使用BROWSE命令浏览表中的记录。其命令格式为：

　　　BROWSE

方法3：如果是数据库表，在数据库设计器中右击要浏览记录的数据库表，在弹出的快捷菜单中选择"浏览"命令。

6. 显示表记录

显示表记录与浏览表记录不同，显示表记录只能显示记录不能修改记录。可以使用LIST命令或DISPLAY命令显示表中记录，二者的主要区别在于不使用条件和范围短语时，LIST命令显示全部记录，而DISPLAY命令只显示当前记录。其命令格式为：

　　　LIST | DISPLAY [[FIELDS] <字段名表>] [FOR <条件>]
　　　　　　　[WHILE <条件>] [<范围>] [<OFF>]

图 2-54　浏览表中记录的 3 种方法

- 命令中的 OFF 短语用来限制显示记录时是否显示记录号，命令中给出 OFF 短语时，不显示记录号。
- 命令中用 FIELDS 短语限制显示的字段，字段名表是用逗号隔开的字段名列表，省略时显示全部字段，在字段名表前面可以选择 FIELDS 选项。
- 条件指关系表达式或逻辑表达式，如果使用 FOR 短语指定条件，则显示满足条件的所有记录；如果使用 WHILE 短语指定条件，则遇到第一个不满足条件的记录就结束命令。

如果要显示学生.dbf 表中所有记录，可以用下面的命令序列完成。

```
USE 学生                        && 首先打开学生.dbf 表
LIST   或   DISPLAY ALL         && 显示表中的所有记录
```

命令执行结果是在输出区域输出结果，如图 2-55 所示。

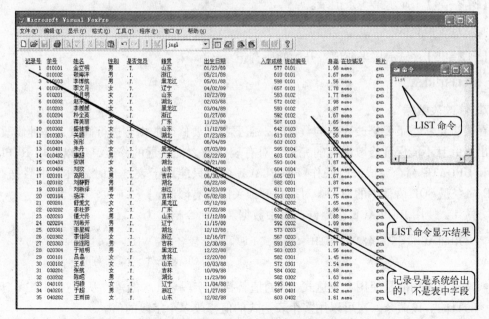

图 2-55　用 LIST 命令显示表中记录示例

57

如果要显示学生.dbf表中 1989 年之前出生的学生记录，可以用下面的命令完成。

  LIST FOR 出生日期 < {^1989/01/01} && LIST 可以用 DISPLAY 代替

或

  LIST FOR YEAR(出生日期) < 1989 && YEAR(出生日期)的结果是年的 4 位数字

如果要显示学生.dbf表中男党员的记录，可以用下面的命令完成。

  LIST FOR 性别 = "男" AND 是否党员

或

  LIST FOR 性别 = "男" AND 是否党员 = .T.

如果将记录指针指向第 3 条记录，要连续显示从第 3 条记录开始的 4 条记录，可以用下面的命令完成。

  GO 3
  LIST NEXT 4 && NEXT 4 表示从当前记录开始连续 4 条记录

如果要显示表中姓名、出生日期和入学成绩字段的值，并且显示结果中不显示记录号，可以用下面的命令完成。

  LIST OFF FIELDS 姓名,出生日期,入学成绩

【例 2-33】 分别用 FOR 条件和 WHILE 条件显示学生.dbf表中男生的记录。

  LIST WHILE 性别 = "男"
  LIST FOR 性别 = "男"　·

观察两个命令的执行结果。

【例 2-34】 显示第 3 条记录。

  LIST RECORD 3

【例 2-35】 显示从当前记录开始的所有记录。

  LIST REST

7. 修改表数据

在表浏览状态下要修改表中的数据时，需要找到要修改的内容进行修改，这种修改方式容易出错并且不能保证修改内容的完全。对有规律的大批数据的修改，可以使用 REPLACE 命令和 UPDATE 命令完成修改操作。REPLACE 命令只能用于表打开时修改表中数据；UP-DATE 命令是 SQL 语言中的命令，对表打开或关闭没有限制。

方法 1：使用 REPLACE 命令修改表中数据。其命令格式为：

  REPLACE ＜字段名 1＞ WITH ＜表达式 1＞ [,＜字段名 2＞ WITH ＜表达式 2＞…]
             [FOR ＜条件＞] [＜范围＞]

- 该命令的功能是使用 ＜表达式 1＞ 的值替换 ＜字段名 1＞ 的值，从而达到修改记录值的目的。该命令一次可以用多个表达式的值修改多个字段的值。
- 如果不使用 FOR 条件短语和范围短语，则只修改当前记录。

● 如果使用 FOR 条件短语或范围短语，则修改指定范围内满足条件的所有记录。

【例 2-36】 要将学生 .dbf 表中所有记录的入学成绩增加 10 分，在输入下列命令前，先按前面讲过的浏览表记录的方式浏览学生 .dbf 表中的数据，以便观察 REPLACE 命令执行的结果。

    USE 学生
    BROWSE
    REPLACE ALL 入学成绩 WITH 入学成绩 + 10

【例 2-37】 在学生 .dbf 表中只将第 3 条记录的入学成绩增加 10 分。

    USE 学生
    BROWSE
    GO 3
    REPLACE 入学成绩 WITH 入学成绩 + 10   && 没有条件短语和范围短语,只修改当前记录

方法 2：使用 UPDATE 命令修改表中数据。

使用 REPLACE 命令修改表中记录时，需要首先打开表，而如果用 UPDATE 命令修改表中记录，不需要打开表。

UPDATE 命令格式为：

UPDATE 表名
SET 字段名 1 = 表达式 1 [,字段名 2 = 表达式 2...] ; [WHERE < 条件 >]

使用 WHERE 短语指定修改的条件，条件是关系表达式或逻辑表达式；WHERE 短语用来限定修改记录需满足的条件；如果不使用 WHERE 短语，则更新全部记录，并且一次可以更新多个字段。

【例 2-38】 将学生 .dbf 表中党员学生的入学成绩增加 15 分。为了便于观察表记录的修改情况，建议打开表并浏览表记录，然后再执行下列命令。

    UPDATE 学生 SET 入学成绩 = 入学成绩 + 15 WHERE 是否党员 = . T.

【例 2-39】 将学生 .dbf 表中男同学的成绩字段值增加 50% 。

    UPDATE 学生 SET 成绩 = 成绩 * 1. 5 WHERE 性别 = "男"

8. 插入记录

Visual FoxPro 支持两种插入记录方式，一种是使用 INSERT 命令将记录插入到当前记录的前面或后面，要求先打开表，再执行插入操作；另一种是使用 INSERT INTO 命令将记录插入到表的末尾，对表的打开和关闭没有限制。

下面在介绍具体插入命令之前，首先介绍需要掌握的数组概念和用法。

(1) 数组

数组是一组带下标的变量，同一数组中的变量具有相同的名称和不同的下标。用下标标识数组中的不同元素，数组中元素的值可以是任意类型的数据，且同一数组中的不同元素，数值的类型也可以不同。

1) 数组的定义。通常情况下，数组需要先定义，再使用，但在 Visual FoxPro 中，有时

也可以不定义而直接使用。定义数组可以使用 DIMENSION 命令或 DECLARE 命令，两者作用相同，其命令格式为：

DIMENSION|DECLARE 数组名1(下标1[,下标2])[,数组名2(下标1[,下标2])]…

Visual FoxPro 支持一维数组和二维数组，定义数组时给出一个下标，表示定义的是一维数组；给出两个下标，表示定义的是二维数组。

例如：

DIMENSION XSH(4),XSHM(2,3)

定义了一维数组 XSH 和二维数组 XSHM。其中 XSH 有 4 个元素，分别表示为 XSH(1)、XSH(2)、XSH(3)、XSH(4)；XSHM 有 2×3 即 6 个元素，分别表示为 XSHM(1,1)、XSHM(1,2)、XSHM(1,3)、XSHM(2,1)、XSHM(2,2)、XSHM(2,3)。

定义了数组，但未给数组元素赋值时，数组元素具有相同的值且为逻辑值 .F.，也就是数组 XSH 和 XSHM 中各元素的值目前都为 .F.。

【例2-40】 定义并分别显示 XSH 和 XSHM 中的元素。

DIMENSION XSH(4),XSHM(2,3)
? XSH(1),XSH(2),XSH(3)
? XSHM(1,1),XSHM(1,2),XSHM(1,3),XSHM(2,1),XSHM(2,2),XSHM(2,3)

2) 数组的使用。数组在使用时，实际使用的是数组中的元素，而数组元素的使用与简单内存变量的使用方法一样，对简单变量操作的命令，均可以对数组元素进行操作，简单变量出现的位置，数组元素也可以出现。

【例2-41】 给 XSH 数组中的第一个元素和第三个元素赋值。

XSH(1) = "王明"
XSH(3) = "刘畅"
? XSH(1),XSH(2),XSH(3)

输出的结果为：

王明 .F. 刘畅

【例2-42】 给 XSHM 数组中的部分元素赋值。

XSHM(1,1) = 78
XSHM(2,2) = {^1982/12/23}
XSHM(2,3) = "女"
? XSHM(1,1),XSHM(1,2),XSHM(2,2),XSHM(6)

输出的结果为：

78 .F. 12/23/82 女

 **注意**：XSHM(6)是数组 XSHM 中排在第 6 个位置的元素，即 XSHM(2,3)。

(2) INSERT 命令

INSERT 命令格式为：

INSERT [BEFORE] [BLANK]

- 短语 BEFORE 用于指出插入记录的位置是在当前记录的前面还是当前记录的后面，不使用 BEFORE 短语时在当前记录的后面插入新记录。
- 短语 BLANK 表示插入一条空记录。

【例 2-43】 假设在学生 . dbf 表中，第 3 条记录是当前记录，要在第 3 条记录的后面插入一条记录，在当前记录的前面插入一条记录，可以执行下面的命令序列。

```
USE 学生
GO 3
INSERT              && 在当前记录的后面插入一条记录
INSERT BEFORE       && 在当前记录的前面插入一条记录
```

【例 2-44】 如果想在第 3 条记录的后面插入一条空记录，可以执行下面的命令序列。

```
USE 学生
GO 3
INSERT BLANK        && 在当前记录的后面插入一条空记录
```

(3) INSERT INTO 命令

INSERT INTO 命令有两种格式。

格式 1：

INSERT INTO 表名［(字段名表)］VALUES (表达式表)

- 命令中"INSERT INTO 表名"短语指明向表名所指定的表中插入记录。
- 当插入各个字段值不是完整的记录时，需要用字段名表给出要插入字段值的字段名列表。
- 如果按顺序给出表中全部字段的值，则字段名表选项可以省略。
- "VALUES (表达式表)"短语给出具体的与字段名列表中给出的字段顺序相同、类型相同的值。

【例 2-45】 在学生 . dbf 表的末尾插入一条记录，各个字段的值分别为：

学号	姓名	性别	是否党员	籍贯	出生日期	入学成绩	班级编号	身高
050101	高阳	男	是	广东	1989 年 4 月 12 日	600	0501	1 米 72

在命令窗口中输入命令：

INSERT INTO 学生 ；   && 学生 . dbf 表示要插入记录的表，";"表示续行符

(学号,姓名,性别,是否党员,籍贯,出生日期,入学成绩,班级编号,身高)；&& 给出要插入值的字段名列表

VALUES；

("050101","高阳","男",.T.,"广东",{^1989/04/12},600,"0501",1.72)

&& 要插入的字段值,其顺序与字段名列表一致

格式 2：

INSERT INTO 表名 FROM ARRAY 数组名

命令中"FROM ARRAY 数组名"短语说明从指定的数组中插入记录。

【例 2-46】 现假设有一个二维数组 XS，其每行数组元素值的顺序和类型与学生 . dbf

表中各字段类型顺序相同，要将二维数组 XS 中的数据插入到学生 . dbf 表中，可以使用下面的命令序列实现。

```
Dimension XS(2,2)
XS(1,1) = "050102"
XS(1,2) = "MKL"
XS(2,1) = "050103"
XS(2,2) = "DKL"
INSERT INTO 学生 FROM ARRAY XS
```

上述命令执行的结果如图 2-56 所示。

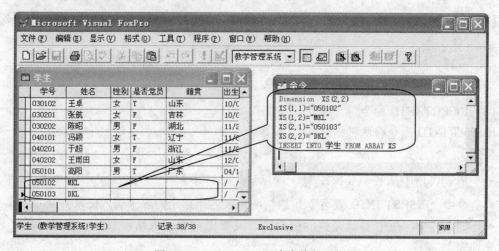

图 2-56 INSERT INTO 命令执行示例

9. 删除记录

表中的记录根据需要可以添加或插入，同样，根据需要也可以删除多余的记录。表中记录的删除包括逻辑删除和物理删除，逻辑删除记录是给要删除的记录加删除标记，逻辑删除的记录还可以恢复，即去掉删除标记。物理删除记录是将记录从表中真正删除，物理删除的记录不能再恢复。

（1）逻辑删除记录

如果想要将表中准备删除的记录做一个记号，等到决定删除时再进一步处理，可以先执行逻辑删除记录操作。

逻辑删除表中记录，可以采用下面 3 种方法。

方法 1：在表浏览状态下选择"表"→"删除记录"命令，弹出如图 2-57 所示的"删除"对话框，在"作用范围"下拉列表框中选择要删除记录的范围，在 For 文本框或 While 文本框中输入要删除记录满足的条件，单击 删除 按钮。

方法 2：使用 DELETE 命令，该命令要求先打开表。其命令格式为：

DELETE［FOR ＜条件＞］［＜范围＞］

- DELETE 命令用于实现逻辑删除指定范围内满足条件的记录。
- 不给出范围和条件短语时，只删除当前记录。
- 可以用 DELETE（）函数检测记录的删除标记，如果带删除标记，函数返回值为 . T . ,

否则函数返回值为 . F. 。

方法 3：用 SQL 语言中的 DELETE FROM 命令删除记录，这个命令不要求表的打开或关闭。其命令格式为：

```
DELETE FROM 表名［WHERE ＜条件＞］
```

- FROM 短语指定从哪个表中删除数据。
- WHERE 短语给出被删除记录所需要满足的条件。
- 命令中如果不使用 WHERE 短语，则逻辑删除该表中的全部记录。

【例 2-47】 用 3 种方法逻辑删除学生 . dbf 表中所有的女生记录。

方法 1：逻辑删除学生 . dbf 表中的女生记录，首先将学生 . dbf 表打开，然后按照方法 1 逻辑删除记录，操作如图 2-57 所示。

如图 2-58 所示给出了逻辑删除学生 . dbf 表中所有的女生记录后，学生 . dbf 表在浏览状态下的示例。

图 2-57 “删除”对话框

学号	姓名	性别	是否党员	籍贯	出生日期	入学成绩	班级编号	身高	在校情况	照片
010101	金立明	男	T	山东	01/23/89	577	0101	1.98	memo	gen
010102	敬海洋	男	F	浙江	05/21/89	610	0101	1.67	memo	gen
010103	李博航	男	F	黑龙江	05/01/88	598	0101	1.56	memo	gen
010104	李文月	女	T	辽宁	04/02/89	657	0101	1.78	memo	gen
010201	徐月明	女	F	山东	10/23/89	583	0102	1.77	memo	gen
010202	赵东涵	男	F	湖北	02/03/88	572	0102	1.98	memo	gen
010203	李媛媛	男	T	黑龙江	03/04/89	593	0102	1.07	memo	gen
010204	朴全英	女	F	浙江	01/27/88	592	0102	1.67	memo	gen
010301	蒋美丽	男	F	广东	11/23/89	587	0103	1.65	memo	gen
010302	盛桂香	女	F	山东	11/12/88	642	0103	1.56	memo	gen
010303	关颖	男	T	湖北	07/23/89	613	0103	1.56	memo	gen
010304	张彤	女	F	辽宁	06/04/89	603	0103	1.60	memo	gen
010401	朱丹	女	T	黑龙江	07/03/89	595	0104	1.65	memo	gen
010402	康超	男	F	广东	08/22/89	603	0104	1.77	memo	gen
010403	安琪	女	F	湖北	06/21/88	593	0104	1.67	memo	gen
010404	刘欢	女	F	山东	09/12/89	604	0104	1.54	memo	gen
020101	高阳	男	T	吉林	06/30/89	605	0201	1.67	memo	gen
020102	刘静野	男	F	湖北	06/22/88	582	0201	1.87	memo	gen
020103	刘新泽	男	F	浙江	04/23/89	611	0201	1.77	memo	gen
020104	杨洋	女	T	吉林	05/02/88	593	0201	1.75	memo	gen
020201	舒爱文	女	F	黑龙江	05/12/89	632	0202	1.65	memo	gen
020202	李杜梦	女	T	广东	07/22/88	630	0202	1.86	memo	gen
020203	僮大佟	男	F	山东	11/12/89	592	0202	1.88	memo	gen
020204	刘希开	男	F	辽宁	11/15/88	592	0202	1.89	memo	gen
020301	李星辉	男	F	湖北	12/12/88	573	0203	1.78	memo	gen
020302	李佳阳	女	T	浙江	12/16/87	567	0203	1.67	memo	gen
020303	徐连阳	男	F	吉林	12/30/89	593	0203	1.77	memo	gen
020304	于旭明	男	F	黑龙江	12/22/88	583	0203	1.56	memo	gen
030101	吕品	女	F	吉林	12/20/88	582	0301	1.45	memo	gen
030102	王卓	女	T	山东	10/03/88	572	0301	1.54	memo	gen
030201	张航	女	F	吉林	10/09/88	584	0302	1.68	memo	gen
030202	陈昭	男	F	湖北	11/23/88	582	0302	1.63	memo	gen
040101	冯颖	女	T	辽宁	11/04/88	595	0401	1.62	memo	gen
040201	于超	男	F	浙江	11/27/88	587	0401	1.62	memo	gen
040202	王雨田	女	F	山东	12/02/88	603	0402	1.61	memo	gen

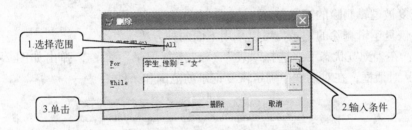

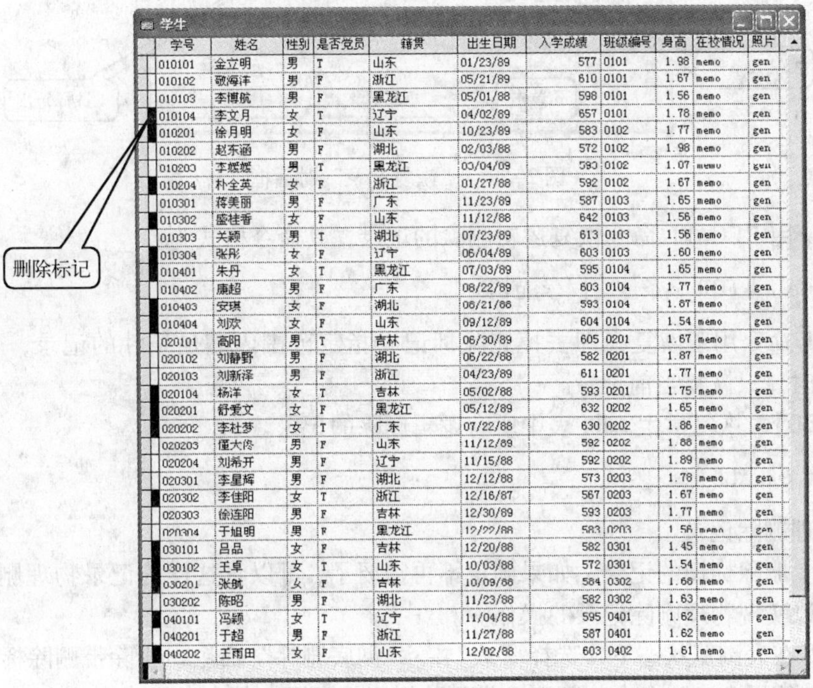

图 2-58 逻辑删除记录示例

方法 2：在命令窗口中输入下列命令：

USE 学生
DELETE ALL FOR 性别 = "女"

方法 3：在命令窗口中输入下列命令：

DELETE FROM 学生 WHERE 性别 = "女"

【例 2-48】 逻辑删除学生 .dbf 表中的第 5 条记录，并测试 DELETE( )函数的值。

DELETE RECORD 5
? DELETE( )

测试结果为 .T.，表示第 5 条记录被逻辑删除了。

【例 2-49】 用 DELETE FROM 命令逻辑删除学生 .dbf 表中学号为 010103 的记录。

DELETE FROM 学生 WHERE 学号 ="010103"

（2）恢复被逻辑删除的记录

如果要恢复逻辑删除的记录，可以采用下面两种方法。

方法 1：在表浏览状态下，选择"表"→"恢复记录"命令，弹出如图 2-59 所示的
"恢复记录"对话框，在对话框中确定恢复记录的范围和条件。

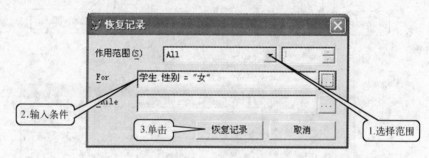

图 2-59 "恢复记录"对话框

方法 2：用 RECALL 命令恢复逻辑删除的记录，其命令格式为：

RECALL [FOR <条件>] [<范围>]

RECALL 命令用于恢复（即去掉删除标记）指定范围内满足条件的记录，不给出范围
和条件短语时，只恢复当前记录。

【例 2-50】 恢复学生 .dbf 表中所有逻辑删除的记录。

RECALL ALL

（3）物理删除记录

已经打上删除标记的记录，如果确定不再需要了，可以将这样的记录物理删除。下面 3
种方法都可以实现物理删除记录的操作。

方法 1：在表浏览状态下，选择"表"→"彻底删除"命令，删除带删除标记的记录。

方法 2：使用 PACK 命令物理删除带删除标记的记录。其命令格式为：

PACK

方法3：如果确认要物理删除表中所有的记录，可以不经过逻辑删除，直接删除所有记录。完成这样的删除操作使用 ZAP 命令。其命令格式为：

    ZAP

2.2.7　自由表与数据库表的转换

在 Visual FoxPro 中，通过数据库可以将相互间存在关系的表统一管理。表既可以由数据库管理，也可以单独存在。数据库管理的重要对象之一就是表，归数据库管理的表称为数据库表，不归任何数据库管理的表称为自由表。自由表可以添加到数据库中，使其成为数据库表；反之，数据库表也可以从数据库中移出，使其成为自由表。

自由表和数据库表的操作命令基本是通用的。前面讲到的对表操作的命令，包括建立表、修改表、显示表数据、指针定位和删除表数据等操作，对数据库表和自由表的使用规则是相同的。

自由表与数据库表建立表结构的过程是相同的，但是表设计器是有区别的，如图2-60所示。自由表与数据库表的主要区别表现在以下几方面。

- 数据库表可以使用长表名，在表中可以使用长字段名。
- 自由表不能建立主索引，而数据库表可以建立主索引。
- 两个数据库表之间可以建立永久关系，而两个自由表之间只可以建立临时关系。
- 数据库表可以设置字段有效性等数据字典信息，而自由表不可以。

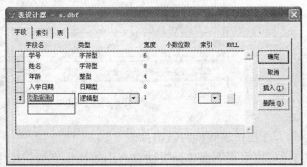

图2-60　数据库表设计器（左）和自由表设计器（右）

1. 建立数据库表

前面已经介绍了如何建立表，这里主要强调什么情况下建立的表是数据库表。如果存在当前数据库，所建立的表就是数据库表。也就是说，在"常用"工具栏的数据库列表中如果显示了数据库名称，这时建立的表就是数据库表，所建立的表就归该数据库管理。

【例2-51】　建立数据库 lx.dbc，观察"常用"工具栏的数据库列表中显示的内容。使用表设计器建立表 XT.dbf，表中各字段属性为姓名 C（6）、性别 C（2）、年龄 I 和工作日期 D，注意观察表设计器。建立结果如图2-61所示。

2. 建立自由表

执行建立表操作时，如果不存在当前数据库，所建立的表就是自由表。

【例2-52】　建立自由表 LXZY.dbf，表中各字段属性为姓名 C（6）、性别 C（2）、年龄 I 及工作日期 D，注意观察表设计器。建立结果如图2-62所示。

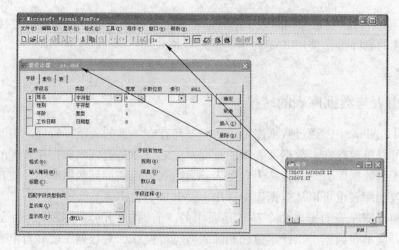

图 2-61　例 2-51 操作示例

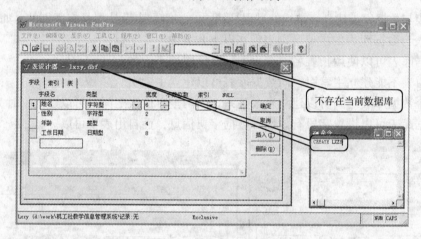

图 2-62　例 2-52 操作示例

3. 自由表转换为数据库表

可以采用下面 3 种方法将自由表添加到数据库中。

方法 1：在数据库设计器中添加表。

打开要添加表的数据库并打开其设计器，右击数据库设计器的空白区域，在弹出的快捷菜单中选择"添加表"命令，弹出"打开"对话框，在"打开"对话框中选择要添加的表，单击 确定 按钮，操作过程如图 2-63 所示。

方法 2：使用 ADD TABLE 命令。

ADD TABLE 命令用于将一个自由表添加到当前数据库中。其命令格式为：

　　ADD TABLE [< 自由表名 > | ?]

命令中给出参数 "?" 或不给出参数，都会弹出"添加"对话框，要求进一步选择要添加的表文件。

方法 3：打开数据库设计器，选择"数据库"→"添加表"命令，在"打开"对话框中选择要添加的表，单击 确定 按钮。

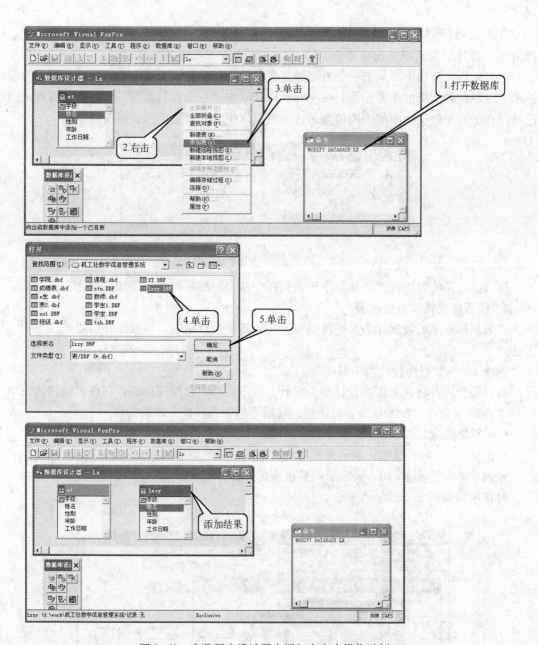

图 2-63 在数据库设计器中添加自由表操作示例

【例2-53】 现假设有一个自由表 LXZY.dbf，有一个已经建立好的数据库 LX.dbc，把自由表 LXZY.dbf 添加到数据库 LX.dbc 中。

方法1：打开 LX.dbc 数据库并打开其设计器，右击数据库设计器的空白区域，在弹出的快捷菜单中选择"添加表"命令，弹出"打开"对话框，在"打开"对话框中选择要添加的表 LXZY.dbf，单击 确定 按钮。操作过程参见图2-63。

方法2：在命令窗口中输入下列命令，将自由表 LXZY.dbf 添加到数据库 LX.dbc 中。

```
ADD TABLE LXZY
```

方法3：打开 LX. dbc 数据库并打开其设计器，选择"数据库"→"添加表"命令，在弹出的"打开"对话框中选择要添加的表 LXZY. dbf，单击 确定 按钮。

在实际操作过程中，当把一个表添加到数据库中时，经常会遇到如图 2-64 所示的错误提示。出现这种情况的主要原因是在 Visual FoxPro 中，一个表只能归一个数据库管理，当把已经存在于其他数据库中的表添加到另一个数据库中时，就会出现该错误提示。

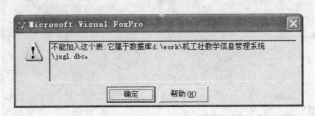

图 2-64　添加非自由表的提示框

解决办法是将要添加的表从原来的数据库中移去，然后再执行添加表操作。

4. 数据库表转换为自由表

归数据库管理的数据库表，也可以根据需要转换为自由表。转换操作可以采用下面 3 种方法。

方法1：在数据库设计器中移出表。

打开数据库并将其数据库设计器也打开，右击要移出数据库的表，在弹出的快捷菜单中选择"删除"命令，显示移出表对话框，在对话框中选择要完成的操作。

● 如果单击 移去(r) 按钮，表示将表移出数据库，成为自由表。
● 如果单击 删除(d) 按钮，表示将表移出数据库的同时删除该表。
● 如果单击 取消 按钮，表示取消移出表的操作。

操作示例如图 2-65 所示。

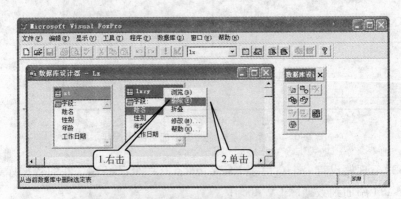

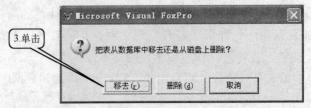

图 2-65　方法 1 在数据库设计器中移出表操作示例

方法2：使用 REMOVE TABLE 命令。

REMOVE TABLE 命令用于将一个数据库表转换为自由表，其命令格式为：

  REMOVE TABLE ＜表名＞ 〔＜DELETE＞〕〔＜RECYCLE＞〕

- 短语 DELETE 表示移出表的同时删除表。
- 短语 RECYCLE 表示将删除的表放入回收站。

方法3：在数据库设计器中单击要移去的表，选择"数据库"→"移去"命令，在显示的对话框中单击 移去(C) 按钮。操作示例如图 2-66 所示。

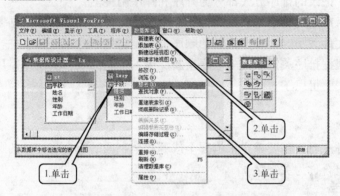

图 2-66　方法 3 操作示例

【例 2-54】　现有数据库 LX. dbc，LXZY. dbf 是 LX. dbf 中的表，将 LXZY. dbf 表从数据库中移出，使其成为自由表。

方法1：打开 LX. dbc 数据库并将其数据库设计器也打开，右击要移出数据库的表 LXZY. dbf，在弹出的快捷菜单中选择"删除"命令，显示移出表对话框，在对话框中选择要完成的操作，此处选择 移去(C) 按钮，操作示例如图 2-65 所示。

方法2：在命令窗口中输入下列命令，将表 LXZY. dbf 从数据库 LX. dbc 中移出。

  REMOVE TABLE LXZY

方法3：在数据库设计器中单击要移去的表 LXZY. dbf，选择"数据库"→"移去"命令，在显示的对话框中单击 移去(C) 按钮。操作示例如图 2-66 所示。

5. 删除数据库表

要删除数据库表，最好打开数据库表所在的数据库，然后再执行删除操作。数据库表的删除操作与移出操作基本相同，就是在图 2-65 中的移出对话框中，单击 删除(d) 按钮就完成数据库表的删除操作。

6. 删除自由表

删除自由表使用 DELETE FILE 命令，其命令格式为：

  DELETE FILE 表名

【例 2-55】　假设 LXZY. dbf 表是自由表，删除 LXZY. dbf 表。

在命令窗口中输入下列命令：

  DELETE FILE LXZY. DBF

使用 DELETE FILE 命令删除自由表时，扩展名不能省略，并且先关闭要删除的表，然后再执行删除操作。

2.3 索引和排序

前面介绍了表的基本操作，这些操作实现了对表结构和表数据的日常维护操作。但有些时候还需要对表中记录的顺序按照某一个或某几个字段的值重新排列记录，一种排序方式采用逻辑上的重新排列，称为索引；另一种排序方式采用物理上的重新排列，称为排序。不管是索引还是排序，记录的排序方式都分为升序和降序两种。

建立索引之后产生的结果是索引文件，原来的表文件的记录顺序根据索引文件逻辑上排列记录，当索引文件关闭时，表中记录的顺序仍然是初始录入顺序。

建立排序，根据排序关键字值的顺序重新产生一个新的表，要使用排序结果，只要直接使用排序产生的表就可以了。

2.3.1 关键字

建立索引或排序时，需要确定根据哪个或哪几个字段的组合将记录的顺序重新排列。这样的字段或字段组合称为关键字。

1. 候选关键字

凡是在表中能够唯一区分不同记录的字段或字段组合，都可以称为候选关键字，候选关键字可以有多个。例如，学生. dbf 表中的学号字段、姓名字段都可以作为候选关键字。

2. 主关键字

在候选关键字中选定其中一个作为关键字，则称该候选关键字为该表的主关键字，主关键字只能有一个。例如，可以将学号字段作为学生. dbf 表的主关键字。

3. 外部关键字

表中某个字段或字段组合不是该表的主关键字，而是另一个表的主关键字，则此字段或字段的组合称为外部关键字。例如，成绩表. dbf 中的学号字段不是成绩表. dbf 的主关键字，而是学生. dbf 表的主关键字，学号字段就是成绩表. dbf 的外部关键字。

2.3.2 索引文件

索引文件分为单索引文件和复合索引文件，复合索引文件中可以包含多个索引，单索引文件中只能包含一个索引。复合索引文件又分为独立复合索引文件和结构复合索引文件。

1. 单索引文件

单索引文件是扩展名为". idx"的索引文件，用命令方式建立，必须用命令明确地打开。

2. 结构复合索引文件

结构复合索引文件是文件名与表名相同，扩展名为". cdx"的复合索引文件，用命令方式和表设计器都可以建立，结构复合索引文件随表文件的打开而自动打开。

3. 独立复合索引文件

独立复合索引文件是文件名与表名不同，扩展名为". cdx"的复合索引文件，用命令方式建立，必须明确打开才可以使用。

索引建立后，要使表中记录按照索引关键字值的顺序显示，必须先打开索引。

2.3.3 索引类型

在如图 2-67 所示的数据库表设计器中，索引类型列表中给出了主索引、候选索引、唯一索引和普通索引 4 种。如果是自由表设计器，索引类型列表中的主索引是不可选的。

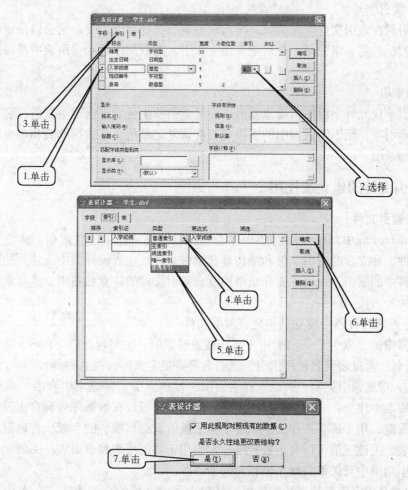

图 2-67　表设计器中建立索引示例

1. 主索引

在 Visual FoxPro 中，主索引的重要作用在于它的主关键字特性，主关键字的特性表现如下。

1）主索引只能在数据库表中建立且只能建立一个。

2）被索引的字段值不允许出现重复值。

3）被索引的字段值不允许为空值。

如果一个表为空表，那么可以在这个表上直接建立一个主索引。如果一个表中已经有记录，并且将要建立主索引的字段含有重复的字段值或者有空值，那么将产生错误信息。如果一定要在这样的字段上建立主索引，则必须先修改有重复字段值的记录或有空值的记录。

2. 候选索引

候选索引和主索引具有相同的特性。建立候选索引的字段可以看做是候选关键字，一个表可以建立多个候选索引。候选索引与主索引一样，要求字段值的唯一性并决定了处理记录的顺序。在数据库表和自由表中都可以建立多个候选索引。

主索引和候选索引具有相同的功能，除具有按升序或降序索引的功能外，都还具有关键字的特性。建立主索引或候选索引的字段值可以保证唯一性，它拒绝出现重复的字段值。

3. 唯一索引

唯一索引只在索引文件中保留第一次出现的索引关键字值。唯一索引以指定字段的首次出现值为基础，选定一组记录，并对记录建立索引。在数据库表和自由表中都可以建立多个唯一索引。

4. 普通索引

普通索引不仅允许字段中出现重复值，并且索引项中也允许出现重复值。它为每一个记录建立一个索引项，而不管被索引的字段是否有重复记录值。在数据库表和自由表中都可以建立多个普通索引。

2.3.4 索引文件的建立及使用

1. 建立索引文件

在 Visual FoxPro 中，可以使用 INDEX 命令或在表设计器中建立索引。命令方式可以建立单索引文件、独立复合索引文件和结构复合索引文件，在表设计器中所建立的索引为结构复合索引文件中的索引。下面主要介绍结构复合索引文件的建立和使用。建立索引文件，可以采用以下两种方法。

方法1：在表设计器中建立结构复合索引文件。

表设计器中的"索引"选项卡用来建立或编辑索引，主要包含以下内容。

1）索引名：通过索引名使用索引，索引名只要是定义的合法名称即可。

2）类型：指定索引类型，可以选择主索引、候选索引、普通索引和唯一索引。主索引只能在数据库表中建立，关键字值不能重复；候选索引可以在数据库表和自由表中建立，关键字值不能重复，用于那些不作为主关键字但字段值又必须唯一的字段；普通索引用于数据库表和自由表，关键字值可以有重复；唯一索引用于数据库表和自由表，关键字值可以有重复，但在索引结果中只保留关键字值相同的第一条记录。

3）表达式：指定索引的表达式，可以是包含表中字段的合法表达式。表达式可以是单独的一个字段，如学号；也可以是包含字段的表达式，如 SUBSTR（学号，7，2）；表达式还可以包含多个字段，多个字段类型不同时，需要统一类型，例如，按性别（C）和出生日期（D）建立索引，正确的表达式应为"性别 + DTOC（出生日期）"。这是因为性别的类型是字符型，而出生日期的类型是日期型，类型不一致，需要转换为相同类型，通常都转换为字符型。

4）筛选：指定筛选条件，可以是关系表达式或逻辑表达式，用于限定参加索引的记录。

5）↑按钮：单击↑按钮，可以更改索引的排序方式，即更改升序或降序。

建立索引时，可以先在表设计器的"字段"选项卡中选择索引方式（升序或者降序）；然后在"索引"选项卡中确定索引的索引名、类型和索引表达式等内容。

【例2-56】 对学生.dbf表，在表设计器中要求按入学成绩降序建立普通索引。

首先打开学生.dbf表设计器。在学生.dbf表设计器的"字段"选项卡中单击"入学成绩"字段，选择"入学成绩"字段的索引顺序为降序；切换到"索引"选项卡，在"索引"选项卡中主要确定索引的类型，选择索引类型为"普通索引"，单击 [确定] 按钮，显示确认操作对话框，单击 [是(Y)] 按钮，完成建立索引的过程。建立过程参见图 2-67。

方法 2：用 INDEX 命令建立索引文件。

用 INDEX 命令可以建立单索引文件、结构复合索引文件和独立复合索引文件。

① 用 INDEX 命令建立结构复合索引文件的命令格式：

    INDEX ON ＜索引表达式＞ TAG ＜索引名＞［UNIQUE | CANDIDATE］

- 命令中＜索引表达式＞短语可以是字段名，也可以是包含字段名的表达式。
- 短语 TAG ＜索引名＞是索引标识，多个索引可以共同存在于一个索引文件中，索引标识是使用每个索引时要使用的名称，称为索引名。索引名的命名要符合 Visual FoxPro 中的命名规定。
- 短语 UNIQUE 表示建立唯一索引，短语 CANDIDATE 表示建立候选索引。命令中无 U-NIQUE 和 CANDIDATE 短语时，表示建立的索引是普通索引。

    注意：使用 INDEX 命令可以建立普通索引、唯一索引（UNIQUE）和候选索引（CANDIDATE），但不能建立主索引。

【例 2-57】 对学生 . dbf 表，按入学成绩降序建立结构复合索引。

在命令窗口中输入下列命令：

    INDEX ON 入学成绩 DESC TAG RXCJ

命令中"ON 入学成绩"短语给出了建立索引的关键字，"DESC"短语给出了建立索引的顺序为降序，"TAG RXCJ"短语给出了索引名。

② 用 INDEX 命令建立独立复合索引文件的命令格式：

    INDEX ON ＜索引表达式＞ TAG ＜索引名＞［UNIQUE | CANDIDATE］OF ＜索引文件名＞

【例 2-58】 对学生 . dbf 表，按入学成绩建立独立复合索引，索引文件名为 RXCJ. cdx。

在命令窗口中输入下列命令：

    INDEX ON 入学成绩 TAG 入学成绩 OF RXCJ

命令中"OF RXCJ"短语表示建立的索引是独立复合索引，并且独立复合索引文件名为 RXCJ. cdx。

③ 用 INDEX 命令建立单索引文件的命令格式：

    INDEX ON ＜索引表达式＞ TO ＜索引文件名＞

【例 2-59】 对学生 . dbf 表，按入学成绩建立单索引，单索引文件名为 DXCJ. IDX。

在命令窗口中输入下列命令：

    INDEX ON 入学成绩 TO DXCJ

命令中" TO DXCJ"短语表示建立的索引是单索引文件，单索引文件不能规定索引顺序，只能是升序。建立的索引文件如图 2-68 所示。

【例 2-60】 在学生 . dbf 表中，分别根据学号建立候选索引，根据性别建立普通索引，根据籍贯建立唯一索引，建立的索引文件为结构复合索引文件。

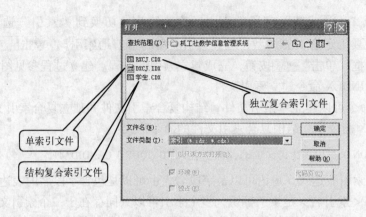

图 2-68　建立的索引文件示例

```
USE 学生
INDEX ON 学号 TAG XH CANDIDATE      && XH 为索引名,CANDIDATE 表示建立的是候选索引
INDEX ON 性别 TAG XB                && 无索引类型表示建立的是普通索引
INDEX ON 籍贯 TAG JG UNIQUE         && UNIQUE 表示建立的是唯一索引
```

如果要在表设计器中完成例 2-60 的题目要求,可参照图 2-67 给出的建立索引过程完成。

索引可以提高查询速度,但是维护索引是要付出代价的。当对表进行插入、删除和修改等操作时,系统会自动维护索引,也就是说,索引会降低插入、删除和修改等维护操作的速度。由此看来,建立索引也有个策略问题,并不是说索引可以提高查询速度,就在每个字段上都建立一个索引。

2. 使用结构复合索引文件

尽管结构复合索引文件在打开表的同时能够自动打开,但是用某个特定索引进行查询或需要按某个特定索引顺序显示记录时,则需要通过索引名指定起作用的索引。

【例 2-61】 假设在学生 . dbf 表中,已经完成了例 2-60 要求建立的索引,使表中的记录按性别索引顺序显示。

方法 1:在学生 . dbf 表浏览状态下,选择"表"→"属性"命令,弹出如图 2-69 所示的"工作区属性"对话框,在"索引顺序"下拉列表框中选择索引名"学生 . Xb"即可。操作示例如图 2-69 所示。

方法 2:用 SET ORDER 命令可以指定索引,确定记录的逻辑排列顺序。其命令格式为:

SET ORDER TO [< 索引序号 > | [TAG] < 索引名 >] [ASCENDING | DESCENDING]

可以按索引序号或索引名指定当前起作用的索引。在结构复合索引中,索引序号是指建立索引的先后顺序的序号。不管索引是按升序建立的还是按降序建立的,在使用时都可以用 ASCENDING 或 DESCENDING 指定升序或降序。

在学生 . dbf 表打开的情况下,在命令窗口中输入下列命令也能够将学生 . dbf 表的记录按照性别索引顺序显示。

SET ORDER TO XB

或

SET ORDER TO TAG XB

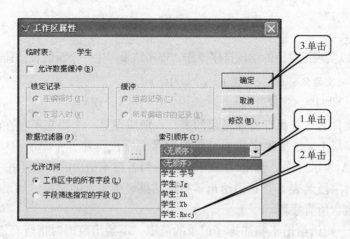

图 2-69　"工作区属性"对话框

3. 使用索引快速查询

当表中记录很多时，使用索引可以提高查询速度，将记录指针快速定位到要查询的记录处，可以使用 SEEK 命令快速定位。

如果表中已经按照某个字段建立了索引，要查询索引字段的值，可以使用 SEEK 命令，其命令格式为：

SEEK <表达式> [ORDER <索引序号> | [tag] <索引名>]

表达式的值是索引关键字的值。可以用索引序号或索引名指定按哪个索引定位。如果表中已经按照某个索引排列记录，使用 SEEK 命令时，可以省略"ORDER <索引序号> | [tag] <索引名>"短语，直接给出要查找的内容。

【例 2-62】　在学生 . dbf 表中，已经按照学号建立了索引，查找学号为 030102 的记录。

SEEK "030102" ORDER XH

XH 表示在学生 . dbf 表中根据学号建立索引的索引名。

2.3.5　删除索引

如果某个索引不再使用，可以将其删除。删除索引可以在表设计器中完成，在"索引"选项卡中先选择要删除的索引，然后单击 删除(d) 按钮。

也可以用命令方式删除结构复合索引文件中的某一个索引，其命令格式为：

DELETE TAG <索引名>

如果要删除全部索引，可以使用命令：

DELETE TAG ALL

如果要删除单索引文件，可以使用命令：

DELETE FILE <索引文件名>

例如，删除单索引文件 DXCJ. idx。

CLOSE ALL

DELETE FILE DXCJ. IDX　　　　&& 扩展名不能省略

2.3.6 排序

SORT 命令可以实现记录值的物理排序操作，排序结果产生一个新的表，其命令格式为：

SORT TO ＜文件名＞ ON ＜字段1＞ [/A|/D]，...
　　　　[FIELDS ＜字段名表＞] [＜范围＞] [FOR ＜条件＞]

- 命令中＜文件名＞是保存排序结果的表，一般应该是一个原来不存在的表。
- 命令中＜字段1＞是排序字段，可以根据多个字段排序。[/A|/D] 给出了排序方式，给出/A 表示升序，给出/D 表示降序，两者都不给出时，表示按升序排列。
- [FIELDS ＜字段名表＞] 短语给出了排序结果表中包含的字段，如果省略此短语，排序结果中包含所有字段。
- [＜范围＞] 短语给出了参加排序记录的范围，不给出范围时指所有记录。
- [FOR ＜条件＞] 短语给出了参加排序的记录要满足的条件。
- [＜范围＞] 和 [FOR ＜条件＞] 两者都不给出时，所有记录都参加排序。

【例2-63】 将学生.dbf 表中的记录按照入学成绩从大到小的顺序重新排序，并将排序结果保存到 ST.dbf 中。

可以使用下列命令序列实现：

USE 学生.DBF	&& 打开学生.DBF 表
SORT TO ST ON 入学成绩/D	&& ST.DBF 保存排序结果
USE ST	&& 打开排序结果表
BROWSE	&& 浏览排序后的记录

【例2-64】 将学生.dbf 表中的女生记录按照籍贯排序，籍贯相同的再按入学成绩降序排列，排序结果保存在 NVST.dbf 表中。

USE 学生
SORT TO NVST ON 籍贯,入学成绩 /D FOR 性别 = "女"
USE NVST
BROWSE

如图 2-70 所示给出了排序结果示例。

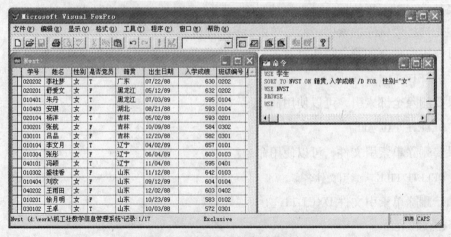

图 2-70　例 2-64 排序结果示例

2.4 数据完整性

数据完整性是数据库系统中很重要的概念，在 Visual FoxPro 中也对数据完整性提供了比较好的支持，提供了保证完整性的方法和手段。

2.4.1 实体完整性与主关键字

在 Visual FoxPro 中，用关键字建立主索引或候选索引，使得表中的记录不能存在两条完全相同的记录，从而保证表中不出现重复记录，这种特性称为实体完整性。

实体完整性是保证表中记录唯一的特性，即在一个表中不允许有重复的记录。Visual FoxPro 中使用主关键字（主索引）或候选关键字（候选索引）来保证表中的记录唯一，即保证实体唯一性。

2.4.2 域完整性与约束规则

表中的每个字段都规定了字段类型，字段类型限定了字段可以接受的数据类型，称为域完整性。除此之外，在数据库表中，还可以限定字段的取值范围等约束规则。字段的约束规则也称为字段有效性规则，在插入或修改字段值时被激活，主要用于数据输入正确性的检验。

设置字段有效性规则可以采用下面两种方法。

方法 1：在表设计器中设置字段的有效性规则。

在表设计器的"字段"选项卡中，有一组定义字段有效性规则的选项，包括规则、信息和默认值，其中规则是定义字段的有效性规则，用关系表达式或逻辑表达式表示；信息是输入字段值违背字段有效性规则时的提示信息，信息用字符型表达式表示；默认值是新追加或插入记录时字段的默认值，默认值的类型与字段类型相同。

设置字段有效性规则的具体操作步骤如下。

1）单击要定义字段有效性规则的字段。

2）分别输入和编辑规则、信息及默认值等选项。

【例 2-65】 在学生.dbf 表中，限定入学成绩字段的取值范围为 400～750 之间，如果输入的入学成绩字段值不在此范围，给出提示信息"入学成绩必须在 400～750 之间，请重新输入"。确定性别字段的取值范围为"男或女"，默认值为"女"。

打开学生.dbf 表设计器，如图 2-71 所示，单击"字段"选项卡中的"入学成绩"字段，在字段有效性"规则"中输入"入学成绩 ＞ ＝400 AND 入学成绩 <=750"；在"信息"中输入"" 入学成绩必须在 400－750 之间，请重新输入""。这样就完成了"入学成绩"字段的有效性规则设置操作。操作过程和结果如图 2-71 所示。

单击"字段"选项卡中的"性别"字段，在字段有效性"规则"中输入"性别 $ "男女""；在"默认值"中输入""女""。这样就完成了"性别"字段的有效性规则的设置操作。操作过程和结果如图 2-72 所示。

字段有效性的"规则"可以直接输入，也可以单击文本框旁的表达式生成器按钮，弹出如图 2-73 所示的"表达式生成器"对话框，在对话框中编辑、生成相应的表达式。

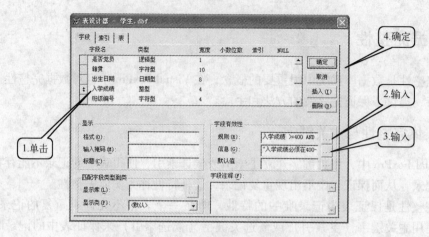

图 2-71　入学成绩字段有效性设置示例

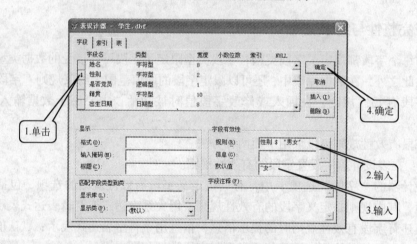

图 2-72　性别字段有效性设置示例

在表达式生成器中，给出了 Visual FoxPro 系统提供的标准函数、运算符、系统变量和表中的字段。

【例 2-66】　在例 2-65 中，用表达式生成器生成入学成绩在 400 ～ 750 之间的表达式。

在表达式生成器中，按照下面的步骤生成所要的表达式。

1）用鼠标双击字段列表中的"入学成绩"字段；

2）在逻辑列表中选择"＞＝"运算符；

3）从键盘输入"400"；

4）在逻辑列表中选择". AND. "运算符；

5）用鼠标双击字段列表中的"入学成绩"字段；

6）在逻辑列表中选择"＜＝"运算符；

7）从键盘输入"750"；

8）单击 确定 按钮，完成用表达式生成器输入表达式的过程，结果如图 2-73 所示。

方法 2：使用 SQL 语言中修改表结构的命令 ALTER TABLE 设置字段有效性。

ALTER TABLE 命令一共有 3 种格式，在 2.2.4 节已经介绍了 ALTER TABLE 命令的两种格式，这里介绍第 3 种格式。这种格式主要用于定义、修改和删除字段级的有效性规则和默

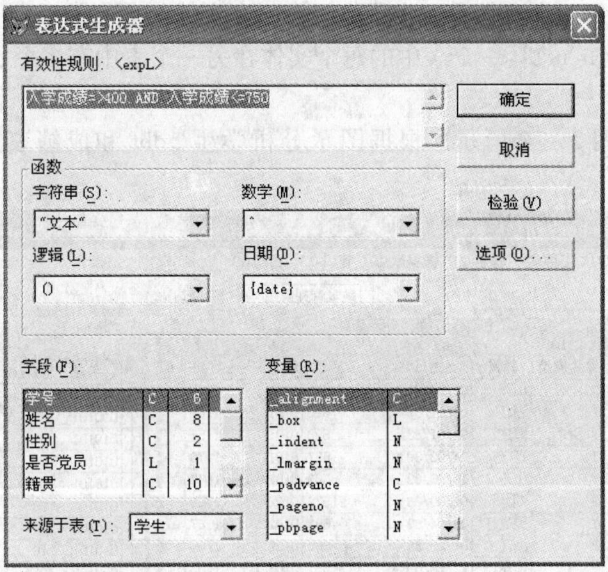

图 2-73　"表达式生成器"对话框

认值定义等信息，其命令格式为：

ALTER TABLE 表名 ALTER［COLUMN］＜字段名＞

　　［SET DEFAULT 默认值］

　　［SET CHECK 表达式［ERROR 字符型表达式］］

　　［DROP DEFAULT］

　　［DROP CHECK］

- 命令动词 SET 用于定义或修改字段级的有效性规则和默认值的定义。
- 命令动词 DROP 用于删除字段级的有效性规则和默认值的定义。

【例 2-67】　修改或定义学生 . dbf 表入学成绩字段的有效性规则，要求入学成绩字段值必须大于 450，否则给出提示信息"入学成绩必须在 450 分以上"。

ALTER TABLE 学生 ALTER 入学成绩；

　　SET CHECK 入学成绩＞450 ERROR "入学成绩必须在 450 分以上"

【例 2-68】　删除学生 . dbf 表入学成绩字段的有效性规则。

ALTER TABLE 学生 ALTER 入学成绩 DROP CHECK

2.4.3　参照完整性与表之间的关系

数据库用来管理相互间存在关系的表，表之间可以建立关系。这一节将介绍在数据库中什么样的两个表可以建立关系，如何建立两个表间的关系，以及两个表间的数据一致性如何保证。

1. 表间关系

存在于数据库中的两个表之间可以有对应关系，这种对应关系有 3 种类型。

1）一对一关系（1∶1）：一个表中的每一个实体在另一个表中有且只有一个实体与之有关系，反之亦然。

2）一对多关系（1∶n）：一个表中的每一个实体在另一个表中有多个实体与之有关系，

反之，另一个表中的每一个实体在表中最多只有一个实体与之有关系。

3）多对多关系（n:m）：一个表中的每个实体在另一个表中有多个实体与之有关系，反之亦然。

【例2-69】 如图2-74所示，根据图示分析学生.dbf和成绩表.dbf两个表之间的关系。

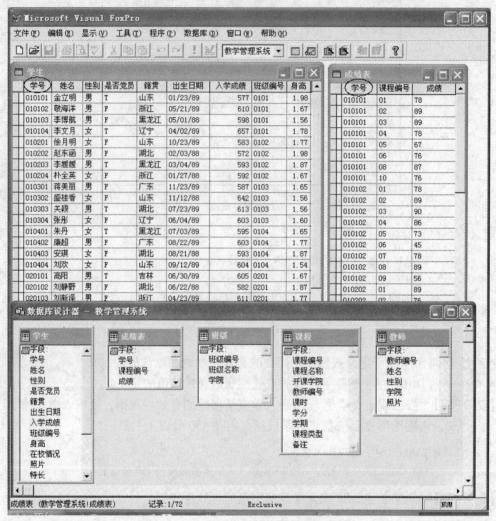

图2-74 教学管理系统.dbc管理的表

教学管理系统.dbc数据库管理学生.dbf和成绩表.dbf两个表，学生.dbf表中的一条记录在成绩表.dbf中有多条记录与之有关系，而成绩表.dbf中的一条记录在学生.dbf表中只有一条记录与之有关系，因此学生.dbf和成绩表.dbf两个表之间的关系就是一对多关系。

2. 建立关系

在Visual FoxPro中，建立关系的两个表需要有联接字段，联接字段的字段类型和值域要相同，字段名可以相同，也可以不同。建立关系的两个表，其中一个表用联接字段建立主索引或候选索引，此表通常称为主表或父表，另一个表用联接字段建立普通索引，此表通常称为辅表或子表。

建立索引后，用鼠标拖曳的方法，从主索引名或候选索引名处开始拖曳鼠标到普通索引名处即可建立两个表之间的关系。

【例2-70】 根据例2-69的分析结果，请建立学生.dbf和成绩表.dbf这两个表的关系。

这两个表都有学号字段，学号字段在学生.dbf表中的值是不重复的，在成绩表.dbf中的值是可以重复的，把具有这种特性的字段称为这两个表的联接字段。两个表中如果有联接字段，这两个表就可以建立关系。建立关系时，在学生.dbf表中用学号字段建立主索引或候选索引；在成绩表.dbf中用学号字段建立普通索引，然后再建立两个表间的关系。

首先打开教学管理系统.dbc数据库，检查学生.dbf和成绩表.dbf中的索引是否建立了，学生.dbf表中用学号字段建立主索引或候选索引，成绩表.dbf中用学号字段建立普通索引。在数据库中可以观察到建立的索引，如图2-75所示。

两个表的索引建立好以后，要建立这两个表的关系，用鼠标左键拖曳学生.dbf表中的学号索引到成绩表.dbf中的学号索引，在两个索引间出现连线，这个连线表示了两个表间建立了关系，建立的是一对多关系。图2-75给出了在两个表之间建立关系的示例。

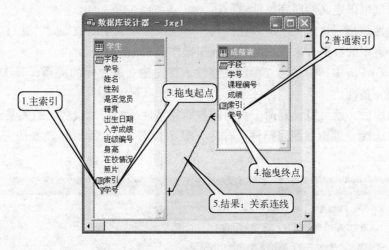

图2-75 两个表建立关系的示例

如果在建立关系时操作有误，随时可以编辑修改关系，操作方法是右击要修改的关系，从弹出的快捷菜单中选择"编辑关系"命令，弹出"编辑关系"对话框，如图2-76所示。

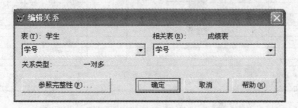

图2-76 "编辑关系"对话框

也可以右击要修改的关系，从弹出的快捷菜单中选择"删除关系"命令，删除两个表间的关系。

3. 清理数据库

已经建立好两个表之间的关系，还不能马上设置这两个表之间的参照完整性，需要执行清理数据库的操作，正确清理数据库后，才能设置参照完整性。

选择"数据库"→"清理数据库"命令，通常就可以执行清理数据库操作了。但是，有时在清理数据库时，会出现如图2-77所示的提示对话框。出现这种情况，表示数据库中的表处于打开状态，需要关闭后才能正常完成清理数据库的操作。可以在"数据工作期"窗口中关闭表，关闭方法参见2.2.3节。

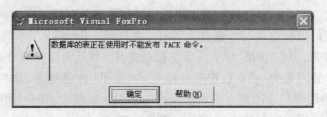

图2-77　不能正常清理数据库时出现的对话框

4. 设置参照完整性

在同一个数据库中存在的多个表，可以按照联接字段建立两个表之间的关系，建立关系的两个表之间就可以定义参照完整性。

参照完整性是指当建立关系的表在插入、删除或修改表中的数据时，通过参照引用相互关联的另一个表中的数据，来检查对表中数据操作是否正确。

在Visual FoxPro中，为了建立参照完整性，首先建立表之间的关系，其次清理数据库，最后设置参照完整性。

清理数据库后，就可以设置两个表间的参照完整性了。右击表之间的关系连线，从弹出的快捷菜单中选择"编辑参照完整性"命令，显示如图2-78所示的"参照完整性生成器"对话框。

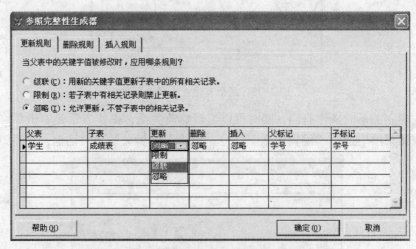

图2-78　"参照完整性生成器"对话框

"参照完整性生成器"对话框由更新规则、删除规则和插入规则3个选项卡组成，可以在每个选项卡中选择相应的规则，也可以在图中所示的更新、删除和插入的规则列表中选择相应的规则。

1）更新规则规定，当更新父表中的联接字段（主关键字）值时，如何处理相关子表中的记录。

82

- 如果选择"级联"，则用新的联接字段值自动修改子表中的相关记录。
- 如果选择"限制"，若子表中有相关的记录，则禁止修改父表中的联接字段值。
- 如果选择"忽略"，则不进行参照完整性检查，即可以随意更新父表中联接字段的值。

2）删除规则规定，当删除父表中的记录时，如何处理子表中的相关记录。

- 如果选择"级联"，则自动删除子表中的所有相关记录。
- 如果选择"限制"，若子表中有相关的记录，则禁止删除父表中的记录。
- 如果选择"忽略"，则不做参照完整性检查，即删除父表中的记录时与子表无关。

3）插入规则规定，当插入子表中的记录时，是否进行参照完整性检查。

- 如果选择"限制"，若父表中没有相匹配的联接字段值，则禁止插入子记录。
- 如果选择"忽略"，则不做参照完整性检查，即可以随意插入子记录。

【例2-71】 根据例2-70建立的关系，请设置学生.dbf和成绩表.dbf这两个表的参照完整性，将更新规则和删除规则分别设置为级联。

在图2-78中，在更新规则选项卡中单击级联选项，在删除规则选项卡中单击级联选项。或者在图2-78表格中，单击更新列中的内容，选择级联，单击删除列中的内容，选择级联。

2.5 工作区与同时使用多个表

2.5.1 多工作区的概念及表示方法

1. 工作区

在Visual FoxPro中，系统事先在内存中分配好若干个工作区，可以将一个表在任意工作区中打开，并通过工作区的标识引用指定的表或表中的字段。

2. 工作区的标识

工作区可以用工作区号表示，最小的工作区号用1表示，最大的工作区号用32767表示。工作区的表示也可以用别名表示，别名可以是系统规定的工作区别名，用A～J表示前10个工作区，用W11～W32767表示其他工作区。别名也可以由用户定义，在使用USE命令打开表的同时，就确定了打开的表所在工作区的别名，即在打开表的命令中就已经包含了别名。在打开表时，如果使用了ALIAS短语，则ALIAS短语后的名称就是工作区的别名；如果没有使用ALIAS短语，则表名就是工作区的别名。

【例2-72】 使用USE命令确定工作区别名。

```
SELECT 1
USE 学生 ALIAS XSH          && 这时，XSH是1号工作区的别名
SELECT 2
USE 成绩表                  && 这时,成绩表是2号工作区的别名
```

2.5.2 使用不同工作区的表

1. 选择工作区

选择工作区使用SELECT命令。其命令格式为：

SELECT <工作区号 >│<工作区别名 >

工作区号是一个大于等于 0 的数字，用于指定工作区号。

如果工作区号为 0，则选择编号最小的尚未使用的工作区。

工作区别名可以是系统规定的别名，也可以是打开表时用户指定的别名。

2. 使用不同工作区的表

除了可以用 SELECT 命令切换工作区使用不同的表以外，Visual FoxPro 也允许在一个工作区中使用另外一个工作区中的表。

在打开表时选择 IN 短语，可以在当前工作区不变的情况下在 IN 短语指出的工作区中打开表，其命令格式为：

IN <工作区号 >│<别名 >

【例 2-73】

```
SELECT 1
USE 学生
USE 成绩表 IN 2
```

表示在 1 号工作区打开学生 . dbf 表，在 2 号工作区打开成绩表 . dbf，但当前工作区仍然是 1 号工作区。

在一个工作区中还可以通过别名来引用另一个工作区中表的字段，其具体方法是在别名后面加上分隔符 "." 或 " ->"，再后接字段名。

```
工作区别名 . 字段名
工作区别名 -> 字段名
```

【例 2-74】

```
SELECT 1
B. 成绩
```

或

```
SELECT 1
成绩表 -> 成绩
```

表示在 1 号工作区使用 2 号工作区成绩表 . dbf 中的 "成绩" 字段。

3. 使用数据工作期

在 "数据工作期" 窗口中，可以方便地打开表、关闭表和浏览表，还可以对已经排序的两个表建立关系。

选择 "窗口" → "数据工作期" 命令，可以打开 "数据工作期" 窗口，如图 2-79 所示。

4. 建立表间的临时关系

在数据库中建立的两个表之间的关系称为永久关系。如果两个表不存在于同一个数据库中，或者是有一个表是自由表，或者存在于同一个数据库中，但不想建立永久关系，这时可以建立临时关系。

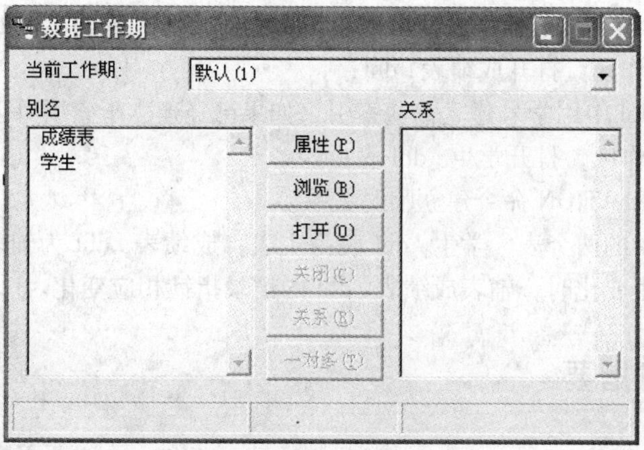

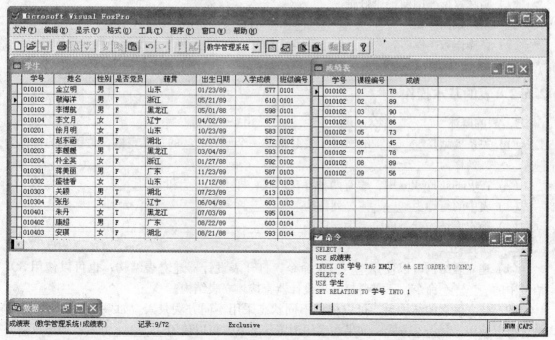

图 2-79　"数据工作期"窗口

在两个表之间如果要建立临时关系，要求两个表有共同的关键字并分别用关键字建立索引，使用 SET RELATION 命令建立临时关系。其命令格式为：

　　SET RELATION TO 索引关键字 INTO 别名 | 工作区号

已经建立了临时关系，可以使用 SET RELATION 命令取消临时关系，其命令格式为：

　　SET RELATION TO

【例 2-75】　已有学生 . dbf 和成绩表 . dbf 两个表，建立两个表间的临时关系。

建立步骤参见图 2-80 中的命令窗口，结果参见图 2-80 中的两个表，改变学生 . dbf 表中记录指针，成绩表 . dbf 表的记录相应变化。注意观察两个表中记录指针所指记录的学号字段值。

图 2-80　例 2-75 操作示例

从图 2-80 命令窗口中的命令序列可以看出，建立临时关系的步骤如下：

1）选择 1 号工作区，打开成绩表．dbf；

2）在成绩表．dbf 中用学号建立普通索引，如果已经建立了索引可以将索引打开；

3）选择 2 号工作区，打开学生．dbf 表；

4）使用 SET RELATION 命令建立临时关系。

建立了临时关系的两个表，学生．dbf 表为主表，成绩表．dbf 为辅表，当主表学生．dbf 表中的记录指针发生变化时，辅表成绩表．dbf 的记录指针相应变化。

2.6　本章复习指要

2.6.1　数据库的基本操作

1. 数据库文件

数据库文件的扩展名为_____、_____和_____。数据库主要用于组织和管理_____。

2. 数据库文件的基本操作

（1）建立数据库使用_____命令。

（2）打开数据库但不打开数据库设计器时，使用_____命令。

（3）打开数据库的同时打开数据库设计器，使用_____命令。

（4）设置当前数据库，使用_____命令。

（5）关闭当前数据库，使用_____命令。

（6）关闭所有数据库，使用_____命令。

（7）删除数据库的前提条件是_____。

（8）删除数据库使用_____命令。

（9）在操作数据库时，_____工具栏中的_____列表给出了当前数据库的名字。

（10）关闭数据库设计器时，_____关闭数据库。（一定/不一定）

2.6.2　表的基本操作

1. 表的概述

（1）关系模型是_____的模型。关系就是一个_____的二维表格，关系中的行称为_____，列称为_____。

（2）在 Visual FoxPro 中，表有两种存在形式，即_____和_____。

（3）表中的行称为_____，列称为_____。

（4）确定表结构就是确定表中字段的_____、_____、_____和_____等。

2. 表的建立

（1）建立表结构可以使用_____命令，打开表设计器建立表结构；也可以使用 SQL 语言中的_____命令，不需要打开表设计器直接建立表结构。

（2）建立好表的结构后，可以根据不同状态采用不同方法录入。如果刚刚建立好表结构，可以使用_____方式；如果在表的浏览状态下，可以使用_____方式；如果只需要在表的末尾追加一条空记录，可以使用_____追加一条空记录；如果一个表中需要的数据在其他表中已经存在，可以使用_____命令将需要的记录直接追加到表中。

3. 表的打开和关闭

（1）关闭表实际是将内存中保存的表数据信息转到外存中保存，以方便今后使用。关闭表可以使用_____命令，也可以通过_____窗口关闭表。

（2）打开表实际是将外存中保存的表数据信息调入内存，以便系统对其处理。打开表可以使用_____命令；可以选择_____窗口打开表；还可以通过选择_____菜单中的"打开"命令打开表。

4. 表结构的操作

（1）在表已经打开情况下，要修改表结构可以使用_____命令，打开表设计器修改表中字段的各属性；也可以选择_____菜单中的"表设计器"命令，打开表设计器修改表中字段的各属性。

（2）使用 SQL 语言中的_____命令修改表结构，不需要打开表。

（3）显示表结构可以使用_____命令和_____命令，两个命令的区别在于显示内容多于一屏时_____命令可以分屏显示。

（3）如果已经有建立好的一个表，需要新建一个表，需要新建的表结构中字段属性与已经建立好的表结构相同，可以使用_____命令直接将需要的字段从已经存在的表中复制为新表中的字段。

5. Visual FoxPro 数据元素

（1）字符型常量有 3 种界限符，分别是_____、_____和_____。

（2）日期型常量分为_____日期形式和_____日期形式。形如 {^yyyy – mm – dd} 的日期形式为_____日期形式；形如 {mm-dd-yy} 的日期形式为_____日期形式。

（3）算术运算符的优先级从高到低为_____。

（4）逻辑运算符的优先级从高到低为_____。

6. 表记录操作

（1）打开的表，用记录指针指出_____位置。

（2）表头位置是_____，记录指针在表头时，RECNO（）函数的值是_____，BOF（）函数的值是_____。

（3）表尾位置是_____，记录指针在表尾时，RECNO（）函数的值是_____，EOF（）函数的值是_____。（假设表中共有 5 条记录）

（4）使用_____命令，可实现记录指针相对定位，使用_____命令，可实现记录指针绝对定位。

（5）使用_____命令，将记录指针指向满足条件的第一条记录，配合使用_____命令，可以将记录指针指向其他满足条件的记录。

（6）浏览表中记录可以使用_____命令，也可以选择"显示"菜单中的_____命令。

（7）显示表中记录可以使用 LIST 命令和 DISPLAY 命令，这两个命令主要区别体现在不加任何参数时，LIST 显示_____记录，而 DISPLAY 显示_____记录。

（8）可以使用_____命令修改表中字段的值，这个命令要求先打开表；可以使用_____命令修改表中字段的值，这个命令不要求打开表，是 SQL

语言中的命令。

（9）插入记录可以使用 INSERT 命令，可以使用_____形式插入一条空记录；也可以使用 SQL 语言中的_____命令插入记录。

（10）删除记录分为_____删除和_____删除。

（11）要物理删除带删除标记的记录，可以使用_____命令。

（12）自由表和数据库表可以自由转换，可以使用_____命令将数据库表转换为自由表；可以使用_____命令将自由表转换为数据库表。

（13）如果存在当前数据库，新建立的表通常是_____表。如果不存在当前数据库，新建立的表一定是_____表。

2.6.3　索引和排序

（1）索引文件名与表名相同且扩展名为 . cdx 的索引文件是_____索引文件；索引文件名与表名不同且扩展名为 . cdx 的索引文件是_____索引文件；索引文件扩展名为 . idx 的索引文件是_____索引文件 。

（2）索引一共有 4 种类型，_____、_____、_____和_____。

（3）在表设计器中建立的索引属于_____索引文件中的索引，_____命令也可以建立索引。

（4）复合索引文件中可以包含多个索引，要使用其中的索引可以在表浏览状态下，选择_____菜单中的_____命令，打开"工作区属性"对话框，选择起作用的索引。也可以使用_____命令，指定起作用的索引。

（5）排序操作是将表中记录_____排序，产生一个新的表用来保存排序结果。

2.6.4　数据完整性

（1）索引中的_____索引可以保证表中不出现重复记录，保证表中不出现重复记录的特性是_____。

（2）字段的数据类型和取值范围称为_____。

（3）设置字段有效性规则时，规则是_____表达式，信息是_____表达式，默认值的类型与_____类型相同。

（4）数据库中的两个表间关系有 3 种类型：_____、_____和_____。

（5）建立表间关系需要 2 个表有_____字段，一个表作为主表，用_____字段建立_____索引或_____索引；另一个表作为辅表，用_____字段建立普通索引。

（6）建立关系的方法是从_____索引拖曳到_____索引 。

（7）建立关系的两个表间可以设置_____完整性。

（8）参照完整性包括 3 种规则，即_____规则 、_____规则和_____规则 。

2.6.5　工作区与同时使用多个表

（1）工作区别名的表示方法有下面几种方法：

_____

_____

_____

（2）表之间的关系有 _____ 关系和 _____ 关系两种。在数据库设计器中建立的关系是 _____ 关系；使用 _____ 命令建立的关系是 _____ 关系。

2.7　应用能力提高

1. 建立数据库文件运动会.dbc。

2. 建立比赛成绩表.dbf、运动员表.dbf、比赛组别表.dbf、参赛单位表.dbf 和比赛项目表.dbf 5 个表，表结构如表 2-19 ~ 表 2-23 所示，表数据如图 2-81 所示。

表 2-19　运动员表.dbf 结构

字 段 名	数据类型	说　　明
运动员号码	字符型	宽度为 4 字节
姓名	字符型	宽度为 10 字节
单位编号	字符型	所在单位编号，宽度为 2 字节
组别编号	字符型	比赛组别编号，宽度为 2 字节
性别	字符型	宽度为 2 字节
年龄	数值型	宽度为 2 字节
参赛项目	备注型	参赛项目名称，如报多项时，名称间用“，”分隔

表 2-20　参赛单位表.dbf 结构

字 段 名	数据类型	说　　明
编号	字符型	各个单位的编号，宽度为 2 字节
名称	字符型	宽度为 20 字节

表 2-21　比赛成绩表.dbf 结构

字 段 名	数据类型	说　　明
姓名	字符型	宽度为 10 字节
运动员号码	字符型	宽度为 4 字节
单位编号	字符型	宽度为 2 字节
单位名称	字符型	宽度为 30 字节
组别编号	字符型	宽度为 2 字节
项目编号	字符型	宽度为 2 字节
比赛成绩	数值型	宽度为 8 字节，小数位数为 2 字节
输出格式	字符型	宽度为 10 字节
比赛名次	数值型	宽度为 2 字节
比赛得分	数值型	宽度为 5 字节，小数位数为 1 字节
是否决赛	逻辑型	该字段为 .T. 表示决赛成绩，为 .F. 表示预赛成绩
输出序号	数值型	打印输出时顺序号码，宽度为 2 字节

表 2-22　比赛项目表.dbf 结构

字 段 名	数据类型	说　　明
编号	字符型	宽度为 2 字节
名称	字符型	宽度为 20 字节
组别编号	字符型	宽度为 2 字节
类型	字符型	用于区分“田赛”或“径赛”，宽度为 2 字节

表 2-23 比赛组别表.dbf 结构

字 段 名	数 据 类 型	说 明
编号	字符型	宽度为 2 字节
名称	字符型	宽度为 20 字节
类型	字符型	用于区分"男子组"还是"女子组"等，宽度为 2 字节

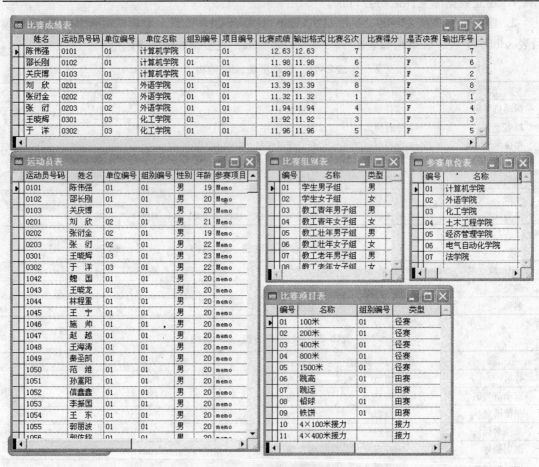

图 2-81 5 个表的数据

3. 在运动会.dbc 数据库中建立表间关系并设置必要的参照完整性。

第3章 结构化程序设计

学习目标

- 掌握程序文件的建立过程
- 掌握顺序结构程序设计方法
- 掌握选择结构程序设计方法
- 掌握循环结构程序设计方法
- 了解模块化程序设计思想

3.1 程序设计概述

3.1.1 程序

大家经常会遇到这样的问题，已知长方形的长为3，宽为2，求长方形的面积 AREA 和周长 CL 的值。如果用 L 表示长方形的长，W 表示长方形的宽，这个问题可以在 Visual Fox-Pro 的命令窗口中依次输入下列命令实现。

```
L = 3
W = 2
AREA = L * W
CL = 2 * ( L + W )
? AREA,CL
```

这种在命令窗口中解决问题的方式，当关闭命令窗口或清除命令窗口中的内容之后，要想执行上述5条命令，就必须再重新输入，给使用 Visual FoxPro 解决问题带来麻烦。另一方面，在 Visual FoxPro 的命令窗口中输入命令，需要掌握专业的计算机知识，在实际应用中并不适用。

解决问题的方法是将上述5条命令放在一个文件中，保存在磁盘上，然后在需要时执行这个文件，这个文件就叫程序文件。程序文件中的命令要按照一定的逻辑顺序排列，有层次、先后、功能之分。Visual FoxPro 中的程序文件以".prg"为扩展名保存在外部存储器中。

3.1.2 程序的控制结构

Visual FoxPro 中的命令是有限的，但 Visual FoxPro 可以实现的功能是无限的，原因在于程序设计是将有限的命令按照一定的语法规则和逻辑顺序进行组合，实现具体的功能。程序中命令的构成规则就是程序的控制结构。结构化程序设计是控制结构所采用的最广泛的逻辑规范。结构化程序设计的基本思想是采用"自顶向下，逐步求精"的程序设计方法和"单入口单出口"的控制结构。

结构化程序设计思想是围绕系统功能，逐步细化和精化，细化过程是对系统功能逐层分解的过程，分解到最底层时，每个功能就可以直接实现，实现这些功能的代码在编写时要采用一定的语法规则和逻辑控制结构，所采用的逻辑控制结构由顺序结构、选择结构和循环结构这 3 种基本逻辑结构组成。

顺序结构是指程序执行时，按照命令的排列顺序依次执行程序中的每一条命令，如图 3-1 所示。

选择结构是根据条件选择执行某些命令。在选择结构中存在判断的条件，根据条件的结果决定执行哪些程序命令，如图 3-2 所示。

循环结构是重复执行某些命令，这些被重复执行的命令通常称为循环体。在循环结构中存在循环的条件，当满足循环条件时执行循环体，直到循环条件不成立，结束循环语句的执行，如图 3-3 所示。

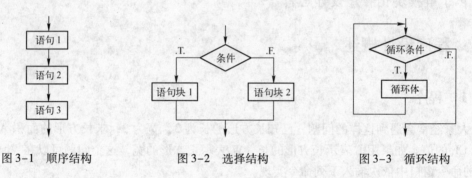

图 3-1　顺序结构　　　　图 3-2　选择结构　　　　图 3-3　循环结构

3.1.3　建立程序文件

Visual FoxPro 程序文件是文本文件，可以用能够编辑文本文件的任何编辑软件建立或修改程序文件。在 Visual FoxPro 中建立程序文件，可以按照以下 4 个步骤完成。

1）建立程序文件，打开编辑程序窗口。

2）输入程序中的命令。

3）保存程序文件。

4）运行和调试程序。

例如，把下列命令建立为一个程序文件，保存在 LX.prg 文件中。

```
L = 3
W = 2
AREA = L * W
CL = 2 * (L + W)
? AREA,CL
```

下面就以建立 lx.prg 文件为例，介绍建立程序文件的过程。

1. 创建一个新的程序文件

Visual FoxPro 中的程序文件属于文本文件，可以在能够编辑文本文件的环境中建立和修改，例如，在记事本中就能够建立和修改程序文件。如果不是在 Visual FoxPro 中建立和修改程序文件，一定要在保存文件时在给出程序文件名的同时一定要给出程序文件的扩展名，如 lx. prg。

在 Visual FoxPro 中创建程序文件可以使用菜单方式，也可以使用命令方式。

方法 1：在如图 3-4 所示的 Visual FoxPro 窗口中，选择"文件"→"新建"命令，打开如图 3-5 所示的"新建"对话框，在"新建"对话框的"文件类型"选项组中选择"程序"单选按钮，然后单击"新建文件"图标按钮，弹出如图 3-6 所示的编辑程序窗口。

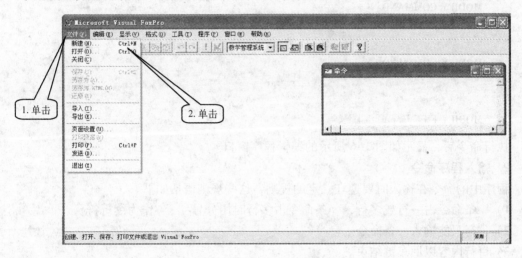

图 3-4　Visual FoxPro 窗口

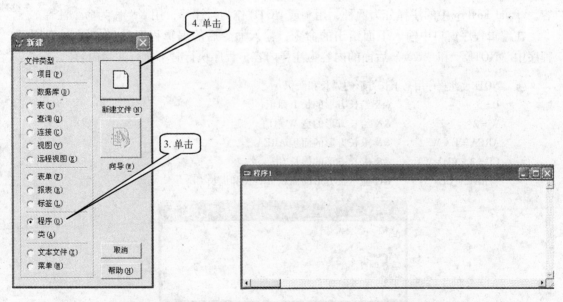

图 3-5　"新建"对话框　　　　　　　　图 3-6　编辑程序窗口

方法 2：MODIFY COMMAND 命令或 MODIFY FILE 命令都可以建立程序文件。其命令格式为：

MODIFY COMMAND ［＜程序文件名＞|?]

或

MODIFY FILE   程序文件名 . prg

● 使用 MODIFY COMMAND 命令可以省略文件名，也可以省略扩展名。

● 使用 MODIFY FILE 命令建立程序文件，必须给出程序文件的扩展名 ". prg"，如果不加扩展名，使用 MODIFY FILE 命令建立的文件是文本文件（. txt）。

在命令窗口中输入下列命令建立 LX. prg 程序文件。

MODIFY COMMAND

或

MODIFY COMMAND LX

或

MODIFY FILE lx. prg

执行命令后，显示如图 3-6 所示的编辑程序窗口。

2. 输入程序命令

程序中的命令在输入时要遵守一定的规则，这些规则概括如下。

1）一条命令占一行或多行，一条命令占多行时用分号 ";" 作为续行符。

2）一行只能输入一条命令。

3）每行内容以回车键结束。

4）为了提高程序的可读性，帮助理解程序的功能，根据需要可以在程序中添加注释内容。Visual FoxPro 中的注释分为两种，用 ∗ 或 NOTE 作为行注释，用 && 作为命令注释。

在编辑程序窗口中输入下面给出的命令，输入命令后的编辑程序窗口如图 3-7 所示。程序中 "NOTE" 和 "&&" 后面的内容为注释内容，程序执行时不执行注释内容。

```
NOTE    此程序用来求长方形的周长和面积
L = 3                    && 给长方形的长 L 赋值
W = 2                    && 给长方形的宽 W 赋值
AREA = L ∗ W            && 求长方形的面积 AREA
CL = 2 ∗ ( L + W )      && 求长方形的周长 CL
? AREA,CL               && 显示长方形的面积 AREA 和周长 CL
```

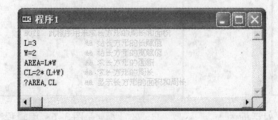

图 3-7   在编辑程序窗口中输入命令示例

3. 保存

在编辑程序窗口中完整地输入程序中的命令后，通常先保存程序文件再运行程序文件，可以采用下面 3 种方法保存文件。

方法1：单击"常用"工具栏中的"保存"按钮■。

方法2：选择"文件"→"保存"命令。

方法3：输入快捷键〈CTRL + S〉。

第一次保存文件时，如果建立文件时未指定文件名，会显示如图3-8所示的"另存为"对话框。在"保存在"下拉列表框中选择程序文件保存的位置，在"保存文档为"文本框中输入文件名LX，单击 保存(S) 按钮，就完成了保存程序文件的操作。

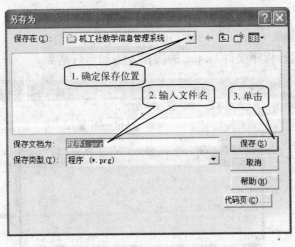

图3-8 "另存为"对话框

4. 运行

编写好程序后，要实现程序功能或者观察程序的结果，就要运行程序文件。运行程序文件可以使用下面3种方法。

方法1：选择"程序"→"运行"命令，弹出如图3-9所示的"运行"对话框，从"查找范围"下拉列表框中选择要运行的程序文件保存的位置，从文件列表中选择要运行的程序文件名，单击 运行 按钮，运行选择的程序文件。

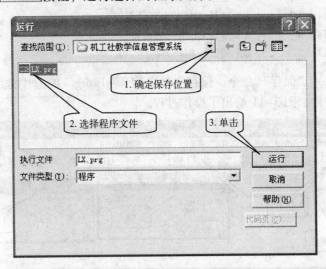

图3-9 "运行"对话框

方法 2：DO 命令可以用来运行程序文件，其命令格式为：

　　DO　＜程序文件名＞

文件的扩展名可以省略。

在命令窗口中输入下列命令，执行 lx. prg 文件。

　　DO　LX

方法 3：在程序文件编辑状态，单击"常用"工具栏中的"运行"按钮 ！。

方法 4：输入快捷键〈Ctrl + E〉运行正在编辑的程序文件。

图 3-10 给出了运行程序文件 lx. prg 的操作方法和运行结果。

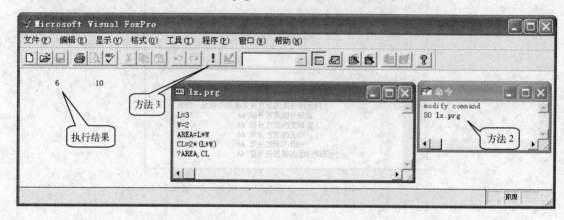

图 3-10　运行 lx. prg 的操作方法和运行结果示例

【例 3-1】　建立程序文件 3-1. prg，已知圆半径 R 的值为 6，求圆的周长和面积。

用 AREA 和 CL 两个变量分别表示圆的面积和周长，在命令窗口中输入 MODIFY COM-MAND 命令，显示如图 3-6 所示的编辑程序窗口。在编辑程序窗口中输入下列命令：

R = 6	&& 给半径 R 赋值
AREA = 3. 14 * R^2	&& 变量 AREA 为圆的面积
CL = 2 * 3. 14 * R	&& 变量 CL 为圆的周长
? AREA,CL	&& 输出面积和周长

选择"文件"→"保存"命令，保存文件名为 3 - 1. prg。单击"常用"工具栏的"运行"按钮 ！ 运行文件，图 3-11 给出了操作过程。

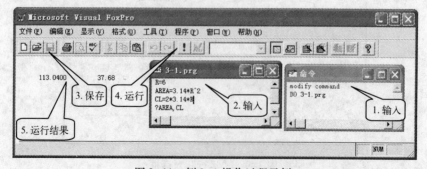

图 3-11　例 3-1 操作过程示例

5. 程序文件的修改

已经建立的程序文件，可能存在着写错了命令、程序结果与预想的不一样等问题，这时需要打开程序文件，分析问题产生的原因，修改有问题的命令。如果要修改程序文件，可以选择下列方法打开编辑程序的窗口，并进行修改。

方法1：选择"文件"→"打开"命令，弹出如图3-12所示的"打开"对话框。在"打开"对话框的"文件类型"下拉列表框中选择"程序（*.prg，*.spr，*.mpr，*.qpr)"选项；在"查找范围"下拉列表框中确定要打开的程序文件所在的位置；在文件列表中选择要修改的程序文件名，单击 确定 按钮。图3-12给出了在"打开"对话框中打开程序文件的操作过程。

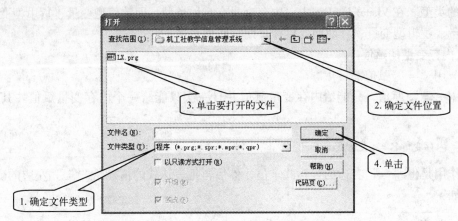

图3-12　"打开"对话框打开文件操作过程示例

方法2：MODIFY　COMMAND命令可以用来修改程序文件，其命令格式为：

MODIFY　COMMAND　［<程序文件名>|?]

MODIFY　COMMAND命令不但可以用来建立程序文件，还可以用来修改程序文件，关键在于MODIFY　COMMAND命令后面给出的文件名，如果在默认目录中不存在文件名所指文件，则是建立程序文件；如果在默认目录中文件名所指文件存在，则是修改程序文件。

在命令窗口中输入命令：

MODIFY　COMMAND　LX

打开编辑 lx. prg 文件的程序编辑窗口，就可以修改 LX. prg 文件。

【例3-2】　将3-1. prg程序文件中半径的值修改为10，π的值修改为3.1415926，并将修改后的程序文件保存为3-2. prg。

在命令窗口中输入 MODIYF COMMAND 3-1 命令，打开编辑程序窗口，修改半径 R 的值和 π 的值，修改后的命令为：

```
R = 10
AREA = 3. 1415926 * R^2
CL = 2 * 3. 1415926 * R
? AREA,CL
```

选择"文件"→"另存为"命令，在"另存为"对话框中的"保存文档为"文本框中输入"3-2"并单击 保存(S) 按钮。保存了修改后的文件之后，运行文件并观察结果。

3.2 顺序结构

3.2.1 内存变量的类型和赋值

1. 内存变量的类型

在给内存变量赋值时，所赋值的数据类型就确定了内存变量的类型，不需要预先声明内存变量的类型。在 Visual FoxPro 中，内存变量有 6 种类型，即数值型变量、货币型变量、字符型变量、逻辑型变量、日期型变量和日期时间型变量。

2. 内存变量的赋值

（1）用"="赋值

使用"="赋值，只能给内存变量赋值并且一次只能给一个内存变量赋值。其命令格式为：

> 内存变量名 = <表达式>

其作用是将"="右边的表达式求值，然后再把表达式的值赋给"="左边的变量。例如：

> R = 10

表示将数值型数据 10 赋给变量 R，R 为数值型变量。

> 姓名 = "刘洋"

表示将字符型数据"刘洋"赋给变量"姓名"，姓名为字符型变量。

> 出生日期 = {^1992/11/13}

表示将日期型数据 {^1992/11/13} 赋给变量"出生日期"，出生日期为日期型变量。

例如，假设变量 A 和变量 B 具有相同的值，且值为 10，如果按照下面列举的形式给变量 A 和变量 B 赋值就是错误的。

> A = B = 10
> A, B = 10
> A = 10 B = 10

（2）用 STORE 赋值

使用 STORE 赋值，只能给内存变量赋值并且一次可以给多个变量赋相同的值。其命令格式为：

> STORE <表达式> TO <内存变量名表>

"内存变量名表"是用逗号","分隔的多个内存变量。STORE 命令的作用是将表达式的值赋给"内存变量名表"中列出的变量，即"内存变量名表"中给出的变量具有相同的值。

例如：

　　STORE　0　TO X,Y,Z

表示将 0 同时赋给变量 X、Y、Z，X、Y、Z 为数值型变量。

（3）用 INPUT、ACCEPT、WAIT 命令赋值

在程序中，用"＝"和"STORE"给变量赋值，如果要改变变量的值，唯一的办法是打开编辑程序窗口，修改变量的值。如果想要在运行状态使变量可以具有不同的值，可以使用 INPUT、ACCEPT、WAIT 等命令赋值。其命令格式为：

　　INPUT　［提示信息］　TO　＜内存变量名＞
　　ACCEPT　［提示信息］TO ＜内存变量名＞
　　WAIT　［提示信息］　［TO　＜内存变量名＞］［WINDOWS］［TIMEOUT ＜数值表达式＞］

这组赋值命令中，使用 INPUT 命令可以给数值型、字符型、货币型、日期型、日期时间型和逻辑型的变量赋值，赋值时输入相应类型的常量。

- 字符型常量用" "、' '、［］界限符扩起来
- 数值型常量直接输入。
- 日期型常量用严格日期形式。
- 逻辑型常量用 .T. 或 .F. 。
- 货币型常量在数值型常量的前面加上 $ 。

输入具体值后按〈Enter〉键，表示赋值结束。

使用 ACCEPT 命令只可以给字符型变量赋值，赋值时不用加字符型数据的界限符，输入后按〈Enter〉键，表示赋值结束。

WAIT 只接收单个字符，所接收的字符可以保存在内存变量中，也可以不保存在内存变量中，WAIT 赋值操作不需要按〈Enter〉键。WAIT 命令中的 WINDOWS 短语表示提示信息以窗口形式显示，TIMEOUT 短语表示延时时间，到规定时间没有输入字符，则命令自动结束，数值表达式表示延时的秒数。"提示信息"为字符表达式。

例如，在命令窗口中输入下列命令：

　　INPUT　"给 X 赋值"　TO　X

在输出区域显示"给 X 赋值"，这时再输入 34 并按〈Enter〉键，结束 INPUT 命令的赋值过程。如图 3-13 所示给出了用 INPUT 命令赋值的过程和操作示例。

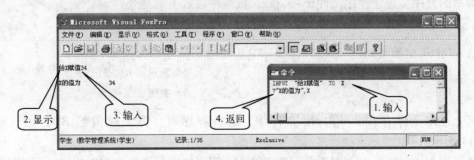

图 3-13　INPUT 命令赋值过程示例

可以在命令窗口中输入下列命令，观察赋值操作的结果。

　　?"X 的值为" ,X

如果在 INPUT 命令执行时，给变量 X 输入的值为"12"，则变量 X 的数据类型为字符型；如果输入的值为 .T. ，则变量 X 的数据类型为逻辑型；如果输入的值为 ｛^2005/10/10｝，则变量 X 的数据类型为日期型。

如果使用 ACCEPT 命令给变量赋值，那么不管输入什么形式的数据，系统都认为是字符型，而且如果输入的数据类型是字符型，不需要加字符型常量的界限符。

例如，在命令窗口中输入下列命令：

　　ACCEPT "给 X 赋值"　 TO　X

如果输入的值为男，则 X 的值为"男"；如果输入的值为"男"，则 X 的值为" "男" "，符号"" 也是 X 值的一部分。

例如，在命令窗口中输入命令：

　　WAIT "输入 Y/N" TO　X

在给 X 赋值时只需要输入一个字符即可，不需要按〈Enter〉键。例如，输入 Y，则 X 的值为字符"Y"。

3.2.2　顺序结构

采用顺序结构设计的程序，程序在执行时按照命令的排列顺序依次执行。顺序结构没有固定的命令强制规范，只需要将命令按照逻辑顺序合理排列。例如，在例 3-2 中，首先给半径 R 赋值，然后求圆的面积 AREA 和周长 CL，最后输出求得的结果。如果第一条命令"R = 10"放在"AREA = 3.1415926 * R^2"和"CL = 2 * 3.1415926 * R"命令的后面，会出现什么问题？如果第四条命令"? AREA, CL"放在"AREA = 3.1415926 * R^2"和"CL = 2 * 3.1415926 * R"命令的前面，会出现什么问题？这些问题就是要解决的合理排列命令问题。

【例 3-3】　显示学生 . dbf 表中指定记录号的记录。

这个问题涉及到表的操作，要先打开表，给出要显示记录的记录号，显示指定记录号的记录，最后再关闭表。将上述问题用命令表达出来，保存在一个文件中，就是一个采用顺序结构编写的程序。建立程序文件 3 - 3. prg，按顺序输入下列命令：

```
USE 学生                          && 打开学生表
INPUT   "输入要显示记录的记录号" TO RD    &&RD 表示要显示的记录号
DISPLAY   RECORD  RD              && 显示第 RD 条记录
USE                              && 关闭表
```

将上述命令保存在 3 - 3. prg 文件中，运行程序时，将 2 赋值给 RD，运行结果如图 3-14 所示。

通过例 3-1 ~ 例 3-3 可以看出，顺序结构不需要特定的命令来强制规范，只需要将 Visual FoxPro 中的命令按照合理的逻辑顺序排列组合，就完成了采用顺序结构编写的程序。

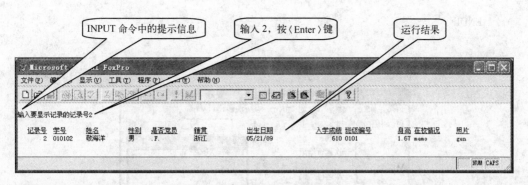

图 3-14 例 3-3 运行结果

在编写程序时，如果要编写的程序与表无关，程序中的命令通常体现在以下几个方面。

1）分析问题，找出已知变量并给已知变量赋值。例如，例 3-2 中的半径 R 是已知变量，"R = 10"完成给半径 R 的赋值操作。

2）分析问题，给出数学模型，并将数学模型转换为 Visual FoxPro 中的表达形式。如例 3-2 中的"AREA = 3.1415926 * R^2"和"CL = 2 * 3.1415926 * R"

3）输出求解结果。如例 3-2 中的命令"? AREA，CL"输出求得的面积和周长。

在编写程序时，如果程序与表有关，程序中的命令通常体现在以下几个方面。

1）打开表。如例 3-3 中的命令"USE 学生"打开学生. dbf 表。

2）给出功能命令。例如，例 3-3 中的命令"INPUT 英文"输入要显示记录的记录号" TO RD"和"DISPLAY RECORD RD"

3）关闭表。例如，例 3-3 中的命令"USE"关闭学生. dbf 表。

3.3 选择结构

3.3.1 引例

【例 3-4】 在数学中会遇到这样的问题：

$$Y = \begin{cases} 3X & X \geqslant 0 \\ -3X & X < 0 \end{cases}$$

问题中根据 X 的值求 Y 的值，X 为已知变量。当 X ≥ 0 时，根据 3X 求 Y 的值，否则根据 -3X 求 Y 的值。具体根据 3X 求 Y 的值还是根据 -3X 求 Y 的值，由 X 的值决定，这个问题就不能用顺序结构实现，但可以用选择结构中的 IF 语句实现。把程序代码保存到 3-4. prg 中。

3-4. prg 的程序代码为：

```
INPUT "输入 X 的值" TO X
IF X >= 0
  Y = 3 * X
ELSE
  Y = -3 * X
```

ENDIF

? Y

运行结果如图 3-15 所示。

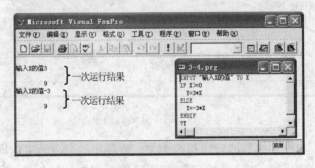

图 3-15　例 3-4 示例

在例 3-4 中使用了 IF 语句实现选择结构。在 Visual FoxPro 中，选择结构由 IF 双分支语句和 DO CASE 多分支语句实现。双分支语句只有一个判断条件；多分支语句可以有多个判断条件。

3.3.2　IF 语句

1. IF 语句格式

IF ＜条件＞［THEN］
　　＜命令组 1＞
［ELSE
　　＜命令组 2＞］
ENDIF

2. IF 语句功能

当程序执行到 IF 语句时，首先对＜条件＞进行判断，判断结果为逻辑值 . T. 时，执行＜命令组 1＞；判断结果为逻辑值 . F. 时，如果有 ELSE 选项，则执行＜命令组 2＞，否则直接执行 ENDIF 后面的命令。其功能用流程图表示如图 3-16 所示，图 3-17 给出了例 3-4 中 IF 语句的流程图。图中的菱形框表示判断的条件；矩形框表示命令组，可以是一条命令，也可以是多条命令；箭头表示执行命令的流向。

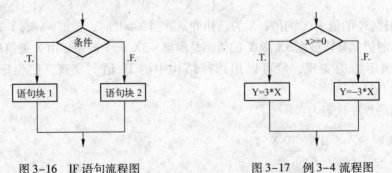

图 3-16　IF 语句流程图　　　　图 3-17　例 3-4 流程图

3. 说明

IF 语句格式中的＜条件＞为逻辑表达式或关系表达式，＜命令组 1＞和＜命令组 2＞可以是一条命令，也可以是多条命令。

IF <条件> 后的 THEN 保留字可以有也可以没有；ELSE 短语可以有也可以没有。如果没有 ELSE 短语，表示只有 <条件> 为 .T. 时执行 <命令组1>，<条件> 为 .F. 时直接结束 IF 语句的执行。

【例3-5】 用 W 表示邮件的重量，用 F 表示邮寄邮件的费用，邮费的计算方法为：

$$F = \begin{cases} W \times 0.1 & W \leqslant 10 \\ W \times 0.1 + (W - 10) \times 0.05 & W > 10 \end{cases}$$

已知邮件重量求邮费，邮件重量用变量 W 表示，邮件费用用 F 表示，W 的值在每次运行时应该有不同的值，且为数值型，最好用 INPUT 命令赋值。邮费 F 的值与重量 W 的关系是，当 W 的值小于等于 10 时，用 $F = W \times 0.1$ 求解，当 W 的值大于 10 时用 $F = W \times 0.1 + (W - 10) \times 0.05$ 求解，其中 $F = W \times 0.1$ 在小于等于 10 和大于 10 的情况下都必须计算，可以采用无 ELSE 短语的 IF 语句。流程图如图 3-18 所示。

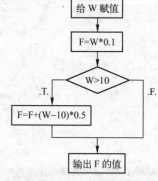

3-5.prg 的程序代码为：

```
INPUT  "输入邮件重量"  TO  W
F＝W * 0.1
IF W > 10
    F = F + (W - 10) * 0.05
ENDIF
?"应付邮费为：",F
```

想一想，这个问题用 IF 语句还可以怎么实现？

图 3-18 例 3-5 流程图

【例3-6】 在学生.dbf 表中增加一个成绩评定字段，字段类型为字符型，宽度为6。然后根据学生.dbf 表中第 4 条记录的入学成绩字段的值，填写第 4 条记录的成绩评定字段的值，填写方法是如果入学成绩高于 600 分，则成绩评定字段值为"高分"，否则成绩评定字段值为"低分"。并显示第 4 条记录的值。

首先使用 ALTER TABLE 命令修改表结构，增加成绩评定字段。题目与表有关，需要先打开表，将记录指针指向第 4 条记录，然后填写第 4 条记录的成绩评定字段值，用 IF 语句判断入学成绩的值，修改成绩评定字段值使用 REPLACE 命令，最后关闭学生.dbf 表。如图 3-19 所示给出了例 3-6 的流程图，如图 3-20 所示给出了程序代码和执行结果。

3-6.prg 的程序代码为：

```
ALTER TABLE 学生 ADD 成绩评定 C(6)
USE 学生
GO 4
DISPLAY
IF 入学成绩 >600
    REPLACE 成绩评定 WITH "高分"
ELSE
    REPLACE 成绩评定 WITH "低分"
ENDIF
DISPLAY
USE
```

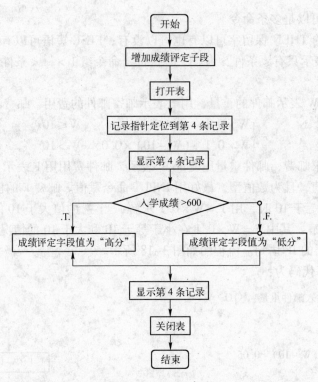

图 3-19 例 3-6 流程图

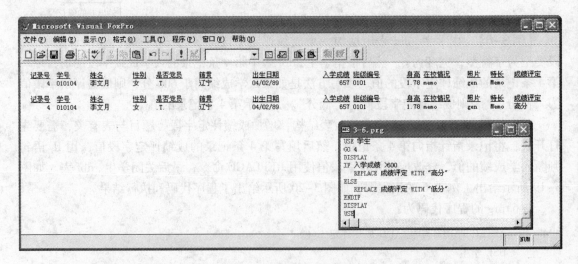

图 3-20 例 3-6 执行结果

【例 3-7】 建立程序文件 3-7. prg。用 SCORE 变量表示学生成绩，若 SCORE 的值超过 90 分（包括 90 分），则输出"优秀"，否则输出"及格"。

SCORE 的值应该在每次运行时赋不同的值，且为数值型，因此，给 SCORE 赋值最好用 INPUT 命令。题目要求根据 SCORE 的值是否大于等于 90 输出不同的信息，编程时需要使用选择结构中的 IF 语句。在用 IF 语句解决问题时，首先确定判断条件"SCORE >= 90"，然后确定当条件为 .T. 时要完成的命令序列"输出'优秀'"，确定当条件为 .F. 时要完成的命令序列"输出'及格'"。流程图如图 3-21 所示。

3-7. prg 的程序代码为：

```
INPUT  "输入学生成绩"  TO  SCORE
IF SCORE >= 90
      ?"优秀"
ELSE
      ?"及格"
ENDIF
```

【例3-8】 从键盘输入两个数，并按照从小到大的顺序输出。

输入的两个数用 X、Y 表示，如果 X 大于 Y，则按 Y、X 的顺序输出，否则按 X、Y 的顺序输出。流程图如图 3-22 所示。

3-8. prg 的程序代码为：

```
INPUT "输入 X"  TO X
INPUT "输入 Y"  TO Y
IF X > Y
  ? Y,X
ELSE
  ? X,Y
ENDIF
```

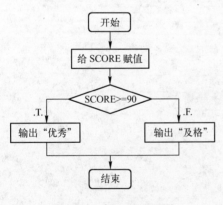

图 3-21 例 3-7 流程图

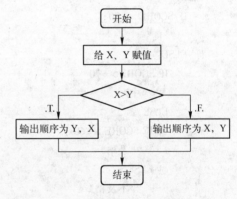

图 3-22 例 3-8 流程图

3.3.3 选择结构的嵌套

1. 引例

【例3-9】 在用 IF 语句解决实际问题时，经常遇到类似这样的问题：根据学生成绩 SCORE 的值，分别输出"优"、"良"、"中"、"及格"和"不及格"。具体规则为：SCORE 的值在 90 以上，输出"优"；SCORE 的值大于等于 80 且小于 90，输出"良"；SCORE 的值大于等于 70 且小于 80，输出"中"；SCORE 的值大于等于 60 且小于 70，输出"及格"；SCORE 的值在 60 以下，输出"不及格"。

问题中存在多个条件，针对不同的条件要处理不同的问题，用一个 IF 语句不能实现，这样的问题可以通过 IF 语句的嵌套形式来实现。IF 语句的嵌套形式是在 IF 语句中的 <命令

105

组 1 > 或 < 命令组 2 > 中又完整地包含一个 IF 语句。例 3-9 中包含的 IF 语句流程图如图 3-23 所示。

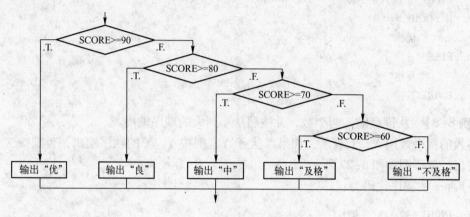

图 3-23　例 3-9 流程图

3-9. prg 的程序代码为：

```
INPUT "输入学生成绩" TO SCORE
IF SCORE >= 90
    ?"优"
ELSE
    IF SCORE >= 80
        ?"良"
    ELSE
        IF SCORE >= 70
            ?"中"
        ELSE
            IF SCORE >= 60
                ?"及格"
            ELSE
                ?"不及格"
            ENDIF
        ENDIF
    ENDIF
ENDIF
```

2. IF 语句嵌套形式

```
IF    条件
           ┌ IF < 条件 1 >
           │     < 命令组 11 >
   命令组 1 ┤  [ ELSE
           │     < 命令组 12 >]
           └ ENDIF
ELSE
```

$$\text{命令组}2\begin{cases}\text{IF}<\text{条件}2>\\\quad<\text{命令组}21>\\\begin{bmatrix}\text{ELSE}\\\quad<\text{命令组}22>\end{bmatrix}\\\text{ENDIF}\end{cases}$$

ENDIF

在 IF 语句嵌套形式中，命令组 1 中的 IF 语句表示命令组 1 中又完整地包含了一个 IF 语句，这种用法就是 IF 语句的嵌套形式。在 IF 语句的嵌套形式中，IF 和 ENDIF 必须成对出现，在书写形式上尽量采用缩进形式，以增强程序的可读性。

【例 3-10】 建立程序文件 3-10. prg。M（X，Y）表示直角坐标系中的一点，判断 M（X，Y）所属的象限。

M（X，Y）在第一象限时，X 和 Y 的值都大于 0；M（X，Y）在第三象限时，X 和 Y 的值都小于 0；M（X，Y）在第二象限时，X 的值小于 0 并且 Y 的值大于 0；M（X，Y）在第四象限时，X 的值大于 0 并且 Y 的值小于 0。在一、三象限时，可以归纳为 X 和 Y 同号即 $X*Y>0$，此时如果 X 大于 0，则表示点 M（X，Y）在第一象限，否则表示点 M（X，Y）在第三象限；在二、四象限时，可以归纳为 X 和 Y 异号即 $X*Y<0$，此时如果 X 大于 0，则表示点 M（X，Y）在第四象限，否则表示点 M（X，Y）在第二象限。如图 3-24 所示给出了例 3-10 流程图。

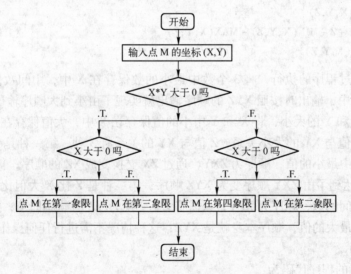

图 3-24　例 3-10 流程图

3-10. prg 的程序代码为：

```
INPUT  "输入 X 的值"  TO  X
INPUT  "输入 Y 的值"  TO  Y
IF  X * Y > 0
  IF  X > 0
    ?"点(X,Y)在第一象限"
  ELSE
```

```
          ?"点(X,Y)在第三象限"
      ENDIF
   ELSE
      IF  X > 0
          ?"点(X,Y)在第四象限"
      ELSE
          ?"点(X,Y)在第二象限"
      ENDIF
   ENDIF
```

请想一想,例3-10还可以怎样实现?

【例3-11】 输入 X、Y、Z 3个不同的数,将它们按由小到大的顺序输出。

解法1是找出3个数中的最大值和最小值,再找出中间值,按照最小值、中间值、最大值的顺序输出就实现了3个数从小到大顺序输出的要求。可以用 MAX( ) 和 MIN( ) 分别获得3个数中的最大值和最小值,再用3个数的和减去最小值和最大值,就是中间的数。

3-11. prg 的程序代码为:

```
   INPUT "输入数"  TO  X
   INPUT "输入数"  TO  Y
   INPUT "输入数"  TO  Z
   ??  MIN(X,Y,Z)
   ??  X + Y + Z − MIN(X,Y,Z) − MAX(X,Y,Z)
   ??  MAX(X,Y,Z)
```

解法2是通过程序的执行,将3个数中最小的数保存在 X 中,中间数保存在 Y 中,最大的数保存在 Z 中,输出时按照 XYZ 的顺序输出就实现了由小到大顺序输出的目的。

首先确定 X 和 Y 的大小,将 X 和 Y 中小的值保存在 X 中,大值保存在 Y 中。

其次确定 Z 值与 XY 的大小关系,Z 值与 XY 的关系有3种,第一种是 Z 比 X 小,也就是 Z 值是3个数中最小的值,顺序为 ZXY,通过 ZX 交换变成 XZ 的顺序,再通过 ZY 交换变成 YZ 顺序,就达到了由 ZXY 顺序变为 XYZ 顺序;第二种是 Z 比 X 大但比 Y 小,也就是 Z 值是三个数中中间的数,顺序为 XZY,只需将 ZY 交换为 YZ 的顺序即可;第三种是 Z 的值比 Y 大,Z 值是最大的值,顺序本身就是 XYZ,这种情况不需进行任何操作。解法2的流程图如图3-25所示。

3-11-1. prg 的程序代码为:

```
   INPUT "输入数"  TO  X
   INPUT "输入数"  TO  Y
   INPUT "输入数"  TO  Z
   IF X > Y        &&X 中保存小的数,Y 中保存大的数
      T = X
      X = Y
      Y = T
   ENDIF
```

```
IF Z < X          && 解决 Z < X < Y 的情况
  T = X           && Z 和 X 交换,结果为 X < Z < Y
  X = Z
  Z = T
  T = Y           && Z 和 Y 交换,结果为 X < Y < Z
  Y = Z
  Z = T
ELSE
  IF Z < Y        && 解决 X < Z < Y 的情况
    T = Z         && Z 和 Y 交换,结果为 X < Y < Z
    Z = Y
    Y = T
  ENDIF
ENDIF
? X,Y,Z
```

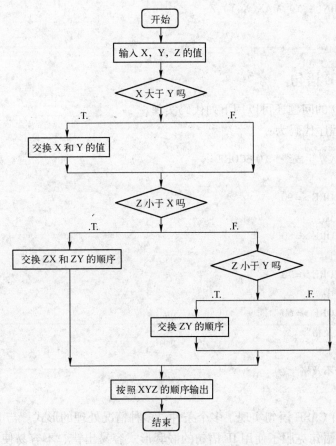

图 3-25   例 3-11 解法 2 的流程图

解法 3 是首先确定 X 和 Y 两个数中的最大值 MAX(X, Y) 和最小值 MIN(X, Y),然后确定 Z 与 MAX(X, Y) 和 MIN(X, Y) 的大小位置关系并输出。Z 值与 MAX(X, Y) 和 MIN (X, Y) 的大小位置关系有 3 种,第一种是 Z 比 MIN(X, Y) 小,也就是 Z 值是 3 个数中最小的值，输出顺序为 Z、MIN(X，Y)、MAX(X，Y)；第二种是 Z 比 MIN(X，Y)大但比 MAX (X，Y)小，也就是 Z 值是 3 个数中间的数，输出顺序为 MIN(X，Y) 、 Z 、 MAX(X， Y)；第三种是 Z 的值比 MAX(X，Y)大，Z 值是最大的值，输出顺序为 MIN(X，Y)、MAX (X，Y)、Z。

3-11-2. prg 的程序代码为：

```
INPUT "输入 X 的值" TO  X
INPUT "输入 Y 的值" TO  Y
INPUT "输入 Z 的值" TO   Z
IF Z < MIN(X,Y)
    ? Z,MIN(X,Y),MAX(X,Y)
ELSE
    IF Z < MAX(X,Y)
        ? MIN(X,Y),Z,MAX(X,Y)
    ELSE
        ? MIN(X,Y),MAX(X,Y),Z
    ENDIF
ENDIF
```

3.3.4　DO CASE 语句

3.3.3 节例 3-9 的问题还可以用下列代码实现。

3-9-1. prg 的程序代码为：

```
INPUT "输入学生成绩" TO SCORE
DO CASE
    CASE SCORE >= 90
        ?"优"
    CASE SCORE >= 80
        ?"良"
    CASE SCORE >= 70
        ?"中"
    CASE SCORE >= 60
        ?"及格"
    OTHERWISE
        ?"不及格"
ENDCASE
```

这段代码用 DO CASE 语句实现了多个条件、多种情况处理的形式。与 IF 语句的嵌套形式相比，DO CASE 语句克服了使用 IF 语句的嵌套形式容易出错、不容易使用的缺点，体现出使用多分支语句处理多种条件时更加方便的优点。

1. DO CASE 语句格式

```
DO　CASE
    CASE <条件1>
```

```
            <命令组 1>
      CASE <条件 2>
            <命令组 2>
            …
      CASE <条件 N>
            <命令组 N>
      [OTHERWISE
            <命令组 N + 1>]
ENDCASE
```

　　DO CASE 和 CASE <条件 l> 之间不能输入任何可执行命令，但可以输入注释命令。
<条件 l> ~ <条件 N> 由关系表达式或逻辑表达式组成，<条件 1> 与 <命令组 1> 对
应……<条件 N> 与 <命令组 N> 对应。

2. DO CASE 语句功能

　　使用 DO CASE 语句时，根据需要可以有多个判断的条件，程序执行时，依次判断条件，
若某个条件为逻辑值 .T.，就执行相应的命令组，然后结束 DO CASE 语句的执行。当所有
的条件都不为 .T. 时，如果有 OTHERWISE 选项，则执行 OTHERWISE 对应的命令组 N + 1；
如果没有 OTHERWISE 选项，则不执行任何 DO CASE 和 ENDCASE 之间的命令组，直接结
束 DO CASE 语句的执行。如果可能有多个条件为 .T.，则只执行第一个条件为 .T. 的 CASE
分支对应的命令组。其功能用流程图表示如图 3-26 所示。

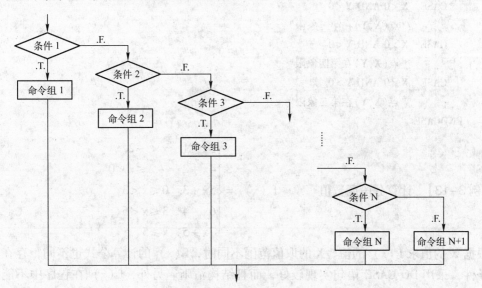

图 3-26　DO CASE 语句流程图

　　在使用多分支语句时，注意判断条件的顺序，条件判断的顺序是从第一个条件开始顺次
判断，当某一个条件为 .T. 时，执行对应的命令组，然后结束整个 DO CASE 语句的执行。
因此，DO CASE 语句中条件判断的顺序要正确给出。想一想，3-9-1.prg 的程序代码中的条
件如果按照下面的顺序给出，为什么不能得到预期的结果？

```
      INPUT "输入学生成绩" TO SCORE
```

```
DO CASE
    CASE SCORE >=60
            ?" 及格"
    CASE SCORE >=70
            ?" 中"
    CASE SCORE >=80
            ?" 良 "
    CASE SCORE >=90
            ?" 优"
    OTHERWISE
            ?"不及格"
ENDCASE
```

【例 3-12】 建立程序文件 3-12. prg，用 DO CASE 语句写出例 3-10 要实现的功能。

3-12. prg 的程序代码为：

```
INPUT "输入 X 的值" TO  X
INPUT "输入 Y 的值" TO  Y
DO CASE
    CASE   X >0 AND Y >0
            ?"点(X,Y)在第一象限"
    CASE   X <0 AND Y <0
            ?"点(X,Y)在第三象限"
    CASE   X >0 AND Y <0
            ?"点(X,Y)在第四象限"
    CASE   X <0 AND Y >0
            ?"点(X,Y)在第二象限"
ENDCASE
```

【例 3-13】 计算分段函数值 $f(x) = \begin{cases} 3x-1 & x < -2 \\ 4x+2 & -2 \leqslant x < 0 \\ 5x+3 & 0 \leqslant x < 3 \\ 6x-4 & 3 \leqslant x < 5 \\ 7x+5 & x \geqslant 5 \end{cases}$

根据 X 的值求 f(x) 的值，X 的取值范围不同时，f(x) 的计算公式也不同，存在多个判断条件，采用 DO CASE 语句实现较好，而且结构清晰。另外，f(x) 在程序中不能直接表示，可以用一个变量 Y 代替。

3-13. prg 的程序代码为：

```
INPUT "GIVE X VALUE" TO   X
DO CASE
    CASE X < -2
            Y = 3 * X - 1
    CASE X < 0
```

```
            Y = 4 * X + 2
        CASE X < 3
            Y = 5 * X + 3
        CASE X < 5
            Y = 6 * X - 4
        OTHERWISE
            Y = 7 * X + 5
    ENDCASE
    ? Y
```

请大家想一想，例 3-13 用 IF 语句嵌套形式如何实现？

3.4 循环结构

在 Visual FoxPro 中，循环结构可以使用 DO WHILE 语句、SCAN 语句和 FOR 语句实现。在循环语句中，循环变量是控制循环执行的变量，循环体是循环语句要反复执行的命令序列。

3.4.1 DO WHILE 语句

1. 引例

【例 3-14】 建立程序文件 3-14. prg。运动会跑 10 000 m，标准跑道一圈为 400 m，需要重复跑 25 圈。假设 S 为已经跑的距离，RN 为已经跑的圈数，在发令之前，S 和 RN 的值均为 0。当圈数小于 25 时，每跑一圈，距离增加 400 即 S = S + 400，圈数增加 1 即 RN = RN + 1，够 25 圈时结束。在这个问题中，S = S + 400 和 RN = RN + 1 是要重复执行的命令，用循环结构解决此问题是最好的方法。

3-14. prg 的程序代码为：

```
STORE 0 TO S,RN
DO WHILE RN < 25
    S = S + 400
    RN = RN + 1
ENDDO
?"跑的距离为:",S
?"跑的圈数为:",RN
```

程序运行的结果为：

```
跑的距离为:10000
跑的圈数为:25
```

例 3-14 中的循环结构流程图如图 3-27 所示。

2. DO WHILE 语句格式

```
DO WHILE  <条件>
    <循环体>
ENDDO
```

<条件>是关系表达式或逻辑表达式，用于决定循环是否执行，当<条件>的值为.T. 时执行循环体。

3. DO WHILE 语句流程图

如图 3-28 所示给出了 DO WHILE 语句的流程图。

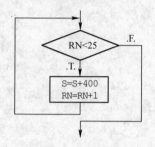

图 3-27　例 3-14 中循环语句流程图

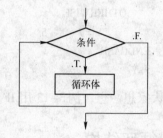

图 3-28　DO WHILE 语句的流程图

4. DO WHILE 语句功能

程序执行到 DO WHILE 语句时，首先判断条件，当条件为.T. 时，执行循环体，遇到 ENDDO 时转到 DO WHILE 语句的条件处，再次对条件进行判断，这个过程一直重复，直到 DO WHILE 后面的条件为.F. 时结束循环语句的执行。

DO WHILE 语句可以用于循环次数已知的情况下，也可以用于循环次数不确定的情况下，只要循环的条件为.T. 就重复执行循环体。在循环条件中出现的变量用来控制循环的执行，称其为循环变量。

在使用 DO WHILE 语句时，如果与表无关，通常需要注意以下几点。

（1）在循环体中应该有改变循环变量值的命令，否则循环语句将不会停止，如例 3-14 中的命令"RN = RN + 1"。

（2）如果循环语句在开始时的条件就为.F.，则循环体不被执行。在 DO WHILE 语句之前应该有适当的命令完成循环变量的初始化，如例 3-14 中的命令"STORE 0 TO S，RN"。

【例 3-15】　建立程序文件 3-15. prg，用 DO WHILE 语句显示学生.dbf 表中男同学的学号、姓名和性别字段的值。

解法 1：用 DO WHILE 循环语句显示表中男同学的记录，可以用 NOT EOF( ) 作为循环的条件，在循环体中使用 SKIP 命令移动记录指针；在循环体中显示男同学的信息，用 IF 语句判断性别字段的值，如果当前记录性别字段的值为"男"，则显示其学号、姓名和性别字段的值。解法 1 的流程图如图 3-29 所示。

3-15. prg 的程序代码为：

```
USE   学生
DO WHILE   NOT EOF( )
   IF 性别 = "男"
      ? 学号,姓名,性别
   ENDIF
   SKIP
ENDDO
USE
```

程序中用记录指针位置来控制循环,当 NOT EOF( )为真时,表示记录指针没有在表尾,即指向表中的某条记录,这时如果当前记录的性别字段值是"男"就显示此记录的值,用 SKIP 命令使记录指针指向下一条记录。

解法 2:用 LOCATE FOR 命令使记录指针指向学生.dbf 表中性别字段值为"男"的第一条记录,用 NOT EOF( )作为循环条件,在循环体中用 CONTINUE 找出其他满足条件的记录(其他男生记录)。解法 2 的流程图如图 3-30 所示。

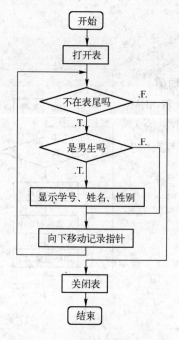

图 3-29 例 3-15 解法 1 流程图　　　　图 3-30 例 3-15 解法 2 的流程图

3-15-1.prg 的程序代码为:

```
USE  学生
LOCATE FOR 性别 = "男"
DO WHILE  NOT EOF( )
    DISP 学号,姓名,性别
    CONTINUE
ENDDO
USE
```

【例 3-16】 假设在学生.dbf 表中已经增加了一个成绩评定字段,用 DO WHILE 语句实现根据学生.dbf 表中入学成绩字段的值,填写成绩评定字段的值,填写方法是如果入学成绩高于 600 分,则成绩评定字段值为"高分",否则成绩评定字段值为"低分"。

在例 3-6 中,用选择结构对第 4 条记录完成了成绩评定字段值的填写,现在例 3-16 要求对每条记录都填写成绩评定字段,应该使用循环结构编程,程序中使用 NOT EOF( )作为 DO WHILE 语句的循环条件,使用 SKIP 移动记录指针。

3-16.prg 的程序代码为:

```
USE 学生
DO   WHILE   NOT EOF( )
   IF 入学成绩 >600
      REPLACE 成绩评定 WITH "高分"
   ELSE
      REPLACE 成绩评定 WITH "低分"
   ENDIF
   SKIP
   ENDDO
USE
```

【例3-17】 输入 10 个任意的数，求 10 个数的平均值。

求 10 个数的平均值需要求这 10 个数的和，和用变量 SUM 表示。每输入一个数，就把输入的数累加到变量 SUM 中，输入数操作和求和操作需要执行 10 次，用变量 K 做循环变量，初值为 1，循环条件为 K <=10。流程图如图 3-31 所示。

3-17. prg 的程序代码为：

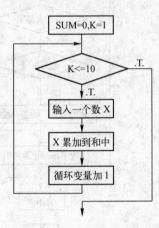

图 3-31   例 3-17 流程图

```
SUM = 0
K = 1
DO WHILE K <= 10
   INPUT  "输入数"  TO X
   SUM = SUM + X
   K = K + 1
ENDDO
? SUM/10
```

3.4.2   SCAN 语句

3.4.1 中的例 3-15 显示学生 . dbf 表中男同学的学号、姓名和性别字段的值的问题也可以用下列代码实现。

3-15-2. prg 的程序代码为：

```
USE   学生
SCAN   FOR   性别 = "男"
   DISP   学号,姓名,性别
ENDSCAN
USE
```

SCAN 语句专门用于与表有关的循环结构编程。

1.   SCAN 语句格式

```
SCAN   [ <范围 >] [ FOR < 条件 >]|[ WHILE < 条件 >]
      < 循环体 >
ENDSCAN
```

SCAN 语句使用"FOR <条件 >"或"WHILE <条件 >"对表中满足条件的记录进行循环处理。

2. SCAN 语句功能

对表中指定范围内满足条件的每一条记录完成循环体的操作。

3. SCAN 语句说明

每处理一条记录后，记录指针指向下一条记录。SCAN 语句中的"FOR <条件 >"短语表示从表头至表尾检查全部满足条件的记录。"WHILE <条件 >"短语表示从当前记录开始，当遇到第一个使 <条件 > 为 . F. 的记录时，循环立刻结束。"[<范围 >]"短语表示循环操作的记录范围。

【例 3-18】 在学生 . dbf 表中查找入学成绩最高的记录，并显示成绩最高的学生姓名和入学成绩。

这个问题是在一堆数中找最大值，这堆数是表中入学成绩字段的值。首先假设第一条记录的入学成绩是最大值，并将其值保存在 R_MAX 变量中，用循环语句将表中每条记录的入学成绩值都与最大值 R_MAX 比较，如果某条记录的入学成绩值比最大值 R_MAX 大，则此条记录的入学成绩是目前的最大值，并将其值保存在 R_MAX 变量中。在找最大值的同时，使用 RECNO( ) 函数获得最大值的记录号，以便于显示入学成绩最大值记录的姓名字段值。

3-18. prg 的程序代码为：

```
USE 学生
R_MAX = 入学成绩
R_RECNO = RECNO( )
SKIP
SCAN
    IF R_MAX < 入学成绩
        R_MAX = 入学成绩
        R_RECNO = RECNO( )
    ENDIF
ENDSCAN
GO R_RECNO
DISPLAY 姓名,入学成绩
USE
```

3.4.3 FOR 语句

1. 引例

【例 3-19】 有这样一个数学问题，求 1 + 2 + 3 + …… + 100 的和，这个问题不用算就知道结果是 5050。这个问题如果用程序如何实现呢？

首先用变量 S 保存求和的结果，初始值为 0；用变量 I 表示从 1 到 100 之间的数，初始值为 1；求和过程是当 I 的值为 1 时，将 1 累加到和 S 中；修改 I 的值为 2，将 2 累加到和 S 中……修改 I 的值为 100，将 100 累加到和 S 中；修改 I 的值为 101，这时 I 的值不在 1 到 100 之间，结束求和过程。流程图如图 3-32 所示。

3-19. prg 的程序代码为：

```
S = 0
FOR I = 1 TO 100    STEP   1
    S = S + I
ENDFOR
? S
```

2. FOR 语句格式

```
FOR   循环变量 =<初始值 > TO  <终止值 >［STEP<步长 >］
      <循环体 >
ENDFOR
```

3. FOR 语句说明

FOR 语句中步长是指每次循环变量变化的幅度，循环变量的初始值可以小于等于终止值，此时步长值应该为正数；循环变量的初始值也可以大于等于终止值，此时步长值应该为负数；步长应为非零的数。步长为 1 时，可以省略 "STEP 1"。下面将以初始值小于等于终止值为例说明 FOR 语句的功能。

4. FOR 流程图

如图 3-33 所示给出了 FOR 语句的流程图。

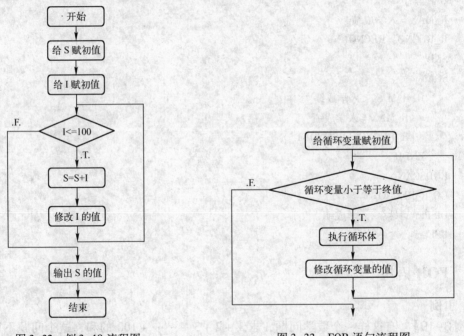

图 3-32 例 3-19 流程图   图 3-33   FOR 语句流程图

5. 语句功能

程序执行到 FOR 语句时，首先检查 FOR 语句中循环变量的初值、终值和步长的正确性，如果不正确，FOR 语句一次也不执行；如果正确，则按下面给出的方式执行 FOR 语句。

1）给循环变量赋初始值。

2）当循环变量的值小于等于终止值时，执行循环体；如果大于终止值时，结束 FOR 循环语句的执行。

3）遇到 ENDFOR 语句，按照"循环变量 = 循环变量 + 步长"修改循环变量的值。

4）返回到步骤（2）。

【例 3-20】 建立程序文件 3-20. prg，用 FOR 语句完成例 3-14 万米赛跑的问题。

3-20. prg 的程序代码为：

```
STORE 0 TO S
FOR RN = 0 TO 24
    S = S + 400
ENDFOR
?"跑的距离为:",S
?"跑的圈数为:",RN
```

程序运行的结果为：

```
跑的距离为:10000
跑的圈数为:25
```

【例 3-21】 编程求 100~999 之间的全部水仙花数。设 A、B、C 分别为 X 的百位、十位和个位数字，若 $A^3 + B^3 + C^3 = X$ 成立，则称 X 为水仙花数。

根据水仙花数的规定，从 3 位数字组成的数 X 中分离出百位数 A、十位数 B 和个位数 C，如果 A、B、C 满足 $A^3 + B^3 + C^3 = X$ 关系式，这时的 X 就是要找的水仙花数。X 的值在 100~999 之间，用 FOR 循环语句实现。

3-21. prg 的程序代码为：

```
FOR X = 100 TO 999
    A = INT(X/100)
    B = INT((X - A * 100)/10)
    C = MOD(X,10)
    IF A^3 + B^3 + C^3 = X
        ? X
    ENDIF
ENDFOR
```

3.4.4 LOOP 语句和 EXIT 语句

LOOP 语句和 EXIT 语句必须用在循环语句中，并且常与条件语句连用。LOOP 语句用于提前结束本次循环，进入下一次循环的判断；EXIT 语句用于强制结束循环语句。

【例 3-22】 求 $1 + 3 + 5 + \cdots + 99$ 的和。

解法 1 中循环变量的初值为 1，循环变量每次加 2（步长），这样就保证了循环体中累加的值一定是奇数。

3-29. prg 的程序代码为：

```
S = 0
FOR J = 1 TO 99   STEP   2
    S = S + J
```

```
ENDFOR
? S
```

解法 2 中的 IF 语句的条件"MOD(J,2) = 0"用来判断 J 是否是偶数，是偶数则执行 LOOP 语句，直接进入下一次循环，不是偶数即为奇数，直接执行 ENDIF 后面的命令"S = S + J"，将奇数累加到和 S 中。流程图如图 3-34 所示。

3-22-1. prg 的程序代码为：

```
S = 0
FOR J = 1 TO 99
    IF MOD(J,2) = 0
        LOOP
    ENDIF
    S = S + J
ENDFOR
? S
```

解法 3 中，DO WHILE 语句中的条件使用逻辑值 . T . ，根据 DO WHILE 语句中当循环条件为 . T . 时执行循环体，意味着 DO WHILE 语句不能通过循环条件结束。要使循环结束必须通过执行循环体中的命令来结束循环，此例中用 EXIT 语句退出循环。流程图如图 3-35 所示。

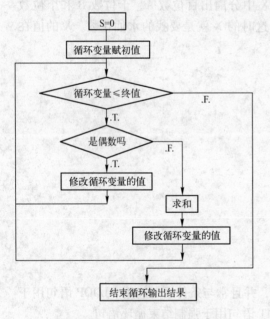

图 3-34　例 3-22 解法 2 流程图　　　　图 3-35　例 3-22 解法 3 流程图

3-22-2. prg 的程序代码为：

```
J = 0
DO WHILE . T .
    J = J + 1
    IF J < = 99
        IF MOD(J,2) = 0
```

```
        LOOP
     ELSE
        S = S + J
     ENDIF
   ELSE
     EXIT
   ENDIF
ENDDO
? S
```

3.4.5　循环的嵌套

【例3-23】　如果用循环结构在同一行输出 10 个 "∗"，即 "∗∗∗∗∗∗∗∗∗∗"，用 FOR 语句实现的程序代码为：

```
FOR I = 1 TO 10
  ??" ∗ "
ENDFOR
```

如果每行输出 10 个 "∗"，要求输出 5 行，即

```
∗∗∗∗∗∗∗∗∗∗
∗∗∗∗∗∗∗∗∗∗
∗∗∗∗∗∗∗∗∗∗
∗∗∗∗∗∗∗∗∗∗
∗∗∗∗∗∗∗∗∗∗
```

解决这个问题，实质是将同一行输出 10 个 "∗" 的 FOR 语句执行 5 次，即是另一个循环语句的循环体，这样的循环语句用法就是循环语句的嵌套使用。用 FOR 语句实现的 3-23. prg 的程序代码为：

```
FOR J = 1 TO 5
  ?                          && 换行作用
  FOR I = 1 TO 10
     ??" ∗ "
  ENDFOR
ENDFOR
```

在循环语句中，其循环体又包含一个完整的循环语句，称为循环的嵌套。循环嵌套使用时，有内循环和外循环之分，外循环循环变量取一个值时，内循环要完整地执行一遍。

循环语句嵌套形式如下：

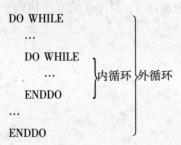

```
DO WHILE
  …
  DO WHILE
     …              内循环  外循环
  ENDDO
  …
ENDDO
```

或

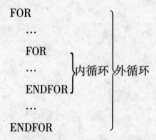

```
FOR
...
    FOR
    ...        内循环  外循环
    ENDFOR
    ...
ENDFOR
```

在用循环语句嵌套形式编程时，需要注意 DO WHILE 与 ENDDO、FOR 与 ENDFOR 要成对出现，注意循环变量不能混用，否则得不到预期的结果。

【例3-24】 建立程序文件 3-24. prg，输出乘法九九表，输出形式为：

```
1 * 1 = 1   1 * 2 = 2   1 * 3 = 3   1 * 4 = 4   1 * 5 = 5   1 * 6 = 6   1 * 7 = 7   1 * 8 = 8   1 * 9 = 9
2 * 1 = 2   2 * 2 = 4   2 * 3 = 6   2 * 4 = 8   2 * 5 = 10  2 * 6 = 12  2 * 7 = 14  2 * 8 = 16  2 * 9 = 18
3 * 1 = 3   3 * 2 = 6   3 * 3 = 9   3 * 4 = 12  3 * 5 = 15  3 * 6 = 18  3 * 7 = 21  3 * 8 = 24  3 * 9 = 27
4 * 1 = 4   4 * 2 = 8   4 * 3 = 12  4 * 4 = 16  4 * 5 = 20  4 * 6 = 24  4 * 7 = 28  4 * 8 = 32  4 * 9 = 36
5 * 1 = 5   5 * 2 = 10  5 * 3 = 15  5 * 4 = 20  5 * 5 = 25  5 * 6 = 30  5 * 7 = 35  5 * 8 = 40  5 * 9 = 45
6 * 1 = 6   6 * 2 = 12  6 * 3 = 18  6 * 4 = 24  6 * 5 = 30  6 * 6 = 36  6 * 7 = 42  6 * 8 = 48  6 * 9 = 54
7 * 1 = 7   7 * 2 = 14  7 * 3 = 21  7 * 4 = 28  7 * 5 = 35  7 * 6 = 42  7 * 7 = 49  7 * 8 = 56  7 * 9 = 63
8 * 1 = 8   8 * 2 = 16  8 * 3 = 24  8 * 4 = 32  8 * 5 = 40  8 * 6 = 48  8 * 7 = 56  8 * 8 = 64  8 * 9 = 72
9 * 1 = 9   9 * 2 = 18  9 * 3 = 27  9 * 4 = 36  9 * 5 = 45  9 * 6 = 54  9 * 7 = 63  9 * 8 = 72  9 * 9 = 81
```

用 I 表示行数，I 值范围从 1 变化到 9；用 J 表示列数，J 值范围从 1 变化到 9；第 I 行第 J 列显示的内容为 STR(I,1) + " * " + STR(J,1) + " = " + STR(I * J,2) + SPACE(2)，其中 STR(I,1) 和 STR(J,1) 用来限制显示的 I 和 J 值的宽度为 1；STR(I * J,2) 用来限制显示 I * J 的值的宽度为 2；SPACE(2) 用来限制相邻两项内容显示的间距。

3-24. prg 的程序代码为：

```
CLEAR
FOR I = 1 TO 9                                              && 共输出 9 行数
  ?                                                        && 换行
  FOR J = 1 TO 9                                            && 每行输出 9 列
    ?? STR(I,1) + " * " + STR(J,1) + " = " + STR(I * J,2) + SPACE(2)   && 第 I 行第 J 列内容
  ENDFOR
ENDFOR
```

想一想，如果要输出下面两种形状的九九表，如何修改 3 - 24. prg 的程序代码？

形状 1：

```
1 * 1 = 1
2 * 1 = 2   2 * 2 = 4
3 * 1 = 3   3 * 2 = 6   3 * 3 = 9
4 * 1 = 4   4 * 2 = 8   4 * 3 = 12  4 * 4 = 16
5 * 1 = 5   5 * 2 = 10  5 * 3 = 15  5 * 4 = 20  5 * 5 = 25
```

$6*1=6$　$6*2=12$　$6*3=18$　$6*4=24$　$6*5=30$　$6*6=36$

$7*1=7$　$7*2=14$　$7*3=21$　$7*4=28$　$7*5=35$　$7*6=42$　$7*7=49$

$8*1=8$　$8*2=16$　$8*3=24$　$8*4=32$　$8*5=40$　$8*6=48$　$8*7=56$　$8*8=64$

$9*1=9$　$9*2=18$　$9*3=27$　$9*4=36$　$9*5=45$　$9*6=54$　$9*7=63$　$9*8=72$　$9*9=81$

形状2：

$1*1=1$　$1*2=2$　$1*3=3$　$1*4=4$　$1*5=5$　$1*6=6$　$1*7=7$　$1*8=8$　$1*9=9$

　　　　$2*2=4$　$2*3=6$　$2*4=8$　$2*5=10$　$2*6=12$　$2*7=14$　$2*8=16$　$2*9=18$

　　　　　　　$3*3=9$　$3*4=12$　$3*5=15$　$3*6=18$　$3*7=21$　$3*8=24$　$3*9=27$

　　　　　　　　　　$4*4=16$　$4*5=20$　$4*6=24$　$4*7=28$　$4*8=32$　$4*9=36$

　　　　　　　　　　　　　$5*5=25$　$5*6=30$　$5*7=35$　$5*8=40$　$5*9=45$

　　　　　　　　　　　　　　　　$6*6=36$　$6*7=42$　$6*8=48$　$6*9=54$

　　　　　　　　　　　　　　　　　　　$7*7=49$　$7*8=56$　$7*9=63$

　　　　　　　　　　　　　　　　　　　　　　$8*8=64$　$8*9=72$

　　　　　　　　　　　　　　　　　　　　　　　　　$9*9=81$

3.5　程序的模块化设计

在程序设计过程中，通常将一个大的功能模块划分为若干个小的模块，这种程序设计思想就是程序的模块化设计。在 Visual FoxPro 中，模块化程序设计体现在过程、子程序和自定义函数的运用，它们都是一段具有独立功能的程序代码。在模块化程序设计过程中，需要在一个模块中调用另一个模块，被调用模块称为过程、子程序或自定义函数，发出调用命令的模块称为主模块或主程序。

3.5.1　子程序

子程序文件也是程序文件，其扩展名为. prg，与程序文件的扩展名相同，其建立方法与程序文件建立方法相同，在子程序中应该有 RETURN 命令，用于正常返回调用程序。

【例3-25】　下面给出的程序文件 3 – 25. prg 是主程序，ar. prg 是子程序。子程序 ar. prg 的功能是求圆的面积，在主程序 3 – 25. prg 中调用该子程序。

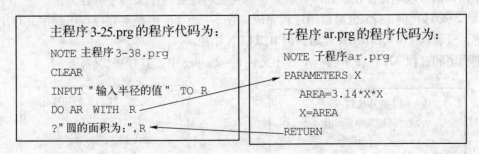

主程序 3-25.prg 的程序代码为：
```
NOTE 主程序3-38.prg
CLEAR
INPUT "输入半径的值" TO R
DO AR WITH R
?"圆的面积为:",R
```

子程序 ar.prg 的程序代码为：
```
NOTE 子程序ar.prg
PARAMETERS X
    AREA=3.14*X*X
    X=AREA
RETURN
```

运行主程序 3 – 25. prg，当执行到"DO AR WITH R"命令时，程序的执行转到子程序 ar. prg，首先将实参 R 的值传递给形参 X，再执行子程序 ar. prg，在 ar. prg 子程序执行过程中，遇到 RETURN 命令时，将形参 X 的值传递给实参 R，并返回到主程序调用命令的下一条命令继续执行。

在 ar. prg 子程序中的 RETURN 命令用于返回主程序，每个子程序都应该有 RETURN 命令。

RETURN 命令格式为：

RETURN ［TO MASTER］

主程序调用子程序，子程序本身也可以作为主程序调用子程序，RETURN 命令中的"TO MASTER"短语表示返回最高一级的调用程序，无此短语时表示返回调用程序。

在 ar. prg 子程序中，命令"PARAMETERS　X"中的 X 称为形参，PARAMETERS 用来规定形参。

子程序文件格式为：

［PARAMETERS <形参列表>］
　　<子程序命令>
RETURN［TO MAST ER］

其中，形参列表为可选项，如果需要由主程序传递参数给子程序，就需要选择形参列表。

3-25. prg 主程序中的"DO AR　WITH　R"命令用来调用子程序文件 ar. prg，R 为实参。如果子程序中有形参，调用时就要给出实参。

在主程序中调用子程序使用 DO 命令，DO 命令格式为：

DO　子程序文件名　［WITH　实参列表］

其中，主程序中的实参列表与子程序中的形参列表的参数个数、对应参数的类型要一致，实参列表可以是常量、变量和表达式。在调用时，首先将实参的值传递给形参，然后程序执行转到子程序中执行，子程序执行结束后返回主程序时，如果实参为变量，则形参的值再传递给实参。

3.5.2　过程

过程与子程序一样，具有独立的功能，但形式不同。过程可以与主程序在同一个程序文件中存在，也可以单独存在。在本教材中，以与主程序在一个文件中共存为例。

【例3-26】　例 3-25 也可以用过程完成。在 3-26. prg 中，主程序与子程序共存于一个文件中，过程以 PROCEDURE 开始，以 RETURN 结束。

主程序和过程 AR 存在于同一个程序文件 3-26. prg 中，其程序代码为：

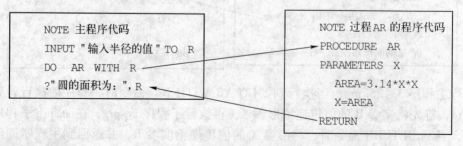

```
NOTE  主程序代码
INPUT "输入半径的值" TO  R
DO   AR  WITH  R
?"圆的面积为：", R
```

```
NOTE 过程AR 的程序代码
PROCEDURE  AR
PARAMETERS  X
    AREA=3.14*X*X
    X=AREA
RETURN
```

主程序与过程形式为：

```
<主程序中的命令>
DO  过程名  〔WITH  实参列表〕
<主程序中的命令>
PROCEDURE   过程名
   〔PARAMETERS  形参列表〕
    <过程中的命令>
RETURN
```

3.5.3 自定义函数

可以通过自定义函数功能将某些功能定义为函数，在使用时可以与系统提供的函数一样使用。

【例3-27】 将求圆的面积和周长功能定义为函数，并在主模块中调用。在 3-27. prg 中，以 FUNCTION 开头，以 RETURN 结束的代码段称为函数，其中 AR 为函数名，RETURN 命令中的"3.14 * X * X"为函数的返回值。主程序中 AR(R) 和 ZC(R) 调用了函数 AR 和 ZC。

3-27. prg 的程序代码为：

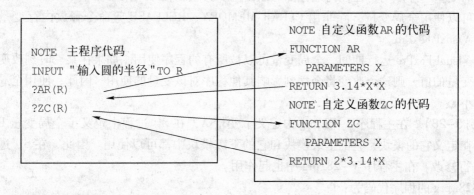

自定义函数的形式为：

```
FUNCTION  <函数名>
〔PARAMETERS  形参列表〕
    <命令序列>
RETURN  〔<表达式>〕
```

在定义自定义函数时，自定义函数名不要与 Visual FoxPro 的内部函数名相同，因为系统只承认内部函数；如果自定义函数包含自变量，应将 PARAMETERS 命令作为函数的第一行命令；自定义函数的结果由 RETURN 命令返回，如果省略表达式，则函数的返回结果是 . T. 。

自定义函数的调用形式为：

<函数名> （<自变量表>）

其中，自变量可以是任何合法的表达式，自变量和自定义函数中 PARAMETERS 命令中的变量个数相同，类型相符。

3.5.4　内存变量的作用域

在主模块和各个子模块中，很难保证不出现重名的变量名。因此，必须确保不同模块中的变量互不干扰，使它们在各自的范围内起作用，即通过规定变量的有效范围来减少变量间的相互干扰。变量的有效范围称为变量的作用域。

在 Visual FoxPro 中，每个内存变量都有一定的作用域。为了更好地在变量所处的范围内发挥其作用，Visual FoxPro 把变量分为私有变量、局部变量和全局变量 3 种。

在 Visual FoxPro 中，可以使用 LOCAL 和 PUBLIC 强制规定变量的作用域。

1.　全局变量

全局变量也称为公共变量，它在任何模块中都可以引用。全局变量用 PUBLIC 声明，其格式为：

　　　　PUBLIC ＜内存变量表＞

其中，＜内存变量表＞是用逗号分隔开的内存变量列表，这些变量的默认值是逻辑值.F.，可以为它们赋任何类型的值。

全局变量一经声明，在任何地方都可以使用，甚至在程序结束后在 Visual FoxPro 命令窗口中还可以使用全局变量，除非用 CLEAR MEMORY、RELEASE 等命令释放内存变量，或者退出 Visual FoxPro。

在 Visual FoxPro 运行期间，全局变量可以被所有的程序使用。如果在某一时刻改变了某一全局变量的值，则这个改变将会立刻影响其他程序对该变量的使用。因此，使用全局变量要格外小心。

【例3-28】　在主程序 3-28.prg 中定义了变量 A，在 SU 过程中定义了全局变量 B，全局变量在定义它的模块、它的上级模块和它的下级模块中都可以使用。因此，在 SU 过程中对 B 进行修改，在主程序 3-28.prg 中也起作用。

3-28.prg 的程序代码为：

```
NOTE   主程序代码
CLEAR   MEMORY                          && 释放内存变量
A = 23
? A
DO SU
?"在主程序中输出 A,B 的值",A,B
NOTE   过程 SU 的代码
PROCedure SU
   PUBLIC B
   B = 12
   A = B + A
   ?"在 SU 过程中输出 A,B 的值",A,B
RETURN
```

输出结果为：

23

在 SU 过程中输出 A,B 的值　　35　　12

在主程序中输出 A,B 的值　　35　　12

2. 局部变量

局部变量是只能在局部范围内使用的变量。局部变量用 LOCAL 声明，其格式为：

　　LOCAL <内存变量表>

同全局变量一样，这些变量的默认值也是逻辑值 .F. ，可以为它们赋任何类型的值。局部变量只能在说明这些变量的模块内使用，它的上级模块和下级模块都不能使用。当说明这些变量的模块执行结束后，Visual FoxPro 会立刻释放这些变量。

注意：由于 LOCAL 和 LOCATE 的前 4 个字母相同，所以在说明局部变量时不能只给出前 4 个英文字母 LOCA。

【例 3-29】　在 3-29. prg 程序代码中，变量 B 在 SU 过程中说明为局部变量，B 只能在 SU 中使用，在上级主程序中不能使用，否则会出现如图 3-36 所示的错误。

图 3-36　"程序错误"提示对话框

3-29. prg 程序代码为：

```
NOTE    主程序代码
CLEAR   ALL
A = 23
? A
DO SU
?"在主程序中输出 A,B 的值",A,B
NOTE    过程 SU 的代码
PROCEDURE SU
  LOCAL B
  B = 12
  A = B + A
  ?"在 SU 过程中输出 A,B 的值",A,B
RETURN
```

在输出下列结果的同时，会显示如图 3-36 所示的"程序错误"提示对话框。

　　　　23

在 SU 过程中输出 A,B 的值　　35　　12

在主程序中输出 A,B 的值　　35

3. 私有变量

在程序中，把那些没有用 LOCAL 和 PUBLIC 声明的变量称为私有变量。这类变量可以直接使用，Visual FoxPro 隐含了这些变量的作用域是当前模块及其下属模块。也就是说，它可以在其所在的程序、过程、函数或它们所调用的过程或函数内使用，上级模块及其他的程序、过程或函数不能对它进行存取。

【例3-30】 在主程序 3-30. prg 中定义的变量 A、B 均为私有变量，可以在定义 A、B 的程序中使用，也可以在下级 SU 过程中使用，且在 SU 过程中对 A、B 的修改结果将返回主程序 3-30. prg 中。

3-30. prg 的程序代码为：

```
NOTE   主程序代码
CLEAR ALL
A = 23
B = 89
?"在主程序中调用 SU 过程之前输出 A,B 的值",A,B
DO SU
?"在主程序中调用 SU 过程之后输出 A,B 的值",A,B
NOTE   过程 SU 的代码
PROCEDURE SU
   A = A + B
   B = A - B
   A = A - B
   ?"在 SU 过程中输出 A,B 的值",A,B
RETURN
```

输出结果为：

```
在主程序中调用 SU 过程之前输出 A,B 的值      23     89
在 SU 过程中输出 A,B 的值                89     23
在主程序中调用 SU 过程之后输出 A,B 的值      89     23
```

4. 隐藏内存变量

如果下级程序中使用的局部变量与上级程序中的局部变量或全局变量同名，就容易造成混淆。为了解决这种情况，可使用 PRIVATE 命令在程序中将全局变量或上级程序中的变量隐藏起来，就好像这些变量不存在一样，可以用 PRIVATE 再定义同名的内存变量。一旦返回上级程序，在下级程序中用 PRIVATE 定义的同名变量即被清除，调用时被隐藏的内存变量恢复原值，不受下级程序中同名变量的影响。PRIVATE 的命令格式为：

```
PRIVATE   <变量名列表>
```

实际上，PRIVATE 命令起到了隐藏和屏蔽上层程序中同名变量的作用。

【例3-31】 在主程序中定义的变量 X、Y、Z 均为私有变量，在过程 PROC1 中，用 PRIVATE 短语说明 Y，使得系统在调用过程 PROC1 时将变量 Y 隐藏起来，就好像变量 Y 不存在一样，因此，在过程 PROC1 执行结束、返回主程序时，系统会恢复先前隐藏的变量 Y。在过程 PROC2 中，用 PUBLIC 短语说明 N，使得 N 在任何模块内都起作用。

3-31. prg 的程序代码为：

```
NOTE 主程序代码
```

```
CLEAR
STORE 5 TO X,Y,Z          &&X,Y,Z 均为私有变量
?"主模块第一次输出:","X = ",X,"Y = ",Y,"Z = ",Z
DO PROC1
?"主模块第二次输出(调用过程 PROC1 后输出):","X = ",X,"Y = ",Y,"Z = ",Z
DO PROC2
?"主模块第三次输出(调用过程 PROC2 后输出):;
","X = ",X,"Y = ",Y,"Z = ",Z,"N = ",N
NOTE   过程 PROG1 的代码
PROCEDURE PROC1
PRIVATE Y              &&Y 为私有变量,起到隐藏和屏蔽与主模块同名变量的作用
    Y = X + Z
    X = X + Z
    Z = X + Y
    M = X + Y + Z
    ?"在 PROC1 过程中输出:","X = ",X,"Y = ",Y,"Z = ",Z,"M = ",M
RETURN
NOTE   过程 PROG2 的代码
PROCEDURE PROC2
PUBLIC N              &&N 为全局变量,在任何模块内都起作用
    N = 10
    X = X + N
    Y = Y + N
    Z = Z + N
    ?"在 PROC2 过程中输出:","X = ",X,"Y = ",Y,"Z = ",Z,"N = ",N
RETURN
```

输出结果为:

```
主模块第一次输出: X =      5     Y =      5     Z =      5
在 PROC1 过程中输出: X =    10   Y =    10   Z =    20   M =    40
主模块第二次输出(调用过程 PROC1 后输出):X =    10   Y =    5   Z =    20
在 PROC2 过程中输出: X =    20   Y =    15   Z =    30   N =    10
主模块第三次输出(调用过程 PROC2 后输出):X =    20   Y =    15   Z =    30   N =    10
```

3.6 本章复习指要

3.6.1 程序设计概述

(1) 程序设计是_____。

(2) 结构化程序设计思想采用_____。

(3) 结构化程序设计所采用的控制结构有_____、_____和_____形式。

(4) 建立程序文件可以分为几个步骤?

_____

（5）运行程序文件的方法有几种？

　　（6）修改程序文件可以使用_____命令。

　　（7）程序文件的扩展名是_____。

　　（8）输入命令要遵守的规则为：_____

_____。

3.6.2　顺序结构

　　（1）顺序结构编程思想是_____。

　　（2）编写的程序如果与表无关，通常在程序中要体现下面3个方面。

第一方面：_____。

第二方面：_____。

第三方面：_____。

　　（3）编写的程序如果与表有关，通常在程序中要体现下面3个方面。

第一方面：_____。

第二方面：_____。

第三方面：_____。

　　（4）变量命名规则_____。

　　（5）内存变量有_____、_____、_____、_____、

_____和_____6种类型。

　　（6）内存变量赋值方式如下。

用"="赋值，格式为：_____。

用"STORE"赋值，格式为：_____。

用"INPUT"赋值，格式为：_____。

用"ACCEPT"赋值，格式为：_____。

　　（7）用"INPUT"赋值时，赋值的数据的类型可以是：_____

_____

并且相应类型要用相应的类型常量表示。

　　（8）用"ACCEPT"赋值时，赋值的数据类型可以是：_____。

　　（9）显示表达式的值使用_____命令。

　　（10）"?"和"??"的区别体现在：_____。

3.6.3　选择结构

　　（1）IF 语句格式为：

_____

_____

_____

（2）使用 IF 语句的关键：

第一正确找出_____。

第二正确找出_____。

第三正确找出_____。

将上面找出的 3 方面内容按照正确的 IF 语句格式表达出来，就实现了用 IF 语句编写选择结构。

（3）选择结构嵌套形式是：_____

_____。

（4）选择结构使用时一定要注意_____和_____成对出现。

（5）DO CASE 语句执行过程为_____

_____。

（6）多分支语句中_____之间不能输入任何可执行命令，但可以输入注释命令。

3.6.4 循环结构

（1）在 Visual FoxPro 中，实现循环结构有 3 种语句，这 3 种循环语句是：_____

_____。

（2）_____中记录指针自动移动，不需要特意移动指针。

（3）FOR 语句中循环变量初值小于终值时，步长应该_____。
FOR 语句中循环变量初值大于终值时，步长应该_____。

（4）步长为_____时，可以省略 STEP 1。

（5）LOOP 语句的作用是使循环语句的执行转到_____。

（6）EXIT 语句的作用是使循环语句的执行转到_____。

（7）LOOP 语句和 EXIT 语句必须用在_____语句中，并且通常与_____语句一起使用。

3.6.5 程序的模块化设计

（1）子程序文件的扩展名为_____。

（2）调用子程序的过程是_____

_____

_____。

（3）过程必须以_____开头，可以单独存在一个程序文件中，也可以在_____。

（4）函数以_____开头，函数结果由_____命令返回。

（5）变量的作用范围称为_____。变量根据作用范围不同，分为

_____、_____和_____3 种。

(6) 全局变量用_____声明, 局部变量用_____声明。所有没有被声明为全局变量和局部变量的变量就是_____。

(7) 隐藏变量的目的是_____。
隐藏变量使用_____声明。

3.7 应用能力提高

1. 判断任意一个数的奇偶性。

2. 编程求自然数 345 各位数字的积。

3. 不用第三个变量, 实现两个数的对调操作。

4. 在歌星大奖赛中, 有 10 个评委为参赛的选手打分, 分数为 1~100 分。选手最后得分为: 去掉一个最高分和一个最低分后其余 8 个分数的平均值。请编写一个程序实现。

5. 计算出 1~30 以内 (包含 30) 能被 5 整除的数之和。

6. 编程求出 $1*1 + 2*2 + \cdots + n*n \leqslant 1000$ 中满足条件的最大 n.

7. 将字母转换成密码, 转换规则是将当前字母变成其后的第三个字母, 但 X 变成 A、Y 变成 B、Z 变成 C。小写字母的转换规则同样。

8. 编程将一个由 4 个数字组成的字符串转换为每两个数字间有一个字符 "*" 的形式输出。例如, 输入"4567",应输出" 4*5*6*7"。

9. 计算 $1 + 1 + 2 + 2 + \cdots + n + n$ 之和的平方根。

10. 编程求 $P = 1 \times (1 \times 2) \times (1 \times 2 \times 3) \times \cdots \times (1 \times 2 \times \cdots \times N)$, N 由键盘输入。

11. 求 $1 + 5 + 9 + 13 + \cdots + 97$ 的和。

12. 输出斐波那契数列前 20 项, 其中第一项和第二项分别为 1, 其他项是其前两项的和。

13. 通过循环程序输出图形:

            1
           321
          54321
         7654321

14. 显示输出图形:

        ****
        *****
        ***
        *

15. 输入两个任意整数, 求最大公约数, 并显示输出最大公约数。

第4章 查询和视图

学习目标

- 掌握查询设计器中各选项卡的作用
- 掌握查询设计器建立查询的步骤和方法
- 了解查询向导建立查询的方法
- 掌握 SELECT 查询语句的基本用法

查询和视图有很多类似之处，创建视图与创建查询的步骤也非常类似。视图兼有表和查询的特点，查询可以根据表或视图定义，所以查询和视图又有很多交叉的概念和作用。查询和视图都是为快速、方便地使用数据库中的数据而提供的一种方法。

4.1 查询

查询是 Visual FoxPro 为方便检索数据提供的一种工具或方法。查询是从指定的表或视图中提取满足条件的记录，然后按照预期的输出类型定向输出查询结果。查询文件扩展名为 . qpr，它实际上就是预先定义好的一个 SQL SELECT 语句，是一个文本文件。

4.1.1 用查询设计器创建查询

【例 4-1】 建立查询文件 4-1. qpr，查询学生 . dbf 表中符合条件的记录。具体要求如下：

1）输出字段有学号、姓名、性别和入学成绩；

2）只显示男同学的记录；

3）按入学成绩的降序排列记录；

4）以"浏览"方式查看查询结果。

通过此例题介绍使用查询设计器创建查询的步骤和方法。

1. 启动查询设计器

用查询设计器创建一个新的查询时，可以通过以下方法启动查询设计器。

方法 1：使用 CREATE QUERY 命令建立查询文件。其命令格式为：

CREATE QUERY［＜查询文件名＞］

方法 2：使用菜单方式建立查询。

选择"文件"→"新建"命令，或者单击"常用"工具栏中的"新建"按钮 □，弹出"创建"对话框，在"文件类型"选项组中选择"查询"单选按钮，单击"新建文件"图标按钮。

用上面的方法都可以打开查询设计器，如图 4-1 所示。

图 4-1　查询设计器

2. "查询设计器"工具栏

"查询设计器"工具栏各按钮的功能如表 4-1 所示。

表 4-1　查询设计器工具栏各按钮的功能

按　钮	功　能
🔲	添加表。添加查询需要的表到查询设计器中
🔲	移去表。从查询设计器中移去查询中不需要的表
🔲	添加数据库表间的联接
SQL	显示 SQL 窗口。显示查询所对应的 SELECT 语句
🔲	最大化上部窗格
🔲	确定查询去向

3. 查询设计器的使用

（1）选取表或视图

启动查询设计器后，首先在"添加表或视图"对话框中选择查询操作要使用的表或视图，如图 4-2 所示。

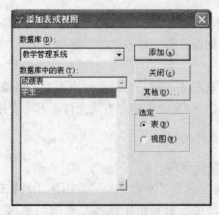

图 4-2　"添加表或视图"对话框

- **添加(s)** 按钮：选中表名，单击 **添加(s)** 按钮，可以把需要的表添加到查询设计器里。
- **关闭(c)** 按钮：关闭"添加表或视图"对话框。
- **其他(o)** 按钮：如果在"数据库中的表"列表中没有显示查询所需要的表，可以单击 **其他(o)** 按钮，弹出"打开"对话框，选择需要添加的表。
- "选定"选项组：选择查询需要添加的内容是表还是视图。

要想从查询设计器中移去一个表，可以用鼠标选中该表并右击，在弹出的快捷菜单中选择"移去表"命令。

在本例中，选择"学生"表，单击 **添加(s)** 按钮，再单击 **关闭(c)** 按钮，关闭"添加表或视图"对话框，返回到"查询设计器"。

（2）选定查询字段

在运行查询前，用户需要选择包含在查询结果中的字段，在某些情况下，也可以选择表或视图中的所有字段。如果需要根据某些字段对查询结果进行排序或分组，首先保证在查询的输出中包含该字段。选定查询结果中包含的字段后，还可以设置这些字段在输出中的顺序。使用查询设计器的"字段"选项卡可以选择需要包含在查询结果中的字段，"字段"选项卡如图4-3所示。

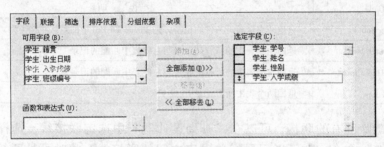

图4-3 "字段"选项卡

选定查询字段可以使用下面4种方法。

方法1：通过单击"可用字段"列表和"选定字段"列表之间的 **添加(A)>** 按钮，将需要的字段从"可用字段"列表中添加到"选定字段"列表中。

方法2：在"可用字段"列表中按住鼠标左键单击需要的字段，并拖动它到"选定字段"列表中。

方法3：如果用户希望一次添加所有可用字段，可以单击 **全部添加(D)>>** 按钮，或者用鼠标将表顶部的"*"号拖入"选定字段"列表中。

方法4：通过"表达式生成器"生成一个表达式或者直接在"函数和表达式"列表中输入一个表达式，再单击 **添加(A)>** 按钮，将表达式添加到"选定字段"列表中。

在"选定字段"列表中，列出了出现在查询结果中的所有字段、函数和表达式，可以用鼠标左键拖动字段左边用于改变排列顺序的按钮 ↕ 来重新调整输出顺序。

在本例中，分别选择学生.dbf 表中的学号、姓名、性别和入学成绩字段，单击 **添加(A)>** 按钮，将它们添加到"选定字段"列表中。

（3）联接条件

若要查询两个以上的表或视图，它们之间需要建立联接，"联接"选项卡用来指定联接表达式，如果表之间已经建立了联接，则无须进行此项的设置。如果没有建立联接，将会弹出"联接条件"对话框，如图4-4所示。

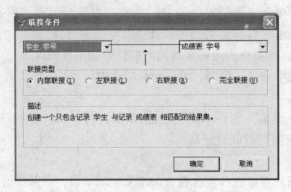

图4-4 "联接条件"对话框

联接类型及含义如表4-2所示。

表4-2 联接类型说明

联 接 类 型	说 明
内部联接（Inner Join）	只返回完全满足条件的记录，是Visual FoxPro中的默认联接类型
左联接（Left Outer Join）	返回左侧表中的所有记录及与右侧表中匹配的记录
右联接（Right Outer Join）	返回右侧表中的所有记录及与左侧表中匹配的记录
完全联接（Full Join）	返回两个表中所有记录

如果想要删除已有的联接，可以在"查询设计器"中选定联接线，选择"查询"→"移去联接条件"命令；也可以用鼠标单击表之间的联接线，此时可见联接线加粗，按〈DEL〉键，可以删除选定的联接。

在本例中，不需要设置"联接"条件。

（4）筛选记录

在"筛选"选项卡中，用户可以构造一个条件，以使查询按照指定的条件检索指定的记录，如图4-5所示。

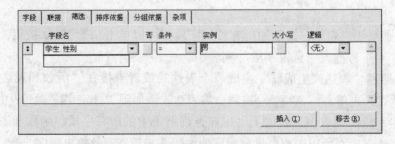

图4-5 "筛选"选项卡

- 字段名：用于选择筛选条件中出现的字段或表达式。
- 条件：用于选择关系比较的类型，包括"＞"、"＜"、"＝"、"＜＞"等。
- 实例：输入筛选条件中出现的常量。

- "大小写"按钮▢：选中该按钮，在搜索字符数据时忽略其大小写。
- "否"按钮▢：若要排除与条件相匹配的记录，可以选中该按钮。
- 逻辑：在筛选条件中出现两个以上条件时，用于设置 AND 或 OR 逻辑运算。
- 插入(I)按钮：插入一个空的筛选条件。
- 移去(E)按钮：将所选定的筛选条件删除。

在本例中，在"字段名"下拉列表框中选择"学生.性别"，在"条件"下拉列表框中选择"="，"实例"文本框中输入"男"。

（5）排序查询结果

排序决定了在查询输出的结果中记录的先后排列顺序。它通过指定字段、函数或表达式，设置查询中检索记录的顺序。

利用如图 4-6 所示的"排序依据"选项卡，可以设置查询结果中记录的排列顺序。如果要设置排序条件，可以在"选定字段"列表中选定一个字段名，并单击 添加(A)> 按钮将其添加到"排序条件"列表中；如果要移去排序条件，可以在"排序条件"列表中选定要移去的字段，并单击 < 移去(R) 按钮。最后，根据需要确定查询结果的排序方式是升序还是降序。

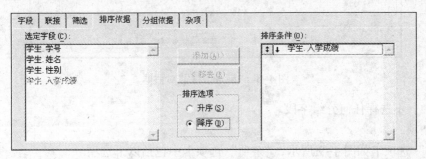

图 4-6 "排序依据"选项卡

在"排序条件"列表中可以有多个字段，字段次序代表了排序查询结果时的重要性次序。其中，第一个字段决定了主排序次序。可以通过鼠标左键拖动字段左边的 ↕ 按钮来调整排序字段的重要性。按钮旁边的上箭头 ↑ 或下箭头 ↓ 代表该字段按照升序还是降序排序。可以选中排序条件列表中的字段，再选择"排序选项"选项组中的"升序"或"降序"来更改排序方式。

本例中，在"选定字段"列表框中选择"学生.入学成绩"字段，单击 添加(A)> 按钮，然后选择排序选项为"降序"。

（6）分组查询结果

通过设置分组字段，按分组字段值相同的原则将表中记录分到同一组，并组织成一个结果记录以完成基于一组记录的计算。在查询设计器中使用"分组依据"选项卡控制记录的分组。"分组依据"选项卡如图 4-7 所示。

设置分组时，在"分组依据"选项卡中的"可用字段"列表中选择作为分组字段的字段，然后单击 添加(A)... 按钮，将分组字段添加到"分组字段"列表中。

通过"分组依据"选项卡中的 满足条件(H)... 按钮，可以设置分组结果中哪些记录出现在查询输出结果中。

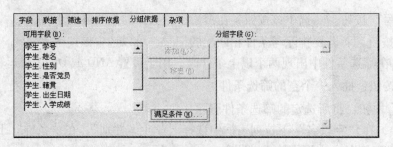

图 4-7 "分组依据"选项卡

在"分组依据"选项卡中单击 满足条件(H)... 按钮,弹出如图 4-8 所示的"满足条件"对话框。在该对话框中设置条件,以决定在查询输出结果中包含哪一组记录。

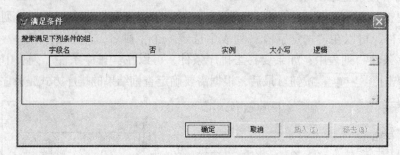

图 4-8 "满足条件"对话框

本例中,不选择任何分组字段。

(7)杂项

"杂项"选项卡如图 4-9 所示,"杂项"选项卡中包括以下选项。

● 无重复记录:在查询结果中是否允许有重复记录。

● 列在前面的记录:用于指定查询结果中出现的是全部记录,还是指定的记录个数或百分比。这一选项必须与排序一起使用,只有设置了排序字段,才可以设置此选项。

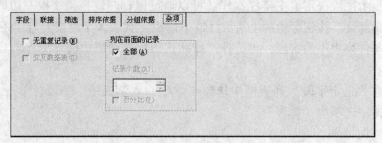

图 4-9 "杂项"选项卡

本例中,按如图 4-9 所示设置"杂项"选项卡的内容。

4. 查询去向的设置

查询去向可以设置查询结果的处理方式。查询去向共有 7 种,表 4-3 给出了"查询去向"各项的含义,系统默认查询去向是"浏览"。设置查询去向可以使用下面 3 种方法。

方法 1:单击"查询设置器"工具栏中的"查询去向"按钮 。

方法 2:选择"查询"→"查询去向"命令。

方法3：在查询设计器中右击，在弹出的快捷菜单中选择"输出设置"命令。

执行查询去向设置操作后，系统会显示如图4-10所示的"查询去向"对话框。根据需要选择一个查询去向，单击 确定 按钮，完成了查询去向的设置，返回查询设计器。

图4-10　查询去向对话框

表4-3　查询去向的含义

输 出 选 项	查询结果显示
浏览	直接在浏览窗口中显示查询结果（默认输出方式）
临时表	查询结果作为一个临时表存储
表	查询结果作为一个表存储
图形	查询结果以图形显示
屏幕	在 Visual PoxPro 主窗口或当前活动输出窗口中显示查询结果
报表	输出到一个报表文件中
标签	输出到一个标签文件中

本例中，在"查询去向"对话框中选择输出去向为"浏览"，单击 确定 按钮。

5. 查询的运行和修改

当完成了查询设计并指定查询输出去向以后，就可以运行查询了。通过运行查询，系统能够把输出结果送到指定的目的地。如果尚未指定查询去向，则查询结果默认以"浏览"方式显示。

在查询设计器中建立的查询，对应着一个 SQL　SELECT 语句，可以通过下面3种方法查看查询所对应的 SQL　SELECT 语句。

方法1：选择"查询"→"查看 SQL"命令。

方法2：单击"查询设计器"工具栏上的"显示 SQL 窗口"按钮 SQL。

方法3：右击鼠标，在弹出的快捷菜单中选择"查看 SQL"命令。

如图4-11所示给出了查看 SQL 语句的窗口。

（1）运行查询

运行查询可以使用下面5种方法。

方法1：在查询设计器中，选择"查询"→"运行查询"命令。

方法2：在查询设计器中右击，在弹出的快捷菜单中选择"运行查询"命令。

方法3：选择"程序"→"运行"命令，在弹出的"运行"对话框中，选择所要运行的查询文件，单击 运行 按钮。

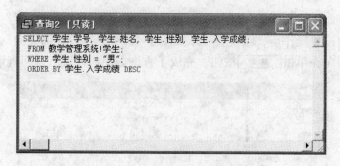

图 4-11　查看 SQL 语句的窗口

方法 4：在命令窗口中，输入 DO 命令运行查询。其命令格式为：

　　DO 查询文件名 . qpr

使用 DO 命令运行查询时必须给出查询文件的扩展名。
例如：

　　DO 4 - 1. qpr。

方法 5：单击"常用"工具栏中的"运行"按钮 ！ 。
查询文件需要保存时，可以按〈Ctrl + W〉组合键，或在关闭查询设计器时出现提示是否保存对话框，单击 是① 按钮。
本例的查询结果如图 4-12 所示。

学号	姓名	性别	入学成绩	
010303	关颖	男	613	
020103	刘新泽	男	611	
010102	敬海详	男	610	
020101	高阳	男	605	
010402	康超	男	603	

图 4-12　例 4-1 的查询结果

（2）修改查询
修改查询可以用以下 3 种方法。
方法 1：使用 MODIFY QUERY 命令修改查询文件。其命令格式为：

　　MODIFY QUERY[查询文件名]

方法 2：选择"文件"→"打开"命令，在"打开"对话框中，选择所要修改的查询文件，单击 确定 按钮，打开查询设计器。
方法 3：单击"常用"工具栏中的"打开"按钮 ，弹出"打开"对话框，在"文件类型"列表中选择文件类型为"查询（＊.qpr）"，选择要修改的查询文件，单击 确定 按钮。
查询设计器只能建立一些比较简单的查询，像联接查询和嵌套查询这类复杂的查询就无能为力了，只能通过编写 SQL SELECT 语句建立。

【例4-2】 建立查询文件4-2.qpr，使用查询设计器查询学生.dbf表中男生、女生的人数。

操作步骤如下。

1）新建一个查询，在如图4-2所示的"添加表或视图"对话框中，将学生.dbf表添加到查询设计器中。

2）在如图4-3所示的"字段"选项卡中，添加"性别"字段到"选定字段"列表中。在"函数和表达式"文本框中输入表达式"COUNT（ * ） AS 人数"（其中的AS可以省略），单击 添加(A)> 按钮，将表达式"COUNT（ * ） AS 人数"添加到"选定字段"列表中。"COUNT（ * ） AS 人数"表达式中的"人数"作为查询结果的列名称，设置情况如图4-13所示。在表达式中可以给出列名也可以不给出列名，显示效果如图4-14所示。

3）在如图4-7所示的"分组依据"选项卡中，将"性别"字段从"可用字段"列表中添加到"分组字段"列表中。

4）单击"常用"工具栏中的"保存"按钮■，保存查询文件为"4-2.qpr"。

5）在查询设计器中右击，在弹出的快捷菜单中选择"运行查询"命令，运行查询文件。

图4-13给出了查询设计器中"字段"选项卡和"分组依据"选项卡的设置情况，图4-14给出了查询结果。

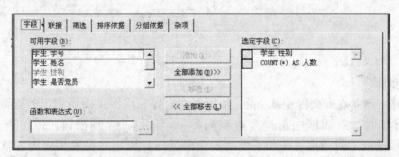

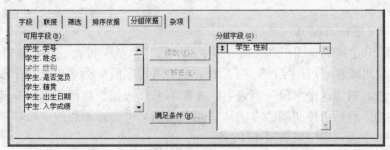

图4-13 例4-2"字段"选项卡和"分组依据"选项卡的设置情况

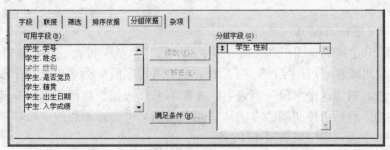

图4-14 例4-2的查询结果

4.1.2 用查询向导创建查询

查询向导可以引导用户快速设计一个简单查询，按照下面介绍的操作步骤能够利用"查询向导"创建查询。

1. 打开"向导选取"对话框

进入"查询向导"建立查询的过程首先要选取向导建立查询的类型，使用下面两种方法打开如图 4-15 所示的"向导选取"对话框。

方法1：选择"工具"→"向导"→"查询"命令。

方法2：选择"文件"→"新建"命令，弹出"新建"对话框，在"文件类型"选项组中选择"查询"单选按钮，单击"向导"图标按钮。

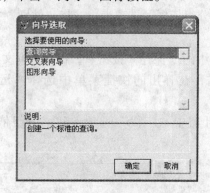

图 4-15 "向导选取"对话框

2. 操作步骤

【例 4-3】 建立查询文件 4-3. qpr，使用查询向导完成例 4-1 所提出的查询要求。

在"向导选取"对话框中选择"查询向导"，单击 确定 按钮，弹出查询向导中的"步骤 1 - 字段选取"对话框，按照下面的步骤根据向导提示并设置相应内容就可以完成题目要求的查询。

（1）步骤 1 - 字段选取

用户可以从几个表和视图中选择需要的字段。在"数据库和表"列表框中选择一个表，此表的可用字段出现在"可用字段"列表中。从"可用字段"列表中选择字段，单击 ▸ 按钮将所选字段添加到"选定字段"列表中，或者单击 ▸▸ 按钮，将可用字段全部添加到"选定字段"列表中。然后再按相同的方法从其他表或视图中选择需要的字段并添加到"选定字段"列表中，字段选取结果如图 4-16 所示。

注意：字段只有移动到"选定字段"列表中才是查询最后生成的字段。

单击 下一步(N) > 按钮，弹出"步骤 2 - 为表建立关系"对话框或"步骤 3 - 筛选记录"对话框，如果所选取字段都是一个表中的字段，直接进入步骤 3，如果所选取字段是多个表中的字段，直接进入步骤 2。

（2）步骤 2 - 为表建立关系

从两个表中选择匹配字段，建立查询所基于的表间关系。在如图 4-17 所示的"步骤 2 - 为表建立关系"对话框中，单击 添加(A) 按钮，建立两个表间的关系。

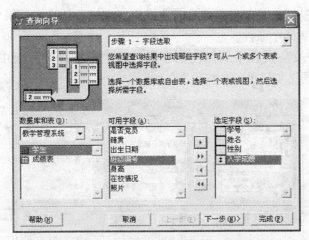

图 4-16 "步骤 1 – 字段选取"对话框

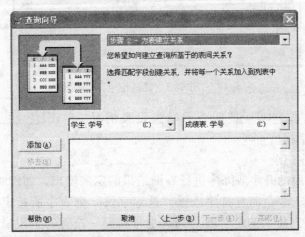

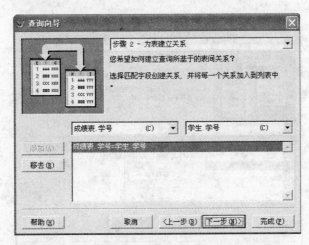

图 4-17 "步骤 2 – 为表建立关系"对话框

单击 下一步(N) > 按钮，弹出"步骤 3 – 筛选记录"对话框。

（3）步骤 3 – 筛选记录

在"步骤 3 – 筛选记录"对话框中，通过"字段"列表框、"操作符"列表框和"值"

列表框来创建筛选表达式，从而将不满足表达式的所有记录从查询结果中去掉，如图4-18所示。但最多只能设置两个条件。

本例中，在"字段"列表中选择性别字段，在"操作符"列表中选择"等于"，在"值"列表中输入"男"。

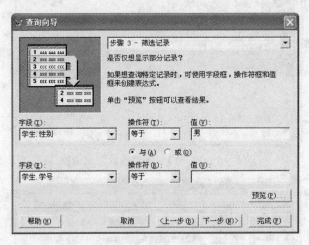

图4-18　"步骤3-筛选记录"对话框

用户可以通过单击 预览(P)... 按钮查看筛选设置情况。单击 下一步(N) > 按钮，弹出"步骤4-排序记录"对话框。

（4）步骤4-排序记录

通过设置指定字段的升序或降序进行查询结果的定向输出，如图4-19所示。用于排序的字段最多不超过3个，而且排序依据"选定字段"列表中所指定字段的先后顺序设定优先级，也就是说，在"选定字段"列表中排在第一位置的字段最先考虑，然后依此类推。

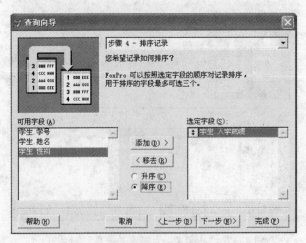

图4-19　"步骤4-排序记录"对话框

本例中，在"可用字段"列表中选择"入学成绩"字段，选择排序方式为降序，单击 添加(D) > 按钮，将"入学成绩"字段添加到"选定字段"列表中。

144

单击 <u>下一步(N) ></u> 按钮，弹出"步骤4a – 限制记录"对话框，只有在图4-19中设置了排序字段，单击 <u>下一步(N) ></u> 按钮才会打开"步骤4a – 限制记录"对话框。

（5）步骤4a – 限制记录

"步骤4a – 限制记录"对话框如图4-20所示，用于设置查询占所有记录的百分比或记录号数来限定查询记录。这一步的查询结果依赖于上一步的排序记录设置。

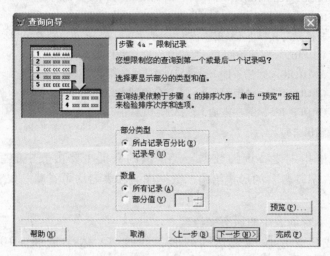

图4-20 "步骤4a – 限制记录"对话框

单击 <u>预览(P)...</u> 按钮来查看查询设置的效果。单击 <u>下一步(N) ></u> 按钮，弹出"步骤5 – 完成"对话框。

（6）步骤5 – 完成

在"完成"对话框中可以对向导建立的查询选择后续的处理方式。后续处理方式有"保存查询"、"保存并运行查询"和"保存查询并在'查询设计器'修改"3种。

本例中选择"保存查询并在'查询设计器'修改"，如图4-21所示，单击 <u>完成(F)</u> 按钮。弹出"另存为"对话框，在"文件名"文本框中输入查询文件名"4-3"，单击 <u>完成(F)</u> 按钮。

图4-21 查询向导完成

4.1.3 用 SELECT 语句创建查询

查询的实质就是 SQL SELECT 语句。该语句的基本框架是 SELECT-FROM-WHERE，它包含查询数据、数据来源和查询条件等基本子句。SQL SELECT 语句的语法格式为：

```
SELECT[ALL|DISTINCT][TOP N[PERCENT]]要查询的数据
FROM[<数据库名>!]<表名>[[AS]<本地别名>]
  [联接方式 JOIN [<数据库名>!]<表名>[[AS]<本地别名>][ON <联接条件>…]]
  [WHERE <联接条件1>][AND <联接条件2>…]
  [AND|OR <过滤条件1>[AND <过滤条件2>…]]
  [GROUP BY <分组列名1>[,<分组列名2>…]][HAVING <过滤条件>]
  [ORDER BY <排序选项1>[ASC|DESC][,<排序选项2>[ASC|DESC]…]]
  [输出去向]
```

1) SELECT 短语指定要查询的数据。要查询的数据主要由表中的字段组成，可以用"数据库名! 表名. 字段名"的形式给出，数据库名和表名均可省略。要查询的数据可以是以下几种形式：

- 用"*"表示查询表中的所有字段。
- 部分字段或包含字段的表达式列表，如姓名，入学成绩 + 10，AVG（入学成绩）。可以用"表达式［AS］字段别名"形式给出表达式在查询结果中显示的列名称。

在要查询的数据前面，可以使用 ALL、DISTINCT、TOP n、TOP n PERCENT 等短语。

- ALL 表示查询所有记录，包括重复记录。
- DISTINCT 表示查询结果中去掉重复记录。
- TOP n 必须与排序短语一起使用，表示查询排序结果中的前 n 条记录。
- TOP n PERCENT 必须与排序短语一起使用，表示查询排序结果中前百分之 n 条记录。

2) FROM 短语指定查询数据需要的表，查询可以基于单个表也可以基于多个表。表的形式为"数据库名! 表名"，数据库名可以省略。如果查询涉及多个表，可以选择"联接方式 JOIN 数据源2 ON 联接条件"选项。联接方式可以选择 4 种联接方式的一种，即内联接（也称自然联接）（INNER JOIN）、左联接（LEFT［OUTER］JOIN）、右联接（RIGHT［OUTER］JOIN）和全联接（FULL［OUTER］JOIN），其中后 3 种是外联接。

3) WHERE 短语表示查询条件，查询条件是逻辑表达式或关系表达式。也可以用 WHERE 短语实现多表查询，两个表之间的联接通常用两个表的匹配字段等值联接。

4) ORDER BY 短语后面跟排序选项，用来对查询的结果进行排序。排序可以选择升序，用 ASC 选项给出或不给出；也可以选择降序，用 DESC 选项给出。当排序选项的值相同时，可以给出第二个排序选项。排序选项可以是 SELECT 短语中给出的查询字段名，也可以是要查询内容在 SELECT 短语中的序号。

5) GROUP BY 短语后面跟分组字段，用于对查询结果进行分组，并进行分组统计，常用的统计方式有求和（SUM( )）、求平均值（AVG( )）、求最小值（MIN( )）、求最大值（MAX( )）和统计记录个数（COUNT( )）等。HAVING 短语通常跟 GROUP BY 短语连用，用来限定分组结果中必须满足的条件。

6）"输出去向"短语给出查询结果的去向。"查询去向"可以是临时表、永久表、数组或浏览等。

SELECT 语句中的每个短语都完成一定的功能，其中"SELECT…FROM…"短语是每个查询语句必须具备的短语。

SELECT 查询语句的使用非常灵活，用它可以构造各种各样的查询。下面通过例题说明SELECT 语句中各短语的用法和功能。

1. 简单查询

首先从最简单的查询开始，这些查询都基于单个表，可以有简单的查询条件、分组查询、对查询结果进行排序、将查询结果根据需要选择不同的输出去向等。

【例4-4】 查询学生.dbf 中的所有信息。

SELECT ＊ FROM 学生

或

SELECT ＊ FROM 教学管理系统！学生

FROM 短语中"！"前面给出的是学生.dbf 表所在的数据库名，通常情况下数据库名可以省略。

SELECT 短语中的"＊"是通配符，表示查询学生.dbf 中的所有字段，可以使用"学生.＊"形式，对多个表查询时一定要使用这种形式。

【例4-5】 查询学生.dbf 表中的学号、姓名和入学成绩信息。

SELECT 学号,姓名,入学成绩 FROM 学生

查询数据是学生.dbf 表中的部分字段，以字段名表的形式给出，查询结果如图4-22 所示。

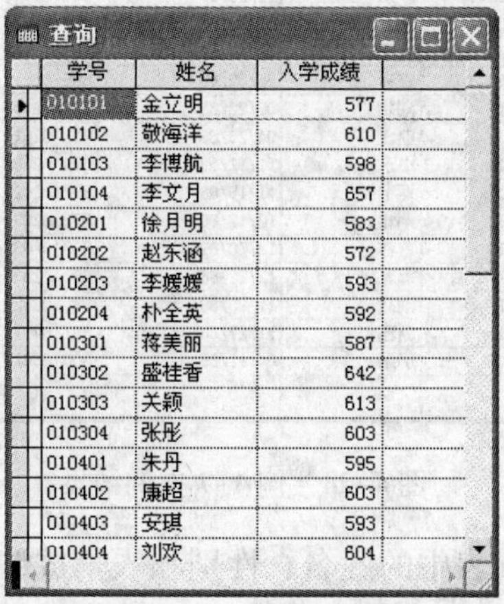

学号	姓名	入学成绩
010101	金立明	577
010102	敬海洋	610
010103	李博航	598
010104	李文月	657
010201	徐月明	583
010202	赵东涵	572
010203	李媛媛	593
010204	朴全英	592
010301	蒋美丽	587
010302	盛桂香	642
010303	关颖	613
010304	张彤	603
010401	朱丹	595
010402	康超	603
010403	安琪	593
010404	刘欢	604

图4-22　例4-5查询结果

【例4-6】 查询学生.dbf 表中的籍贯信息。

学生.dbf 中籍贯的值是有重复的，在查询语句中，如果要去掉查询结果中的重复值，可以使用 DISTINCT 短语。

SELECT DISTINCT 籍贯 FROM 学生

在 SELECT 语句中是否使用 DISTINCT 短语要根据需要，有时要查询全部信息，就不能使用 DISTINCT 短语，查询结果如图 4-23 所示。

图 4-23　例 4-6 查询结果

【例 4-7】 查询学生 .dbf 表中男同学的信息。

SELECT * FROM 学生 WHERE 性别 = "男"

其中，WHERE 短语给出了查询的条件，条件是关系或逻辑表达式，查询结果如图 4-24 所示。

学号	姓名	性别	是否党员	籍贯	出生日期	入学成绩	班级编号	身高	在校情况	照片	特长
010101	金立明	男	T	山东	01/23/89	577	0101	1.98	memo	gen	Memo
010102	敬海洋	男	F	浙江	05/21/89	610	0101	1.67	memo	gen	Memo
010103	李博航	男	F	黑龙江	05/01/88	598	0101	1.56	memo	gen	Memo
010202	赵东涵	男	F	湖北	02/03/88	572	0102	1.98	memo	gen	Memo
010203	李媛媛	男	F	黑龙江	03/04/89	593	0102	1.87	memo	gen	Memo
010301	蒋美丽	男	F	广东	11/23/89	587	0103	1.65	memo	gen	Memo
010303	关颖	男	T	湖北	07/23/89	613	0103	1.56	memo	gen	Memo
010402	康超	男	F	广东	08/22/89	603	0104	1.77	memo	gen	Memo
020101	高阳	男	T	吉林	06/30/89	605	0201	1.67	memo	gen	Memo
020102	刘静野	男	F	湖北	06/22/88	582	0201	1.87	memo	gen	Memo
020103	刘新泽	男	F	浙江	04/23/89	611	0201	1.77	memo	gen	Memo
020203	懂大佟	男	F	山东	11/12/89	592	0202	1.88	memo	gen	Memo
020204	刘希开	男	F	辽宁	11/15/88	592	0202	1.89	memo	gen	Memo
020301	李星辉	男	F	湖北	12/18/88	573	0203	1.78	memo	gen	Memo
020303	徐连阳	男	F	吉林	12/30/89	593	0203	1.77	memo	gen	Memo
020304	于旭明	男	F	黑龙江	12/22/88	583	0203	1.56	memo	gen	Memo
030202	陈昭	男	F	湖北	11/23/88	582	0302	1.63	memo	gen	Memo
040201	于超	男	T	浙江	11/27/88	587	0401	1.62	memo	gen	Memo
050101	高阳	男	T	广东	04/12/89	600	0501	1.72	memo	gen	Memo

图 4-24　例 4-7 查询结果

【例 4-8】 查询学生 .dbf 表中的姓名、性别和入学成绩字段的值，查询结果按性别升序排序，性别相同则按入学成绩降序排序输出。

SELECT 姓名,性别,入学成绩 FROM 学生 ORDER BY 2,入学成绩 DESC

其中，ORDER BY 短语用于对查询的最后结果进行排序。其后面给出的是排序选项，排序选项可以用字段名的形式给出，也可以用序号的形式给出。在排序选项后面可以跟 ASC 或 DESC 选项，分别表示升序或降序，如果是升序，ASC 可以省略。另外，ORDER BY 短语后面还可以给出多个排序选项，表示前一个排序选项值相同，这些相同字段值的记录依据下一个排序选项进行排序，查询结果如图4-25所示。

图4-25　例4-8查询结果

在使用ORDER BY短语时，可以使用"TOP n［PERCENT］"选项显示排序结果中前几条记录或前百分之几条记录。

【例4-9】　查询学生.DBF表中按出生日期升序排序的前3条记录（年龄最大的3条记录）。

　　SELECT TOP 3 ＊ FROM 学生 ORDER BY 出生日期

查询结果如图4-26所示。

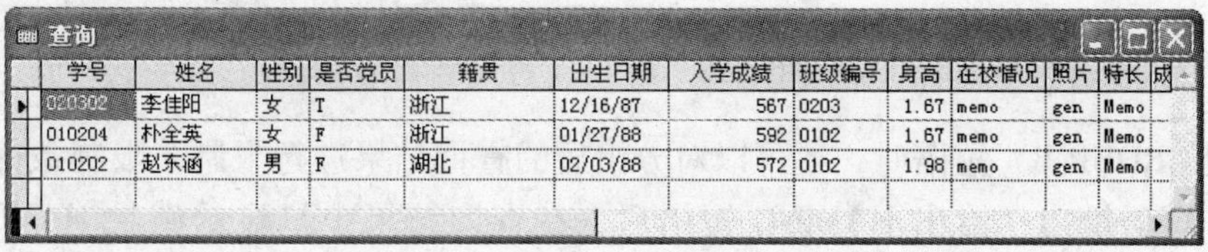

图4-26　例4-9查询结果

在SELECT短语中，经常要用到一些函数，表4-4给出了常用的函数和含义，其中COUNT函数表示统计记录个数，经常用COUNT（＊）形式或COUNT（字段名）形式给出。

表4-4　SELECT短语中常用的函数

函 数	含 义
SUM	求和
AVG	求平均值
MAX	求最大值
MIN	求最小值
COUNT	统计记录个数

【例 4-10】 查询学生.dbf 表中男同学的人数。

```
SELECT 性别,COUNT(*) AS 人数 FROM 学生 WHERE 性别="男"
```

在 SELECT 语句中，可以指定查询结果的列名，具体格式为“［AS］列名”。查询结果如图 4-27 所示。

查询
性别
人数
男
19

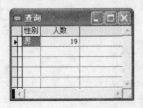

图 4-27　例 4-10 查询结果

表 4-4 中给出的函数通常与 SELECT 语句中的“GROUP BY 分组字段”短语连用。“GROUP BY 分组字段”表示将查询数据按分组字段进行分组，字段值相同的记录分在同一组中，再查询数据。

【例 4-11】 查询学生.dbf 表中各省的学生人数。

```
SELECT 籍贯,COUNT(*) AS 人数 FROM 学生 GROUP BY 籍贯
```

查询结果如图 4-28 所示。

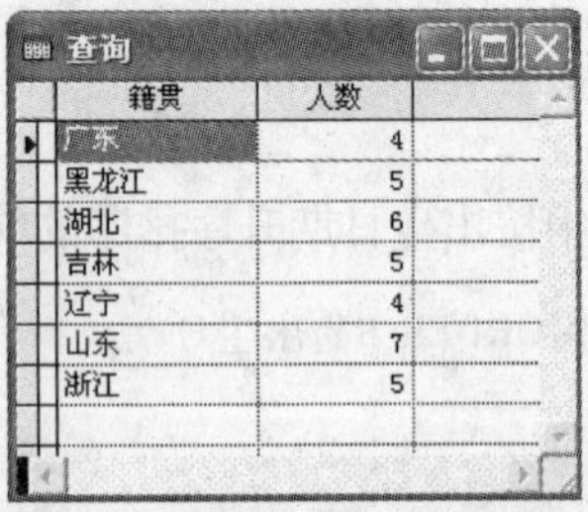
查询
籍贯
人数
广东 4
黑龙江 5
湖北 6
吉林 5
辽宁 4
山东 7
浙江 5

图 4-28　例 4-11 查询结果

在使用 GROUP BY 短语时，还可以对分组后的查询结果进行限制，限制条件由“HAVING 条件”短语给出，给出 HAVING 短语后，在查询结果中只显示满足 HAVING 条件的数据。

【例 4-12】 查询学生.dbf 表中人数在 5 人以上的各省学生人数。

```
SELECT 籍贯,COUNT(*) AS 人数 FROM 学生 GROUP BY 籍贯 HAVING COUNT(*)>5
```

查询结果如图 4-29 所示。

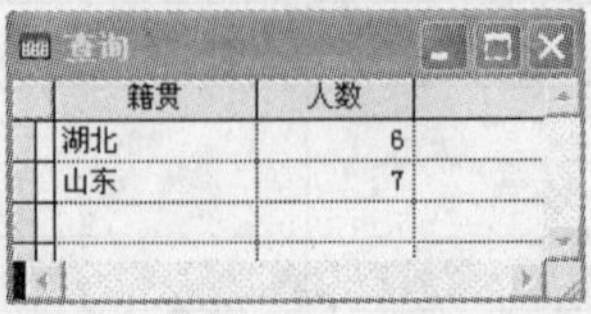
查询
籍贯
人数
湖北 6
山东 7

图 4-29　例 4-12 查询结果

比较例4-11和例4-12的查询结果可以看出 HAVING 短语的作用。

在前面的查询例题中，查询结果以浏览形式输出，这是 SELECT 语句默认的输出去向，SELECT 语句的输出去向还有以下几种。

1）使用短语"INTO DBF | TABLE 表名"，将查询结果保存在永久表中，使用此短语将会在磁盘中产生一个新表。

2）使用短语"INTO CURSOR 表名"，将查询结果保存在临时表中，临时表被关闭后就会自动删除。

3）使用短语"TO FILE 文本文件名［ADDITIVE]"，将查询结果保存到文本文件中，如果选择"ADDITIVE"选项，表示将查询结果追加到文本文件的末尾，否则覆盖原文件。

4）使用短语"INTO ARRAY 数组名"，将查询结果保存到数组中。

5）使用短语"TO PRINTER［PROMPT]"，可以直接将查询结果通过打印机输出。如果使用 PROMPT 选项，在开始打印之前会打开打印机设置对话框。

【例4-13】 查询学生.dbf 表中所有记录，并将查询结果保存到永久表 YY 中。

SELECT * FROM 学生 INTO DBF YY

将查询结果保存到永久表中可以实现表的复制操作，YY 表的结构和数据与学生.DBF 表完全相同。使用"数据工作期"窗口打开 YY 表，浏览表中的数据。

【例4-14】 查询学生.dbf 表中黑龙江省的女生姓名、籍贯和性别字段的值，并将查询结果保存到临时表 TP 中。

SELECT 姓名,籍贯,性别 FROM 学生;
  WHERE 籍贯 = "黑龙江" AND 性别 = "女";
  INTO CURSOR TP

使用"数据工作期"窗口打开临时表 TP，表中数据如图4-30所示。

图4-30 例4-14查询结果

【例4-15】 查询学生.dbf 表中入学成绩在600分以上党员的姓名、是否党员、性别、入学成绩等字段，查询结果保存到数组 AR 中。

SELECT 姓名,是否党员,性别,入学成绩 FROM 学生;
  WHERE 入学成绩 >600 AND 是否党员 = .T.;
  INTO ARRAY AR

使用输出命令观察数组 AR 中的内容，输出结果如图4-31所示。

2. 联接查询

在前面的例子中，查询是基于一个表的查询。SELECT 语句查询也可以根据两个以上的表进行查询，这就需要用到联接查询了。

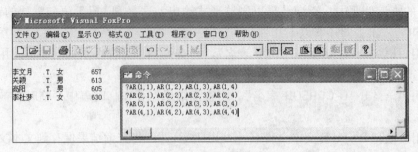

图 4-31 例 4-15 查询结果

联接是关系的基本操作之一，联接查询是一种基于多表的查询。联接分为左联接、右联接、全联接和内联接 4 种。如图 4-32 所示给出了 4 种联接查询要用到的径赛表 . dbf 和田赛表 . dbf。

图 4-32 径赛表 . dbf 和田赛表 . dbf

（1）左联接

在进行联接运算时，首先将满足联接条件的所有记录包含在查询结果中，同时将第一个表（联接符或 JOIN 的左边）中不满足联接条件的记录也包含在结果中，这些记录对应第二个表（联接符或 JOIN 的右边）的字段为空值。

【例 4-16】 查询所有参加径赛学生的田赛成绩。

> SELECT 径赛表 . ＊ ,田赛表 . 田赛项目,田赛表 . 田赛成绩 FROM 径赛表;
> LEFT JOIN 田赛表 ON 径赛表 . 姓名 = 田赛表 . 姓名

查询结果如图 4-33 所示。

图 4-33 左联接查询结果

（2）右联接

在进行联接运算时，首先将满足联接条件的所有记录包含在查询结果中，同时将第二个表（联接符或 JOIN 的右边）中不满足联接条件的记录也包含在查询结果中，这些记录对应第一个表（联接符或 JOIN 的左边）的字段值为空值。

152

【例4-17】 查询所有参加田赛学生的径赛成绩。

　　SELECT 田赛表．＊,径赛表．径赛项目,径赛表．径赛成绩 FROM 径赛表；
　　RIGHT JOIN 田赛表 ON 径赛表．姓名＝田赛表．姓名

查询结果如图4-34 所示。

姓名	田赛项目	田赛成绩	径赛项目	径赛成绩
金立明	铅球	8.41米	100米	11秒51
敬海洋	铅球	9.02米	200米	25秒03
李文月	铁饼	13.01米	200米	32秒91
徐月明	铅球	6.10米	.NULL.	.NULL.

图4-34　右联接查询结果

（3）全联接

在进行联接运算时，首先将满足联接条件的所有记录包含在查询结果中，同时将两个表中不满足联接条件的记录也都包含在查询结果中，这些记录对应另外一个表的字段值为空值。

【例4-18】 查询所有学生的径赛和田赛成绩。

　　SELECT ＊ FROM 径赛表 FULL JOIN 田赛表 ON 径赛表．姓名＝田赛表．姓名

查询结果如图4-35 所示。

姓名_a	径赛项目	径赛成绩	姓名_b	田赛项目	田赛成绩
金立明	100米	11秒51	金立明	铅球	8.41米
敬海洋	200米	25秒03	敬海洋	铅球	9.02米
李博航	100米	11秒20	.NULL.	.NULL.	.NULL.
李文月	200米	32秒91	李文月	铁饼	13.01米
.NULL.	.NULL.	.NULL.	徐月明	铅球	6.10米

图4-35　全联接查询结果

（4）内联接

内联接是只将满足条件的记录包含在查询结果中。

【例4-19】 查询既参加径赛又参加田赛的学生成绩。

　　SELECT ＊ FROM 径赛表 INNER JOIN 田赛表 ON 径赛表．姓名＝田赛表．姓名

查询结果如图4-36 所示。

姓名_a	径赛项目	径赛成绩	姓名_b	田赛项目	田赛成绩
金立明	100米	11秒51	金立明	铅球	8.41米
敬海洋	200米	25秒03	敬海洋	铅球	9.02米
李文月	200米	32秒91	李文月	铁饼	13.01米

图4-36　内联接查询结果

3. 嵌套查询

多表查询除了联接查询以外，还可以以嵌套查询的形式实现多表查询。嵌套查询是在一个查询中完整地包含另一个完整的查询语句。嵌套查询的内、外层查询可以是同一个表，也可以是不同的表。

【例4-20】 查询学生 .dbf 表中入学成绩最高的学生信息。

SELECT ＊ FROM 学生 WHERE 入学成绩 = (SELECT MAX(入学成绩) FROM 学生)

其中，WHERE 条件中的"="表示值相等，查询结果如图4-37 所示。

图4-37　例4-20 查询结果

【例4-21】 查询入学成绩低于平均成绩的学生记录。

SELECT ＊ FROM 学生 WHERE 入学成绩 < (SELECT AVG(入学成绩) FROM 学生)

查询结果如图4-38 所示。

图4-38　例4-21 查询结果

【例4-22】 查询已选课的学生信息。

分析：要查询的学生信息在学生表中，条件是该生"已选课"，其含义是该生的学号在成绩表中出现。

SELECT ＊ FROM 学生 WHERE 学号 IN (SELECT DISTINCT 学号 FROM 成绩表)

其中，WHERE 查询条件中的 IN 相当于集合属于运算符"∈"；用 DISTINCT 选项去掉查询结果中学号字段的重复值，查询结果如图4-39 所示。

图4-39　例4-22 查询结果

【例4-23】 查询未选课的学生信息。

SELECT ＊ FROM 学生 WHERE 学号 NOT IN（SELECT DISTINCT 学号 FROM 成绩表）

查询结果如图4-40所示。

	学号	姓名	性别	是否党员	籍贯	出生日期	入学成绩	班级编号	身高
▶	010103	李博航	男	F	黑龙江	05/01/88	598	0101	1.56
	010104	李文月	女	T	辽宁	04/02/89	657	0101	1.78
	010201	徐月明	女	F	山东	10/23/89	583	0102	1.77
	010203	李媛媛	男	T	黑龙江	03/04/89	593	0102	1.87

图4-40 例4-23查询结果

例4-20和例4-21的内外层查询来自于同一个表，而例4-22和例4-23的内外层查询来自于不同的表。

4.2 视图

4.2.1 视图简介

视图用来创建自定义并且可以更新的数据集合，视图兼有表和查询的特点。它可以从一个表或多个表中提取有用信息，也可以用来更新数据，并把更新的数据送回到基本表中。视图是一个定制的虚拟逻辑表，视图中只存放相应的数据逻辑关系，并不保存表的记录内容。

视图分为本地视图和远程视图：本地视图是使用表或其他视图创建的视图；远程视图是使用当前数据库之外的数据源创建的视图。

视图是数据库具有的一项特有功能，因此数据库打开时才可使用视图，视图只能创建在数据库中。

4.2.2 建立视图

打开创建视图所需的数据库并按下列方法建立视图。

方法1：使用CREATE VIEW命令建立视图。其命令格式为：

CREATE VIEW <视图名>

方法2：选择"文件"→"新建"命令，弹出"新建"对话框，在"文件类型"选项组中选择"视图"单选按钮，单击"新建文件"图标按钮或单击"向导"图标按钮。

方法3：选择"数据库"→"新建本地视图"命令或"新建远程视图"命令。

使用以上任何一种方法都会打开视图设计器，如图4-41所示。

4.2.3 视图设计器

视图设计器和查询设计器的功能是相似的，建立视图的过程与建立查询的过程也是相似的。但视图设计器没有输出去向，而查询设计器有输出去向；视图设计器比查询设计器多了一个"更新条件"选项卡，如图 4-42 所示。使用"更新条件"可以指定条件，将视图中的修改传送到视图所使用的表的原始记录中，从而控制对远程数据的修改。该选项卡还可以控制打开或关闭对表中指定字段的更新，以及设置适合服务器的 SQL 更新方法。

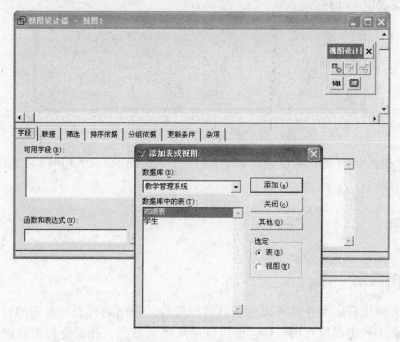

图 4-41　视图设计器

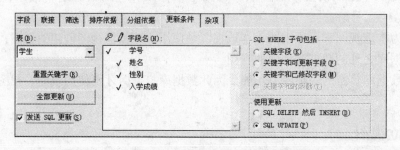

图 4-42　"更新条件"选项卡

【例 4-24】　使用视图设计器完成例 4-1 所提出的查询要求。

操作步骤如下。

1）在图 4-41 中的"添加表或视图"对话框中，添加学生.dbf 表到视图设计器中。

2）在视图设计器的"字段"选项卡中，从"可用字段"列表中选择学生.dbf 表中的学号、姓名、性别和入学成绩字段，添加到"选定字段"列表中。

3）在视图设计器的"筛选"选项卡中，从"字段名"下拉列表框中选择"学生.性别"，在"条件"下拉列表框中选择" = "，"实例"文本框中输入"男"。

4）在视图设计器的"排序依据"选项卡中，从"可用字段"列表中选择入学成绩字段，添加到"选定字段"列表中，并设置排序选项为"降序"；

5）保存并运行视图，运行结果如图 4-43 所示。

图4-43 例4-24 视图运行结果

1. 设置可更新的表

在"表"下拉列表框中，用户可以指定视图所使用的哪些表是可以修改的。此列表中所显示的表是视图中所选定字段的来源表。选择"发送 SQL 更新"复选框，可以指定是否将视图记录中的修改传送给来源表，使用该选项应至少设置一个关键字。

2. 字段设置

用户可以从每个表中选择主关键字字段作为视图的关键字字段，对于"字段名"列表中的每个主关键字字段，在 $\mathscr{O}$ 符号下面打上"√"。关键字字段用来使视图中的修改与表中的原始记录匹配。

如果选择除了关键字字段以外的所有字段进行更新，可以在"字段名"列表的 $\mathscr{I}$ 符号下打"√"。

字段名列表是用来显示所选的、用来输出（因此也是可更新）的字段。

1）关键字段（使用 $\mathscr{O}$ 符号作为标记）：指定该字段是否为关键字字段。

2）可更新字段（使用 $\mathscr{I}$ 符号作为标记）：指定该字段是否可更新字段。

3）字段名：显示可标志为关键字字段或可更新字段的输出字段名。

如果用户想要恢复已更改的关键字段在源表中的初始设置，可以单击 `重置关键字(R)` 按钮。

若要设置所有字段可更新，可以单击 `全部更新(U)` 按钮。

3. 控制更新冲突检查

在一个多用户环境中，服务器上的数据可以有许多用户访问，如果正试图更新远程服务器上的记录，Visual FoxPro 能够检测出由视图操作的数据在更新之前是否被其他用户改变。

在"更新条件"选项卡的"SQL WHERE 子句包括"选项组中的选项用于解决多用户访问统一数据时记录的更新方式。在更新被允许之前，Visual FoxPro 先检查远程数据源表中的指定字段，以确定其在记录被提取到视图后是否改变。如果远程数据源表中的这些记录已被其他用户修改，则禁止更新操作。

"SQL WHERE 子句包括"中各项的设置如表4-5 所示。

表4-5 "SQL WHERE 子句包括"的设置

SQL WHERE 选项	执 行 结 果
关键字段	如果在源表中有一个关键字段被改变，将使更新失败
关键字和可更新字段	若远程表中被标记为可更新的字段被更改，将使更新失败
关键字和已修改字段	若在本地改变的任意字段在源表中被改变，将使更新失败
关键字和时间戳	如果源表记录的事件戳在首次检索以后被修改，将使更新失败

在将视图修改传送到原始表时，通过控制将哪些字段添加到 WHERE 子句中，就可以检查服务器上的更新冲突。冲突是由视图中的旧值和原始表的当前值之间的比较结果决定的。如果两个值相等，则认为原始值未进行修改，不存在冲突；如果它们不相等，则存在冲突，数据源返回一条错误信息。

若要控制字段信息在服务器上的实际更新方式，可以使用"使用更新"中的选项，这些选项决定了当记录中的关键字段更新后回送到服务器上的更新语句使用哪种 SQL 语句，用以下方法指定字段在后端服务器上更新。

1) "SQL DELETE"然后"INSERT"删除源表记录，并创建一个新的在视图中被修改的记录。

2) "SQL UPDATE"用视图字段中的变化来修改源表中的字段。

【例 4-25】 将例 4-24 视图中的学号字段设置为"关键字段"，其他字段则设置为"可更新字段"，并发送 SQL 更新。

操作步骤如下。

1) 在视图设计器的"更新条件"选项卡中，在学号字段前的 🔑 符号下面打上"√"标记。

2) 在姓名、性别和入学成绩字段前的 ✐ 符号下面打上"√"标记。

3) 选中"发送 SQL 更新"复选框。

4) 保存并运行视图，任意修改视图中的姓名，移动记录指针，并打开学生 . dbf 表查看表中数据是否更改。图 4-44 给出了视图和学生 . dbf 表的对比，在视图中修改姓名字段的值，学生 . dbf 表中相应记录的姓名字段值也被修改了，体现出使用视图更新源表数据的特性。

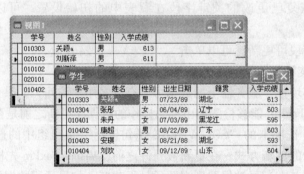

图 4-44 视图与学生 . DBF 表的对比

4.2.4 远程视图

为了建立远程视图，必须建立远程数据库的连接。

1. 定义数据源和连接

远程视图是使用当前数据库之外的数据源建立的视图，如 SQL Server。通过远程视图，用户无须将所有需要的远程记录下载到本地机即可提取远程 ODBC 服务器上的数据子集，并在本地操作提取的记录，然后将更改或添加的值回送到远程数据源中。

1) 数据源 ODBC 即 Open Database Connectivity（开放式数据互连）的英语缩写，它是一

种连接数据库的通用标准。

2）连接是 Visual FoxPro 数据库中的一种对象，它是根据数据源创建并保存在数据库中的一个命名连接。

2. 创建连接

使用连接设计器可以为服务器创建自定义的连接，所创建的连接包含一些如何访问特定数据源的信息，并将其作为数据库的一部分保存。

用户可以自行设置连接选项，命名并保存创建的连接。某些情况下也可能需要同管理员协商或查看服务器文档，以确定连接到指定服务器的正确设置。

可以按照以下步骤创建新的连接。

1）打开一个已经存在的数据库。

2）在数据库设计器中右击鼠标，在弹出的快捷菜单中选择"连接"命令。

3）在"连接"对话框中单击 新建(N)... 按钮，显示连接设计器，如图 4-45 所示。

4）在连接设计器中，根据服务器的需要设定相应的选项。

5）确定连接设置后，单击 确定 按钮，并在"连接名称"对话框中输入设定的连接名称。

6）单击 确定 按钮，完成新连接的建立。

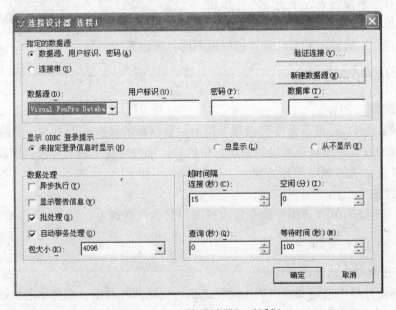

图 4-45 "连接设计器"对话框

3. 远程视图的创建

远程视图的数据源可以是连接，也可以是 Excel 或 Access 中的表。如果要创建的远程视图的数据源是连接，应该首先建立同数据源的连接，再按以下步骤完成远程视图的创建。

1）在数据库设计器中右击鼠标，在弹出的快捷菜单中选择"新建远程视图"命令。

2）在"新建远程视图"对话框中单击"新建视图"图标按钮，弹出如图 4-46 所示的"选择连接或数据源"对话框。

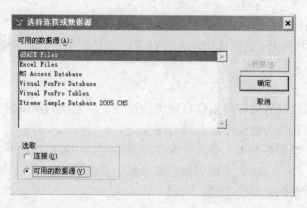

图 4-46　"选择连接或数据源"对话框

3）在"选择连接或数据源"对话框中，如果有已经定义并保存过的连接，可以选择"选取"选项组中的"连接"单选按钮；也可以选择"选取"选项组中的"可用的数据源"单选按钮。

4）选择指定的数据源或连接后，单击 `确定` 按钮，显示"打开"对话框。

5）在"打开"对话框中选择数据来源的位置。

6）选择数据来源的表，单击 `添加` 按钮。

7）选择数据源后，远程视图的视图设计器被打开。

8）按照建立本地视图的方式设置远程视图的各项内容。

4.2.5　视图的有关操作

1. 更新数据

在视图设计器中，"更新条件"选项卡控制对数据源的修改（如更改、删除和插入）应发送回数据源的方式，而且还可以控制对表中的特定字段定义是否为可修改字段，并能对用户的服务器设置合适的 SQL 更新方法。

2. 修改视图

方法 1：使用 MODIFY VIEW 命令修改视图。其命令格式为：

　　MODIFY VIEW ＜视图名＞

方法 2：用菜单方式修改视图。

在数据库设计器中选定要修改的本地视图或远程视图并右击，在弹出的快捷菜单中选择"修改"命令，显示视图设计器。

3. 删除视图

方法 1：使用 DROP｜DELETE VIEW 命令删除视图。其命令格式为：

　　DROP VIEW ＜视图名＞

或

　　DELETE VIEW ＜视图名＞

方法 2：用菜单方式删除视图。

在数据库设计器中选定要删除的本地视图或远程视图并右击，在弹出的快捷菜单中选择"删除"命令，单击确认操作提示对话框中的 [移去(t)] 按钮即可删除视图。

4. 浏览视图

方法1：使用命令浏览视图。

```
OPEN DATABASE <数据库文件名>
USE <视图名>
BROWSE
```

方法2：在数据库设计器中选定要浏览的本地视图或远程视图，在弹出的快捷菜单中选择"浏览"命令。

5. 显示 SQL 语句

在视图设计器中，可以使用以下3种方法查看 SQL 语句。

方法1：单击"视图设计器"工具栏中的"查看 SQL 窗口"按钮 [SQL]。

方法2：右击视图设计器，在弹出的快捷菜单中选择"查看 SQL"命令。

方法3：选择"查询"→"查看 SQL"命令。

总之，视图已经建立就可以像基本表一样使用，适用于基本表的命令基本都可以适用于视图，但视图不可以用 MODIFY STRUCTURE 命令修改结构。因为视图毕竟不是独立存在的基本表，它是由基本表派生出来的，只能修改视图的定义。

4.3 查询与视图的区别

查询与视图在功能上有许多相似之处，但又各有特点，主要区别体现在以下几个方面。

1) 功能不同：视图可以更新字段内容并将更新结果返回源表，而查询文件中的记录数据只能看不能被修改。

2) 从属不同：视图不是一个独立的文件而从属于某一个数据库；查询是一个独立的文件，它不从属于某一个数据库。

3) 访问范围不同：视图可以访问本地数据源和远程数据源；而查询只能访问本地数据源。

4) 输出去向不同：视图本身就是虚拟表，没有输出去向问题；而查询可以选择多种输出去向，如表、图表、报表、标签和屏幕等形式。

5) 使用方式不同：视图只有所属的数据库被打开时才能使用；而查询文件可以在命令窗口中执行。

4.4 本章复习指要

4.4.1 查询

1. 创建查询的方法有_____、_____和_____等3种方法，其中，使用_____方法可以建立复杂的查询。

2. 查询文件的扩展名是_____，创建查询文件的命令是_____，查询文件实质就是一个_____语句。

3. 多表之间的联接共有_____、_____、_____和_____等 4 种。

4. 用 SELECT 语句完成下列查询。

（1）查询学生.dbf 表中在奇数月份（即 1、3、5、7、9 和 11 月）出生的学生，输出所有字段。

_____

（2）查询学生.dbf 表中学号尾号是偶数的学生学号和姓名。

_____

（3）查询学生.dbf 表中入学成绩最高的 3 位同学，输出字段有学号、姓名和入学成绩。

_____

（4）查询学生.dbf 表中姓"张"同学的人数。

_____

（5）查询学生.dbf 表中男、女学生人数，并输出到 rs.dbf 临时表中。

_____

4.4.2　视图

1. 视图有_____和_____两种。

2. 要创建一个可更新的视图，需要在视图设计器的_____选项卡中进行设置。

3. 建立视图的命令是_____，修改视图的命令是_____，删除视图的命令是_____。

4.4.3　查询与视图的区别

_____（查询/视图）不能脱离数据库而独立存在，_____（查询/视图）不能修改结果，_____（查询/视图）可以访问远程数据源。

4.5　应用能力提高

1. 使用查询设计器，按以下要求查询运动员表.dbf 中符合条件的记录：

（1）输出字段为运动员号码、姓名和年龄；

（2）条件是年龄大于等于 20 岁并且运动员号码前两位是"01"；

（3）按运动员号码降序排序；

（4）仅输出排序结果的前 3 条记录。

2. 使用查询向导完成第 1 题的查询要求。

3. 使用 SELECT 语句，完成第 1 题的查询要求。

4. 使用视图设计器完成第 1 题的查询要求，并且可以更新源表数据。

第5章 表单设计和应用

学习目标

- 了解类和对象的概念
- 掌握表单设计器各组成部分的用法及设计表单的过程
- 掌握表单及表单中对象的常用属性、事件及方法
- 掌握向导建立表单的方法
- 了解表单及各种控件生成器的用法

5.1 面向对象程序设计基础

面向对象程序设计主要是为了解决传统程序设计方法——结构化程序设计——所不能解决的代码重用问题。它对传统面向过程的程序设计思想进行了根本性的变革。其优点体现在开发时间短，效率高，可靠性高，所开发的程序更强壮。由于面向对象编程的可重用性，可以在应用程序中大量采用成熟的类库，从而缩短了开发时间，应用程序变得更易于维护、更新和升级。正因如此，面向对象程序设计引入了许多不同于以往程序设计的新概念，其中对象与类是最重要的两个概念。

5.1.1 对象与类

把具有相同数据特征和行为特征的所有事物称为一个类。例如，学生可以是一个类，所有学生都具有相同的数据特征，即学号、姓名、年龄、所在班级等；同时又有相同的行为特征，即学习、考试等。把数据特征称为属性，把行为特征称为方法程序。

对象是类的一个实例，对象具有属性、事件和方法程序 3 个要素。类包含了有关对象的特征和行为信息，它是对象的蓝图和框架，对象的属性由对象所基于的类决定。每个对象都可以对发生在其上面的动作进行识别和响应，发生在对象上的动作称为事件。事件是预先定义好的特定动作，由用户或系统激活。在大多数情况下，事件是通过用户的交互操作产生的。方法程序是与对象相关联的过程，但又不同于一般的 Visual FoxPro 过程。方法程序与对象紧密地连接在一起，与一般 Visual FoxPro 过程的调用方法不同。用户不能创建新的事件，而方法程序却可以无限扩展。

例如，针对学生类，具体到某一名学生，即为学生类中的对象，如李艳同学，学号为2005001，姓名为李艳，年龄为 18，所在班级为管理 2 班等具体的数据特征是李艳这一对象的属性，学习等行为特征是方法程序。

5.1.2 Visual FoxPro 中的类

在 Visual FoxPro 系统中，类就像一个模板，对象都是由它生成的。类定义了对象所具有

的属性、事件和方法，从而决定了对象的外观和它的行为。Visual FoxPro 提供了大量可以直接使用的类，使用这些类可以定义或派生其他的类（子类），这样的类称为基类或基础类。

Visual FoxPro 的基类包括容器类和控件类。在表单设计时，表单中的容器类对象可以包括其他对象，并且允许访问这些对象；控件类作为对象操作，不能包含其他对象。

容器类包括表单、表格、页框、命令按钮组和选项按钮组等，控件类包括命令按钮、标签、文本框、组合框和列表框等。Visual FoxPro 的基类在表单控件工具栏中给出，用户可以直接使用。

5.1.3　Visual FoxPro 对象的引用

在 Visual FoxPro 中，将表单控件工具栏中的各种控件添加到表单中，这些控件就称为对象。在表单中可以设置表单及表单中各对象的属性、调用对象的方法，这就需要用户掌握对象的引用形式。

1. 引用容器类对象

在设计表单时，一个对象可以包含在容器对象中。为了引用和操作容器中的对象，首先要确定并标识出对象和与之相关的容器层次。例如，为了操作表单中的某一命令按钮，就必须先引用表单，然后才能引用该命令按钮。

Visual FoxPro 中对象引用形式有两种，即绝对引用和相对引用。

（1）绝对引用

绝对引用某一个对象时，必须指明与该对象相关的所有容器对象。例如，使表单 Myform1 中的命令按钮 Command1 的 Caption 属性值为"隐藏"，可以这样引用：

> Myform1. Command1. Caption = "隐藏"

（2）相对引用

对上述例子的相对引用为：

> Thisform. Command1. Caption = "隐藏"

在对象 Command1 的事件过程中，也可以直接这样引用：

> This. Caption = "隐藏"

相对引用方式下，需要使用一些关键字来标识出操作对象，如表 5-1 所示列出了这些关键字的含义。

表 5-1　对象相对引用关键字及其含义

代　　词	意　　义	实　　例
Parent	表示对象的父容器对象	Command1. Parent 表示对象 Command1 的父容器
This	表示对象本身	This. Visible 表示对象本身的 Visible 属性
ThisForm	表示对象所在的表单	ThisForm. Cls 表示执行对象所在表单的 Cls 方法

2. 设置对象的属性值

表单中对象的属性可以在设计表单时通过属性窗口设置；也可以在代码窗口中设置，在运行表单时使所设置的属性起作用。在代码窗口中设置对象的属性，要正确引用对象的属性，需要使用如下形式：

Parent. Object. Property = Value

"Parent. Object. Property"表示"父对象．对象．属性"，其作用是对指定容器中的指定对象的指定属性设置属性值。

例如：

Thisform. Label1. Visible = . T.

Thisform. Command1. Caption = "隐藏"

3. 调用对象方法

对象创建之后，就可以从应用程序的任何位置调用该对象中的方法，调用对象中的方法形式为：

Parent. Object. Method

"Parent. Object. Method"表示"父对象．对象．方法"，其作用是对指定容器中的对象调用指定的方法。

例如：

Myform1. Show   && 显示表单 Myform1

Myform1. Command1. Setfocus   && 为命令按钮 Command1 设置焦点

Thisform. Release   && 释放当前表单

5.2 表单设计器及表单设计

表单是开发应用系统界面强有力的工具，它实际上是一个容器，在其中可以加入需要的对象，使其作为应用系统操作界面中的一个窗口或一个对话框，用户通过它可以方便地完成应用系统提供的功能。

在 Visual FoxPro 中，可以使用表单设计器设计表单，也可以通过向导建立表单，所建立的表单文件扩展名为 . scx。表单中包含各种对象，对象具有属性、事件和方法三要素。表单设计主要介绍表单及表单中对象的三要素。

5.2.1 表单设计器

表单设计器是 Visual FoxPro 中设计表单的主要工具，借助表单设计器，可以把字段和控件添加到表单中，并且通过调整或对齐控件来定制表单。

1. 打开表单设计器

用表单设计器创建一个新的表单时，首先要打开表单设计器，可以采用下面两种方法打开表单设计器。

方法 1：用命令方式建立表单文件，打开表单设计器，其命令格式为：

CREATE FORM ＜表单文件名＞

方法 2：选择"文件"→"新建"命令，在"新建"对话框的"文件类型"选项组中选择"表单"单选按钮,单击"新建文件"图标按钮。

执行建立表单的命令或操作后,系统会显示如图5-1所示的表单设计器。表单设计器包括设计表单要使用的属性窗口、代码窗口及数据环境设计器等;表单设计器中带有各种工具栏,常用的工具栏有表单设计器工具栏、表单控件工具栏、调色板工具栏和布局工具栏等,这些工具栏为设计表单提供了方便。

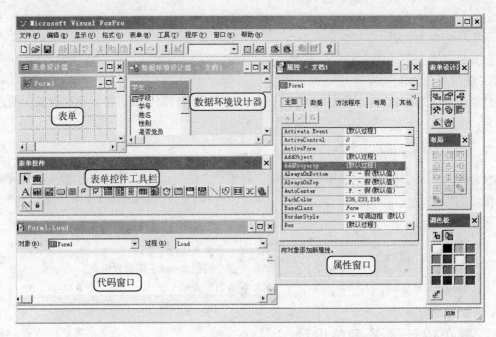

图5-1 表单设计器

2. 表单设计器工具栏

一般情况下,在表单设计器打开的同时,在屏幕上就会显示表单设计器工具栏,如果屏幕上没有显示该工具栏,可以在"常用"工具栏的任意位置右击,从弹出的工具栏列表中选择"表单设计器"工具栏;或者选择"显示"→"工具栏"命令,在弹出的"工具栏"对话框中选择"表单设计器",单击 确定 按钮,表单设计器工具栏如图5-2所示。

表5-2给出了表单设计器工具栏中的各个按钮及其作用。

图5-2 表单设计器工具栏

表5-2 表单设计器工具栏中的各按钮及其作用

按　　钮	作　　用
🔲	设置〈Tab〉键次序
🔲	显示/关闭数据环境设计器
🔲	显示/关闭属性窗口
🔲	显示/关闭代码窗口
🔲	显示/关闭表单控件工具栏
🔲	显示/关闭调色板工具栏
🔲	显示/关闭布局工具栏
🔲	打开表单生成器
🔲	打开自动格式生成器

通过表单设计器工具栏可以显示其他常用的工具栏，也可以打开表单设计时需要使用的各种窗口。例如，要打开布局工具栏，可单击 按钮；要打开调色板工具栏，可单击 按钮。同样地，单击 按钮，可以打开属性窗口；单击 按钮，可以打开代码窗口；单击 按钮，可以打开数据环境设计器。

3. 表单控件工具栏

选择"显示"→"表单控件工具栏"命令，可以打开或关闭表单控件工具栏。表单控件工具栏给出了设计表单时常用的控件，如图5-3所示。

图5-3　表单控件工具栏

（1）"选定对象"按钮

选定对象按钮用于指明当前是否选定控件并准备放在相应的位置。如果决定不想放下刚选定的控件，单击 按钮，终止该进程，使鼠标恢复为一个指针的状态。

（2）"查看类"按钮

查看类按钮的功能是在不同的类库之间切换，单击 按钮，会显示常用、ActiveX 控件和添加 3 项内容。

- 常用：包含 Visual FoxPro 基本类的相应控件。
- ActiveX 控件：包含 Visual FoxPro 默认的 ActiveX 控件（如日历控件和 Microsoft 进度栏等）。
- 添加：将其他的类库添加到表单控件工具栏中。

（3）标准控件

标准控件包含了当前选定类库中的所有可用类，这些类用于创建表单中的对象。如表5-3所示给出了常用的各种控件及其对应的中英文名称。

表5-3　常用的各种控件及其对应的中英文名称

按　　钮	中英文名称	按　　钮	中英文名称
A	标签（Label）		图像（Image）
abl	文本框（Text）		计时器（Timer）
	编辑框（Edit）		页框（Pageframe）
	命令按钮（Command）		微调控件（Spinner）
	命令按钮组（CommandGroup）		线条（Line）
	选项按钮组（OptionGroup）		形状（Shape）
	复选框（Check）		容器控件（Container）
	组合框（Combo）		表格（Grid）
	列表框（List）		

（4）"生成器锁定"按钮

生成器锁定按钮用于控制添加控件后是否自动装载相关的生成器。生成器是一个对话

167

框，在生成器对话框中能够迅速、方便地定义表单及其控件的属性。

（5）"按钮锁定"按钮▣

在表单中添加控件时，Visual FoxPro 默认每次只能选择和放置一个控件。当按下"按钮锁定"按钮▣时，可添加多个相同的控件，而不必返回控件工具栏再次单击该控件。

4. 属性窗口

在属性窗口中可以对表单及表单中的各个对象进行属性设置或更改，属性窗口如图 5-4 所示。

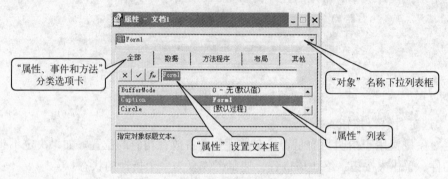

图 5-4　属性窗口

属性窗口从上到下依次包括以下几项。

1）"对象"名称下拉列表框：单击下拉列表框右侧的 ▼ 按钮，显示当前表单（或表单集）及其所包含的全部对象的名称列表。用户可以从列表中选择要修改属性的对象。

2）"属性、事件和方法"分类选项卡：按分类方式显示所选对象的属性、事件和方法。

3）"属性"设置文本框：在该文本框中可以更改属性列表中选定的属性值。单击"确认"按钮 ✓ 确认对此属性的更改；单击"取消"按钮 × 则取消本次更改，恢复原属性值。单击"函数"按钮 fx 可以打开表达式生成器。属性值可以是一个变量，也可以是表达式返回的值。如果以表达式作为属性的值，表达式的前面应该有等号 "="。

4）"属性"列表：它显示控件所有属性及其当前值。只读属性、事件和方法以斜体字形显示。

显示或关闭属性窗口的方法如下。

方法 1：选择"显示"→"属性"命令。

方法 2：单击表单设计器工具栏中的"属性窗口"按钮▣。

方法 3：在表单中右击，在弹出的快捷菜单中选择"属性"命令。

5. 代码窗口

代码窗口用于编写对象的事件过程。代码窗口如图 5-5 所示。

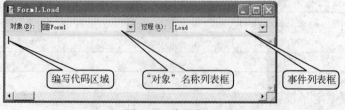

图 5-5　代码窗口

在代码窗口的左上部是对象名称列表，可以从中选择要编写代码的对象。右上部是事件过程列表，可以从中选择要编写代码的事件。

代码窗口可以用下面 3 种方法打开。

方法 1：在表单中右击需要编写代码的对象，在弹出的快捷菜单中选择"代码"命令。

方法 2：单击表单设计器工具栏中的"代码窗口"按钮 ⏏。

方法 3：双击要编写代码的对象。

6. 数据环境设计器

数据环境设计器如图 5-6 所示，每个表单都包含一个数据环境。数据环境是包含表、视图及表之间关系的对象。如果所设计的表单与表或视图有关，就需要在数据环境设计器中添加表或视图，并将所添加的表或视图与表单一起存储。

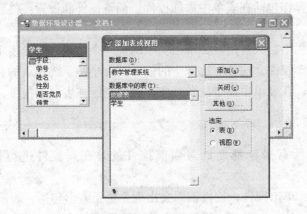

图 5-6　数据环境设计器

引入数据环境的目的如下。

1）打开或者运行表单时自动打开表和视图（可以通过数据环境中的相应属性取消自动打开和自动关闭）。

2）可以通过数据环境中的所有字段来设置控件的 ControlSource 属性。

3）关闭或者释放表单时自动关闭表和视图。

可以使用下列方法打开数据环境设计器。

方法 1：选择"显示"→"数据环境"命令。

方法 2：右击表单，在弹出的快捷菜单中选择"数据环境"命令。

方法 3：单击表单设计器工具栏中的"数据环境"按钮 ▦。

7. 布局工具栏

该工具栏用于对表单上多个对象的对齐、大小一致性、相对位置关系等进行设置，这些按钮只有在表单中多个控件被同时选中的情况下才处于可用状态，布局工具栏如图 5-7 所示。

图 5-7　布局工具栏

可以使用下面两种方法打开或关闭布局工具栏。

方法 1：选择"显示"→"布局工具栏"命令。

方法 2：单击表单设计器工具栏中的"布局工具栏"按钮 ▦。

8. 调色板工具栏

在调色板工具栏上除了颜色按钮以外，还有"前景颜色"、"背景颜色"和"其他颜色"按钮，可以用来设置控件的颜色，调色板工具栏如图5-8所示。

可以使用下面两种方法打开或关闭调色板工具栏。

方法1：选择"显示"→"调色板工具栏"命令。

方法2：单击表单设计器工具栏中的"调色板工具栏"按钮。

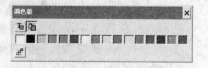

图5-8 调色板工具栏

5.2.2 表单设计的基本步骤

1. 控件的基本操作

表单控件的基本操作包括在表单中添加控件、调整控件和设置控件属性等。

（1）添加控件

在表单控件工具栏中，只要用鼠标单击其中的某一个按钮，单击表单窗口内的某处，就会在该处产生一个表单控件，这种方法产生的控件其大小是系统默认的；另外也可以单击表单控件工具栏的按钮，在表单中选定位置并按下鼠标左键在表单上拖曳，产生一个大小合适的控件。

（2）选定控件

在表单窗口中的所有操作都是针对当前控件的，在对控件进行操作前，首先选定控件。

- 选定单个控件：单击控件，控件四周会出现8个正方形句柄，表示控件已被选定。
- 选定多个控件：按下〈Shift〉键，逐个单击要选定的控件，或按下鼠标左键拖曳，使表单上出现一个虚线框，放开鼠标按键后，虚线框所包围的控件就被选定。
- 取消选定：单击已选控件之外的某处。

（3）调整控件

表单中的控件位置和大小是可以改变的，多个控件要统一调整位置或大小时，可以使用布局工具栏，使选定的多个控件具有相同的左边距、上边距、高度或宽度等属性。

- 调整控件大小：选定控件后，拖曳其四周出现的句柄，可以改变控件的大小。
- 调整控件位置：选定控件后，按下鼠标左键，拖曳控件到合适的位置。

（4）删除控件

- 选定控件后，按〈Delete〉键。
- 选择"编辑"→"清除"命令。

（5）复制/移动控件

选定要复制/移动的控件后，利用"编辑"菜单或快捷菜单中的复制/剪切命令和粘贴命令实现复制/移动控件操作。

2. 表单设计步骤

1）建立表单文件，打开表单设计器。

2）设置数据环境。

数据环境是一个容器对象，用来定义与表单相联系的表或视图等信息及其相互联系。如果建立与表有关的表单，则需要设置数据环境。

3）在表单中添加控件。

4）设置控件属性。

在属性窗口中设置表单及表单中控件的属性。单击要设置属性的控件，或在属性窗口的对象名称列表中选择要设置属性的对象名称，在属性列表中选择需要设置的对象属性，设置属性的值。有些控件的属性可以借助于生成器设置。

5）编写事件代码。

在代码窗口中编写相应对象的事件代码。在代码窗口中的对象名称列表中选择需要编写代码的对象名，在过程列表中选择要编写代码的事件，在代码区域输入事件代码。

6）保存并运行表单。

可以使用下面两种方法保存表单文件。

方法1：选择"文件"→"保存"命令。

方法2：单击"常用"工具栏中的"保存"按钮圖。

新建立的表单第一次保存时，会弹出"另存为"对话框，在"另存为"对话框中选择表单要保存的位置，在"文件名"文本框中输入表单名称。

表单文件以".scx"为扩展名保存在磁盘中，同时系统还会生成以".sct"为扩展名的表单备注文件。

运行表单可以使用下面5种方法。

方法1：选择"表单"→"执行表单"命令。

方法2：在表单设计器中右击表单，在弹出的快捷菜单中选择"执行表单"命令。

方法3：在命令窗口中输入"DO FORM 表单文件名"运行表单。其命令格式为：

    DO FORM ＜表单文件名＞

方法4：单击"常用"工具栏中的"运行"按钮！。

方法5：选择"程序"→"运行"命令，弹出"运行"对话框，在"文件类型"下拉列表框中选择"表单"，选定要运行的表单，单击 运行 按钮。

运行表单时，可以单击"常用"工具栏中的"修改表单"按钮圖，快速切换到表单设计模式。

3. 修改表单

可以使用下面两种方法修改已经存在的表单。

方法1：用 MODIFY FORM 命令修改表单文件，其命令格式为：

    MODIFY FORM ［表单文件名］

方法2：选择"文件"→"打开"命令，在弹出的"打开"对话框中，将"文件类型"设置为"表单（*.scx）"，选择要修改的表单文件，单击 确定 按钮。

4. 表单设计实例

【例5-1】 建立表单文件5-1.scx，使用表单设计器，设计如图5-9所示的封面表单。

操作步骤如下。

1）建立一个表单，打开表单设计器。

选择"文件"→"新建"命令，在"新建"对话框的"文件类型"选项组中选择"表单"单选按钮，单击"新建文件"图标按钮，打开表单设计器。

图 5-9 例 5-1 表单运行图

2）在表单中添加需要的控件。

单击表单控件工具栏中的"标签"按钮 A，在表单中拖曳鼠标就添加了一个标签控件；单击表单控件工具栏中的"命令按钮"按钮 □，在表单中拖曳鼠标就添加了一个命令按钮，如图 5-10 所示中的标示 1 ~ 标示 4。

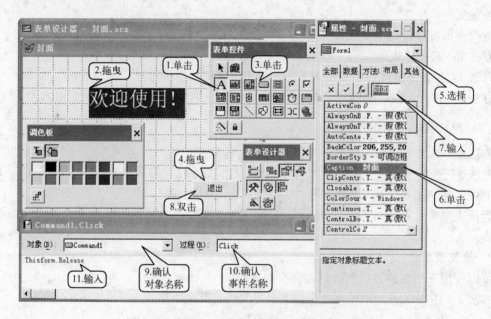

图 5-10 例 5-1 表单设计界面及设计过程示例

3）在属性窗口中设置表单及表单中对象的属性。

在属性窗口的对象名称列表框中选择"Form1"表单，并在"属性列表"中选择 Caption 属性，在"属性设置文本框"中输入"封面"。重复上述操作，分别将标签控件的 Caption 属性设置为"欢迎使用"，命令按钮控件的 Caption 属性设置为"退出"，如图 5-10 所示的标示 5 ~ 标示 7。使用调色板工具栏，将标签控件的前景颜色设置为"黄色"，背景颜色设置为"深蓝色"。

4）在代码窗口中输入代码。

双击表单中的"退出"按钮，打开代码窗口，输入下面代码，如图 5-10 所示的标示 8 ~ 标示 11。

    Thisform. Release

5）保存表单。

单击"常用"工具栏中的"保存"按钮💾，保存表单，表单文件名为 5-1. scx。

6）运行表单。

单击"常用"工具栏中的"运行"按钮❗，查看表单运行结果。表单运行效果如图 5-9 所示。

5.3 常用表单控件（一）

在 Visual FoxPro 中，表单控件的属性决定这个控件的数据特征，如命令按钮的位置等。而当控件的某个事件发生时，如鼠标在命令按钮上单击，将驱动一个约定的事件过程完成特定的功能处理。方法是表单等控件的行为特征，如释放表单、移动表单等。

表单控件中有些属性对大部分控件来说作用都相同，常用到的通用属性及其作用如表 5-4 所示。

表 5-4　表单控件的通用属性

属　性	作　用
Name	指定在代码中用以引用对象的名称
Caption	指定对象标题文本
Enabled	指定能否由用户引发事件
Visible	指定对象是否可见
Alignment	指定与控件相关联的文本对齐方式
BackColor	指定对象内文本和图形的背景色
ForeColor	指定对象内显示的文本和图形的前景色
FontSize	指定显示文本的字体大小
FontName	指定显示文本的字体名称
FontBold	指定文字是否为粗体，. T. 为粗体
FontItalic	指定文字是否为斜体，. T. 为斜体

5.3.1 表单控件

表单（Form）是 Visual FoxPro 中其他控件的容器，通常用于设计应用程序中的窗口或对话框等操作界面。在表单上添加需要的控件，以完成应用程序中窗口或对话框的设计要求。

1. 常用属性

- Caption：表单标题栏中显示的文本。
- MaxButton：表单是否可以进行最大化操作，为 . T. 时表示可以进行最大化操作。
- MinButton：表单是否可以进行最小化操作，为 . T. 时表示可以进行最小化操作。

- Closable：表单是否可以通过双击控制菜单或通过关闭按钮来关闭表单，为 . T. 时表示可以关闭表单。
- ControlBox：系统控制菜单是否显示，为 . T. 时显示，为 . F. 时不显示，此时的最大化按钮、最小化按钮和关闭按钮不显示在表单上。
- Icon：表单中系统控制菜单的图标，图标文件是扩展名为 ". ico" 的文件。
- TitleBar：表单的标题栏是否可见，"1-打开" 表示显示表单的标题栏；"0-关闭" 表示关闭表单的标题栏。

2. 常用事件

- Load：表单运行时，创建表单之前触发此事件。
- Init：表单运行时，创建表单时触发此事件。
- Destroy：释放表单之前触发此事件。
- Unload：释放表单时触发此事件。
- Click：表单运行时，单击表单触发此事件。
- RightClick：表单运行时，右击表单触发此事件。
- DblClick：表单运行时，双击表单触发该事件。

3. 常用方法

- Show：显示表单。
- Hide：隐藏表单。
- Refresh：刷新表单。
- Release：释放表单。
- Cls：清除表单中的图形或文本。

【例 5-2】 建立表单文件 5-2. scx，在表单的 Load 事件中将表单的标题设置为 "LOAD 事件设置标题"，在表单的 Click 事件中用 Hide 方法隐藏表单，按任意键，再使用 Show 方法显示表单。表单设计图如图 5-11 所示，表单运行图如图 5-12 所示。

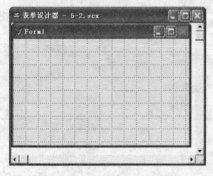

图 5-11　例 5-2 表单设计图　　　　　图 5-12　例 5-2 表单运行效果图

1）建立一个表单文件，打开表单设计器。

2）在代码窗口输入相应控件的事件代码。

Form_Load 的事件代码为：

```
ThisForm. Caption = " LOAD 事件设置标题"
```

Form_Click 的事件代码为：

> Thisform. Hide
> WAIT
> Thisform. Show

3）保存表单，文件名为 5-2. scx。

4）运行表单，观察表单标题位置的内容，单击表单，然后再按任意键观察表单运行效果。

5.3.2 标签控件

标签（Label）控件是按一定格式显示在表单上的文本信息，用来显示表单中的各种说明和提示。一旦标签控件的属性被定义，输出信息将根据这些定义，按指定的格式输出。

1. 常用属性

- Caption：标签控件的标题文本。
- Alignment：标题文本的对齐方式，可以选择"0-左（默认值）"、"1-右"和"2-中央"3 种对齐方式。
- BackStyle：标签背景是否透明，可以选择"0-透明"或"1-不透明（默认值）"。
- AutoSize：指定是否自动根据字号调整标签控件的大小。
- BackColor：指定标签控件的背景颜色。
- ForeColor：指定标签控件的前景颜色。
- BorderStyle：指定标签控件的边线类型。
- FontName：指定标签上显示文本的字体名称。
- WordWrap：指定文本信息是否可以多行显示。

2. 常用事件

Click：当用户单击标签时触发该事件。

5.3.3 文本框控件

文本框（Text）是一个非常灵活的数据输入工具，可以输入单行文本，是设计交互式应用程序界面不可缺少的控件。文本框主要用于编辑或显示文本、内存变量和字段变量，它是一个结合数据处理的控件。文本框接收数据的输入，可以是任何数据类型，但默认的数据类型是字符型，其字符串最长不能超过 255 个字符，文本框也可以输出数据。

1. 常用属性

- Alignment：用于指定文本框中文本的对齐方式，可以选择"0-左"、"1-右"、"2-中间"和"3-自动（默认值）"4 种对齐方式。
- PasswordChar：用于指定文本框是显示用户输入的字符还是占位符。
- SelText：在文本输入区域选定的文本内容。
- SelLength：在文本输入区域选定的字符数目。
- SelStart：在文本输入区域选定字符的起始位置。
- Value：文本区域中的内容。

文本框中的文本类型可以是字符型、数值型用来、日期型和逻辑型，默认类型为字符型，但可以在属性窗口中设置 Value 属性的初始值确定文本类型，也可以右击文本框，在弹出的快捷菜单中选择"生成器"命令，在"文本框生成器"对话框中设置文本类型。

- ControlSource：指定文本框的数据源。
- Enabled：指定文本框是否响应由用户引发的事件。
- ForeColor：指定文本框的前景颜色。
- ReadOnly：指定文本框的文本是否只读。

2. 常用事件

- GotFocus：当文本框对象接收焦点时触发该事件。
- InteractiveChange：运行表单时，更改文本框中的数据触发该事件。
- LostFocus：当文本框对象失去焦点时触发该事件。

5.3.4 命令按钮控件

Visual FoxPro 提供的命令按钮（CommandButton）通常用来启动一个事件，如关闭一个表单、添加一条记录或打印报表等操作，以便由用户控制启动时机。一般通过鼠标或键盘操作来触发命令按钮的事件程序。

命令按钮可以设计成多种样式，通常有"文字型命令按钮"样式和"图形型命令按钮"样式。命令按钮的不同样式通过属性设置实现，"文字型命令按钮"上显示的内容是文字，通过 Caption 属性设置；"图形型命令按钮"上显示的是图形，通过 Picture 属性设置，指定一个图形文件（.BMP、.GIF 和 .JPG 等格式），使该图形直接在命令按钮上显示。

1. 常用属性

- Caption：命令按钮上的标题文本。如果要用热键的方式控制触发其事件，可以在命令按钮的 Caption 属性设置中加入"\<"，其后跟热键名来指定一个热键。例如，用字母"C"作为一个"关闭"命令按钮的热键，则可将其 Caption 属性设置为"关闭(\<C)"。
- Enabled：指定命令按钮是否响应由用户引发的事件。
- Picture：指定命令按钮中显示的图形文件。
- Default：当该属性设置为".T."时，则可按〈Enter〉键执行该命令按钮的单击事件。
- Cancel：当该属性设置为".T."时，按下〈Esc〉键可执行与命令按钮的 Click 事件相关的代码。

2. 常用事件

Click：表单运行时，单击命令按钮触发该事件。

【例 5-3】 建立表单文件 5-3.scx，表单设计图如图 5-13 所示，表单运行效果图如图 5-14a 所示。当表单运行时，首先输入用户名和密码，然后单击"登录"按钮进行验证，如果正确（正确的用户名为 abc，密码为 123），则显示"登录成功，欢迎使用"，如图 5-14b 所示，如果错误则显示"用户名或密码错误，请重新输入"，如图 5-14c 所示。单击"退出"按钮

图 5-13　例 5-3 表单设计图

结束表单的运行。

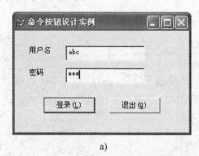
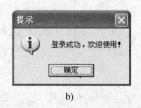

a)   b)   c)

图 5-14 例 5-3 表单运行效果图

a）表单运行效果图 b）登录成功提示 c）登录错误提示

操作步骤如下。

1）新建一个表单，打开表单设计器。

2）通过表单控件工具栏向表单中分别添加 2 个标签控件、2 个文本框控件和 2 个命令按钮控件，调整各个控件的位置和大小。

3）在属性窗口中，根据表 5-5 设置表单及各个控件的主要属性。

表 5-5 例 5-3 的表单包含的控件及其属性

控 件 名	属 性	值
Form1	Caption	命令按钮设计实例
Label1	Caption	用户名
Label2	Caption	密码
Text2	PasswordChar	*
Command1	Caption	登录（\<L）
Command1	Default	. T.
Command2	Caption	退出（\<Q）
Command2	Cancel	. T.

4）在代码窗口，输入相应控件的事件代码。

Command1_Click 事件代码为：

```
IF Thisform. Text1. Value = "abc" AND Thisform. Text2. Value = "123"
    MESSAGEBOX("登录成功,欢迎使用!",64,"提示")
    Thisform. Release
ELSE
    MESSAGEBOX("用户名或密码错误,请重新输入!",64,"提示")
    Thisform. Text1. Value = " "
    Thisform. Text2. value = " "
ENDIF
```

Command2_Click 的事件代码为：

```
Thisform. Release
```

5）保存表单，表单文件名为 5-3. scx。

6）运行表单文件，输入用户名和密码并观察运行结果。

5.3.5 命令按钮组控件

命令按钮组（Commandgroup）是一组包含命令按钮的容器控件，用户可以单个或作为一组来操作其中的控件，常用来执行一些特定的程序代码以完成相应的功能。

1. 常用属性

- ButtonCount：指定包含命令按钮的个数。
- Value：命令按钮组中当前被选中的命令按钮的序号，序号是根据命令按钮的排列顺序从1开始编号。

2. 属性设置

属性设置包括命令按钮组的属性设置和命令按钮组中包含的命令按钮的属性设置。

方法1：在属性窗口中设置命令按钮组及其包含的命令按钮的属性。在属性窗口的对象名称列表中选择要设置属性的对象名称，设置其属性。

方法2：通过生成器快速设置命令按钮组的属性。命令按钮组的生成器如图5-15所示，包括"按钮"选项卡和"布局"选项卡。在生成器中可以设置命令按钮组中包含的命令按钮个数、命令按钮的标题和命令按钮的布局等属性。

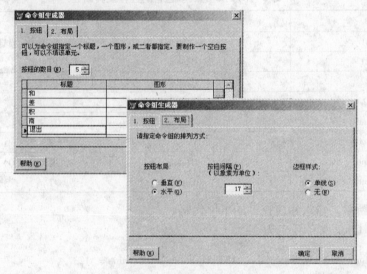

图5-15 "命令组生成器"对话框

可以使用下面两种方法打开"命令组生成器"对话框。

方法1：添加命令按钮组控件到表单中，右击命令按钮组，在弹出的快捷菜单中选择"生成器"命令。

方法2：单击表单控件工具栏中的"生成器锁定"按钮，再添加命令按钮组控件到表单中。

3. 常用事件

- InteractiveChange：当命令按钮组的 Value 属性值改变时触发该事件。
- Click：当单击命令按钮组时触发该事件。

【例5-4】 建立表单文件5-4.scx，表单设计图如图5-16所示，表单运行效果图如图5-17所示。表单运行时，单击命令按钮组中的按钮，系统自动产生两个100以内的自然数，并执行相应操作。

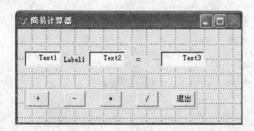

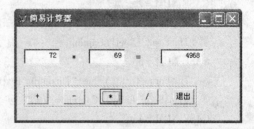

图5-16 例5-4表单设计图　　　　　图5-17 例5-4表单运行效果图

操作步骤如下。

1）新建一个表单，打开表单设计器。

2）通过表单控件工具栏向表单中分别添加2个标签控件、3个文本框控件和1个命令按钮组控件，调整各个控件的位置和大小。

3）在属性窗口中设置表单及各个控件的主要属性，如表5-6所示给出了表单及表单中控件的主要属性。

表5-6 例5-4表单及表单中控件的主要属性

控 件 名	属 性	属 性 值
Form1	Caption	简易计算器
Text1	Value	0
Text2	Value	0
Text3	Value	0
Label1	Alignment	2-中央
Label2	Alignment	2-中央
Label2	Caption	=
CommandGroup1	ButtonCount	5
CommandGroup1. command1	Caption	+
CommandGroup1. command2	Caption	-
CommandGroup1. command3	Caption	*
CommandGroup1. command4	Caption	/
CommandGroup1. command5	Caption	退出

4）在代码窗口中，输入相应控件的事件代码。

CommandGroup1_Click 事件代码为：

```
NUM = ThisForm. CommandGroup1. Value
ThisForm. Text1. Value = INT( RAND( ) * 100 + 1)
ThisForm. Text2. Value = INT( RAND( ) * 100 + 1)
DO CASE
```

```
    CASE NUM = 1
        ThisForm. Text3. Value = ThisForm. Text1. Value  + ThisForm. Text2. Value
        Thisform. Label1. Caption = " + "
    CASE NUM = 2
        ThisForm. Text3. Value = ThisForm. Text1. Value  − ThisForm. Text2. Value
        ThisForm. Label1. Caption = " − "
    CASE NUM = 3
        ThisForm. Text3. Value = ThisForm. Text1. Value  ∗ ThisForm. Text2. Value
         ThisForm. Label1. Caption = " ∗ "
    CASE NUM = 4
        ThisForm. Text3. Value = ThisForm. Text1. Value /ThisForm. Text2. Value
        ThisForm. Label1. Caption = "∕"
    CASE NUM = 5
        ThisForm. Release
    ENDCASE
```

5）保存表单，表单文件名为 5-4. scx。

6）运行表单文件，单击命令按钮组并观察运行结果。

5.3.6　选项按钮组控件

选项按钮组（Optiongroup）又称为单选按钮，属于容器类控件，一个选项按钮组中包含若干个选项按钮，但用户只能从中选择一个按钮。当用户单击某个选项按钮时，该按钮即成为被选中状态，而选项按钮组中的其他选项按钮，不管原来是什么状态，都变为未选中状态，被选中的选项按钮中会显示一个圆点。

1. 常用属性

选项按钮组的常用属性如下。

- ButtonCount：选项按钮组中选项按钮的数目。
- Value：在选项按钮组中选中的选项按钮的序号，序号是根据选项按钮的排列顺序从 1 开始编号的。
- Enabled：说明能否选择此按钮组。
- Visible：说明该按钮组是否可见。

选项按钮的常用属性如下。

- Caption：在按钮旁显示的标题文本。
- Alignment：说明文本对齐方式，可以选择"0-左（默认值）"和"1-右"两种对齐方式。

2. 常用事件

- Click：当单击选项按钮组时触发该事件。
- InteractiveChange：选项按钮组中选中的按钮发生改变时触发该事件。

5.3.7　复选框控件

复选框（Check）也称为选择框，指明一个选项是否选中。复选框一般是成组使用，用来表示一组选项，在应用时可以同时选中多项，也可以一项都不选。

1. **常用属性**
- Caption：复选框的标题文本。
- Alignment：说明文本对齐方式。
- Enabled：说明此复选框是否可用。
- Visible：说明此复选框是否可见。
- Value：说明此复选框是否被选中，值为 1 或 .T. 时为选中，值为 0 或 .F. 时为未选中。
- ControlSource：指定复选框的控制源。

2. **主要事件**
- Click：当单击复选框时触发该事件。
- InteractiveChange：复选框中的选项状态发生改变时触发该事件。

【例5-5】 建立表单文件5-5. scx，表单设计图如图 5-18 所示，表单运行效果图如图 5-19 所示，通过选项按钮组和复选框来设置文本框的字体属性。

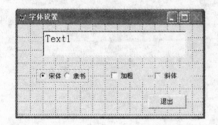

图 5-18　例5-5 表单设计图　　　　图 5-19　例5-5 表单运行效果图

操作步骤如下。

1）新建一个表单，打开表单设计器。

2）通过表单控件工具栏向表单中分别添加 1 个文本框、1 个选项按钮组、2 个复选框和 1 个命令按钮，调整各个控件的位置和大小。

3）在属性窗口中，根据表 5-7 设置表单及各个控件的主要属性。

表5-7　例5-5 表单包含的控件及其属性

控 件 名	属　　性	值
Form1	Caption	字体设置
Text1	Value	字体设置
Text1	FontSize	15
Optiongroup1	ButtonCount	2
Optiongroup1. Option1	Caption	宋体
Optiongroup1. Option2	Caption	隶书
Check1	Caption	粗体
Check2	Caption	斜体
Command1	Caption	退出

4）在代码窗口输入相应控件的事件代码。

Optiongroup1_InteractiveChange 的事件代码为：

```
IF This. Value = 1
    Thisform. Text1. FontName = "宋体"
ELSE
    Thisform. Text1. FontName = "隶书"
ENDIF
```

Check1_InteractiveChange 的事件代码为：

```
IF This. Value = 1
    Thisform. Text1. FontBold = . T.
ELSE
    Thisform. Text1. FontBold = . F.
ENDIF
```

Check2_InteractiveChange 的事件代码为：

```
IF This. Value = 1
    Thisform. Text1. FontItalic = . T.
ELSE
    Thisform. Text1. FontItalic = . F.
ENDIF
```

Command1_Click 的事件代码为：

```
Thisform. Release
```

5）保存表单，表单文件名为 5-5. scx。

6）运行表单文件 5-5. scx，分别选中隶书和宋体选项按钮，观察文本框中文本字体的变化，选中粗体和斜体复选框，观察文本框中文本字体的变化，最后单击"退出"按钮，结束表单运行。

5.3.8　列表框控件

列表框（List）用于显示一系列数据项，用户可以从中选择一项或多项。在列表框中可以显示多个数据项，也可以选择多个数据项，但是列表框不允许用户输入新的数据项。

1. 主要属性

- ColumnCount：列表框的列数。多列时，使用 ColumnWidths 属性设置每列的宽度，宽度值用","分隔。
- ControlSource：从列表中选择的值保存在何处。
- MultiSelect：能否从列表中一次选择多项，值为 . T. 时表示可以选择多项。
- RowSourceType：确定列表框 RowSource 属性值的类型，该属性可以设置的属性值如表 5-8 所示。

表 5-8 列表框的 RowSourceType 属性设置

RowSourceType	列表项的源	RowSourceType	列表项的源
0	无	5	数组
1	值	6	字段
2	别名	7	文件
3	SQL 语句	8	结构
4	查询（.qpr）	9	弹出式菜单

- RowSource：列表框中显示的值的来源。
- Value：列表框中选中的内容。
- List：用来存取列表框中数据项的数组。
- ListIndex：选中数据项的索引值，索引值从 1 开始。
- Selected：列表框中某条目是否处于选定状态。
- ListCount：返回列表框数据项的数目。

2. 主要事件

- Click：当单击列表框时触发该事件。
- InteractiveChange：列表框中选定的选项发生改变时触发该事件。

3. 常用方法

- AddItem：向列表框中添加一个数据项，允许用户指定数据项的索引位置，但这时的 RowSource 属性必须为 0 或 1。
- RemoveItem：从列表框中移去一个数据项，允许用户指定数据项的索引位置，但这时的 RowSource 属性必须为 0 或 1。
- Clear：清除列表框中的所有数据项。

4. 属性 RowSourceType 和属性 RowSource 的一致性要求

（1）0-无

如果将 RowSourceType 属性设置为"0-无"，则不能自动填充列表项，可以用 AddItem 方法程序在程序中添加列表项，例如：

```
Thisform. List1. RowSourceType = 0
Thisform. List1. AddItem("市场营销")
Thisform. List1. AddItem("旅游管理")
Thisform. List1. AddItem("制药工程")
```

可以用 RemoveItem 方法程序从列表中移去列表项，如下面一行代码将从列表中移去第 1 项：

```
Thisform. List1. RemoveItem(1)
```

（2）1-值

如果将 RowSourceType 属性设置为"1-值"，则可用 RowSource 属性指定多个要在列表框中显示的值。如果在属性窗口中设置 RowSource 属性的值，则可用逗号分隔列表项；如果要在程序中设置 RowSource 属性，则可用逗号分隔列表项，并用字符界限符括起来。

```
Thisform. List1. RowSourceType = 1
```

```
Thisform. Listl. RowSource = "春,夏,秋,冬"
```

(3) 2-别名

如果将 RowSourceType 属性设置为 "2-别名"，可以在列表中包含打开表的一个或多个字段的值。

如果 ColumnCount 属性设置为 0 或 1，则列表将显示表中第一个字段的值；如果 Column-Count 属性设置为非 0 或 1 时，则列表将显示表中最前面的几个字段值。

如果在属性窗口中设置 RowSource 属性的值，则直接输入表的别名即可，如果要在程序中设置，则将表的别名用字符界限符括起来。例如：

```
Thisform. Listl. RowSourceType = 2
Thisform. Listl. RowSource = "学生"
```

(4) 3-SQL 语句

如果将 RowSourceType 属性设置为 "3-SQL 语句"，则在 RowSource 属性中包含一个 SQL-SELECT 语句。例如，下面的 SQL SELECT 语句将从学生 . dbf 表中选择姓名字段值作为列表框的项目。

```
SELECT   姓名   FROM   学生
```

如果在属性窗口中设置，则 RowSource 属性值直接输入 SELECT 语句即可；如果在程序中设置，则需要将 SELECT 语句用字符界限符括起来。

```
Thisform. Listl. RowSourceType = 3
Thisform. Listl. RowSource = "SELECT 姓名 FROM 学生"
```

(5) 4-查询 (. qpr)

如果将 RowSourceType 属性设置为 "4-查询 (. qpr)"，则可以用查询的结果填充列表框。查询一般是在查询设计器中设计的。当 RowSourceType 设置为 "4-查询 (. qpr)" 时，需要将 RowSource 属性设置为一个查询文件即扩展名为 ". qpr" 的文件。在属性窗口中直接输入查询文件名，可以给出扩展名 ". qpr"；在程序中设置时，需要将查询文件用字符界限符括起来。可以用如下命令将列表框的 RowSource 属性设置为一个查询。

```
Thisform. Listl. RowSourceType = 4
Thisform. Listl. RowSource = "XM. QPR" &&XM 为已经存在的查询文件名
```

如果不指定文件的扩展名，Visual FoxPro 默认的扩展名是 ". qpr"。

(6) 5-数组

如果 RowSourceType 属性设置为 "5-数组"，则可以用数组中的元素填充列表框。可以在表单的 Init 事件或 Load 事件中创建数组，将 RowSource 的值设置为数组名即可。

在 Form1_Init 的事件代码中创建数组，代码如下：

```
Public XY(5)
XY(1) = "计算机"
XY(2) = "会计"
XY(3) = "工商"
```

```
XY(4) = "经济"
XY(5) = "热能"
```

如果在属性窗口中设置 RowSource，则直接输入数组名 XY 即可；如果在程序中设置，则需用字符界限符将数组名括起来。

```
Thisform. List1. RowSourceType = 5
Thisform. List1. RowSource = "XY"
```

（7）6-字段

如果 RowSowceType 属性设置为"6-字段"，则可以为 RowSource 属性指定一个字段或用逗号分隔的一系列字段值来填充列表框，当为列表框指定多个字段时，需要同时设置 ColumnCount（列表框的列数）属性的值。

例如：

```
学号,姓名
```

当 RowSourceType 属性为"6-字段"时，可在 RowSoure 属性中包括下列几种信息：

- 字段名；
- 别名. 字段名；
- 别名. 字段名 1，别名. 字段名 2，别名. 字段名 3，…

如果在属性窗口中设置，则在设置 RowSourceType 属性为 6 时，在 RowSource 属性处可以选择字段，如果在程序中设置，则需将字段名用字符界限符括起来。

```
Thisform. List1. ColumnCount = 2
Thisform. List1. RowSourceType = 6
Thisform. List1. RowSource = "学号,姓名"
```

（8）7-文件

如果将 RowSourceType 属性设置为"7-文件"，则用当前目录下的文件名填充列表框，而且列表框中的选项允许选择不同的驱动器和目录，并在列表框中显示其中的文件名。可将 RowSource 属性设置为列表中显示的文件类型或要显示文件的驱动器和目录。

如果在属性窗口中设置 RowSource 属性，则直接输入要在列表框中显示文件所在的驱动器、目录及文件类型；如果在程序中设置 RowSource 属性，则需要将设置的内容用字符界限符括起来。

```
Thisform. List1. RowSourceType = 7
Thisform. List1. RowSource = "C: \ * . dbf"
```

【例 5-6】 建立表单文件 5-6. scx，在表单中添加一个列表框，列表框用来显示 Visual FoxPro 的表文件，将列表框的 RowSourceType 设置为 7，将 RowSource 的属性设置为" * . dbf"。在表单中再添加一个命令按钮，用来显示在列表框中所选表的数据。命令按钮的 Click 事件代码为：

```
TP = Thisform. List1. Value
USE &TP
```

```
BROWSE
USE
```

如图 5-20 所示为刚运行表单时的效果，如图 5-21 所示为单击"显示"按钮后显示的表数据。

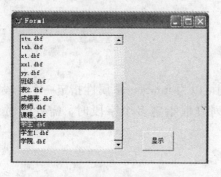

图 5-20　例 5-6 运行效果图　　　　　　图 5-21　单击"显示"按钮的结果

（9）8-结构

如果将 RowSourceType 属性设置为"8-结构"，则将用 RowSource 属性所指定表中的字段名填充列表框。如果在属性窗口中设置，则可以将 RowSource 属性设置为表的别名；如果在程序中设置，则需要将表的别名用字符界限符括起来。

```
Thisform. List1. RowSourceType = 8
Thisform. List1. RowSource = "学生"
```

如果想为用户提供用来查找值的字段名列表或用来对表进行排序的字段名列表，设置 RowSourceType 属性很有用。

【例 5-7】　建立表单文件 5-7. scx，如图 5-22 所示为表单设计图，如图 5-23 所示为表单运行效果图，如图 5-24 所示为单击"排序"按钮后显示的效果图。对学生 . dbf 表中按列表框中选择的字段排序，并在表格控件中显示排序结果。

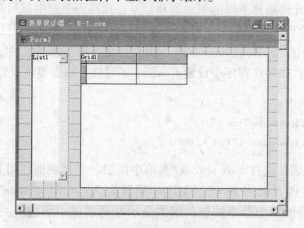

图 5-22　例 5-7 表单设计图

打开表单设计器，将学生 . dbf 表添加到数据环境设计器中。在表单中添加一个列表框和一个表格控件，两个命令按钮，命令按钮的标题分别为"排序"和"退出"。

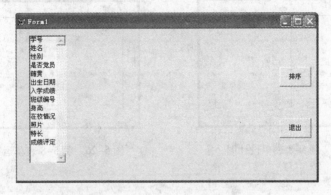

图 5-23　例 5-7 运行效果图

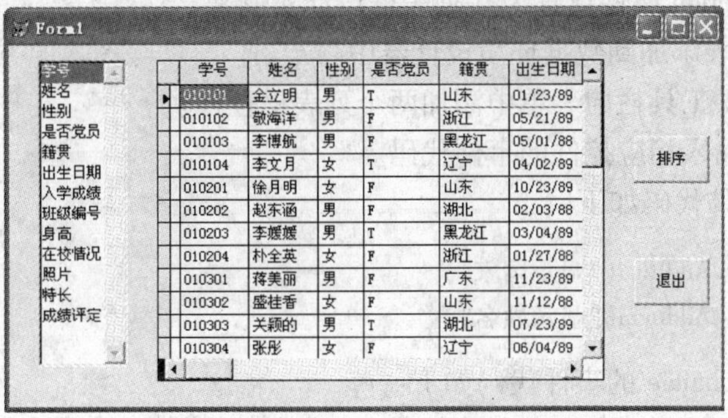

图 5-24　单击"排序"按钮后的表单效果图

在代码窗口中编写事件代码。

Form1_Init 的事件代码为：

```
Thisform. List1. RowSourceType = 8
Thisform. List1. RowSource = "学生"
Thisform. Grid1. Visible = . F.
```

"排序"命令按钮的事件代码为：

```
Thisform. Grid1. Visible = . T.
ZD = Thisform. List1. Value
Thisform. Grid1. RecordSourceType = 4
Thisform. Grid1. RecordSource = "Select  *  From 学生 Order By &ZD Into Cursor Tp"
```

(10) 9-弹出式菜单

如果将 RowSourceType 属性设置为"9-弹出式菜单"，则可以用一个先前定义的弹出式菜单来填充列表框。

【例 5-8】　建立表单文件 5-8. scx，设计如图 5-25 所示的表单。表单中有两个列表框，分别是 List1 和 List2，List1 中有两个数据项"显示国家"和"显示姓名"，运行表单时，在 List1 中选择条目，则 List2 中显示对应的内容，如图 5-26 所示。

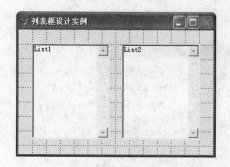

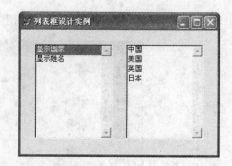

图 5-25　例 5-8 表单设计图　　　　　图 5-26　例 5-8 表单运行效果图

操作步骤如下。

1）建立一个表单，打开表单设计器。

2）将表单的 Caption 属性设置为"列表框设计实例"。

3）将学生.dbf 表添加到数据环境设计器中。

4）通过表单控件工具栏向表单中添加两个列表框控件。

5）在代码窗口输入相应控件的事件代码。

Form1_Init 的事件代码如下：

```
Thisform. List1. AddItem("显示国家")
Thisform. List1. AddItem("显示姓名")
```

List1_InteractiveChange 的事件代码如下：

```
IF This. ListIndex = 1                && 显示国家
    ThisForm. List2. RowSourceType = 1
    ThisForm. List2. RowSource = "中国,美国,英国,日本"
ELSE                              && 显示姓名
    ThisForm. List2. RowSourceType = 6
    ThisForm. List2. RowSource = "学生 . 姓名"
ENDIF
```

6）保存表单并运行表单。在 List1 中分别选择不同的选项，观察 List2 中内容的变化。

5.3.9　组合框控件

组合框（Combo）相当于文本框和列表框的组合。可以利用组合框通过选择数据项的方式快速、准确地进行数据的输入。

组合框有两种样式，一种样式是下拉组合框，另一种样式是下拉列表框，通过设置 Style 属性实现组合框两种样式的设置。两种样式的区别在于，利用下拉组合框可以通过键盘输入数据和选择已有数据；而在下拉列表框中只能选择列表中的数据，无法输入数据。一般来说，对于引用一些基础数据（如学号等）时，可以使用下拉列表框，用户只能从列表框中选择数据项，而不能直接输入内容。在某些情况下，如果组合框中列出的各数据项不能包括所结合字段或内存变量的各种取值可能性，则可以考虑使用下拉组合框来对数据进行维护，用户既可以选择输入，又可以直接通过键盘输入数据。

1. 主要属性

- ControlSource：指定从组合框中选择的值保存在何处。
- RowSourceType：指定 RowSource 属性的类型。
- RowSource：指定组合框中的数据源。
- Style：指定组合框为下拉组合框还是下拉列表框，默认设置为下拉组合框。
- Value：指定或返回组合框中选中的数据。

2. 主要事件

InteractiveChange：在使用键盘或鼠标更改列表框的值时触发该事件。

【例5-9】 建立表单文件 5-9.scx，设计如图 5-27 所示的简易计算器，当表单运行时，先在文本框 Text1 和文本框 Text2 中输入两个数字，然后在组合框中选择一种运算，单击"等于"按钮，则在文本框 Text3 中显示出两个数字的运算结果，运行效果如图 5-28 所示。

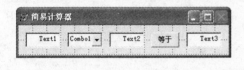

图 5-27　例 5-9 表单设计图

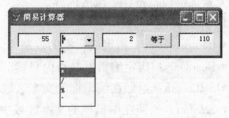

图 5-28　例 5-9 表单运行效果图

操作步骤如下。

1）新建一个表单，打开表单设计器。

2）通过表单控件工具栏向表单中添加 3 个文本框控件、1 个组合框控件和 1 个命令按钮控件。

3）在属性窗口中，根据表 5-9 定义表单及各个控件的主要属性。

表 5-9　例 5-9 表单包含的控件及其属性

控 件 名	属　　性	值
Form1	Caption	简易计算器
Text1	Value	0
Text2	Value	0
Text3	Value	0
Combo1	RowSourceType	1-值
Combo1	RowSource	+，-，*，/，%，^
Command1	Caption	等于

4）在代码窗口，输入相应控件的事件代码。

Command1_Click 的事件代码如下：

    N1 = Thisform. Text1. Value
    N2 = Thisform. Text2. Value

YS = Thisform. Combo1. Value   && 用 ys 表示当前选择的运算

Thisform. Text3. Value = N1&YS. N2   && 用宏代换函数得到运算符

5）保存并运行表单。

5.4　常用表单控件（二）

5.4.1　编辑框控件

编辑框（Edit）与文本框相似，它也是用来输入用户的数据，但它有自己的特点。编辑框实际上是一个完整的字处理器，利用它能够选择、剪切、粘贴及复制文本，可以实现换行，能够有自己的垂直滚动条。编辑框只能输入、编辑字符型数据，包括字符型内存变量、数组元素、字段及备注字段的内容。

1. 常用属性

- ControlSource：指定编辑框的控制源。
- ReadOnly：指定编辑框是否为只读。
- SelLength：返回在编辑框的文本区域中所选文本的字符数。
- SelStart：返回在编辑框的文本区域中所选文本的起始位置。
- SelText：指定所选定文本的内容。
- Value：指定或返回编辑框中的文本。

2. 常用事件

InteractiveChange：当更改编辑框对象的文本值时触发该事件。

【例 5-10】 建立表单文件 5-10. scx，表单设计图如图 5-29 所示，当表单运行时，单击"显示"按钮，在编辑框中会显示由 10 行"＊"号组成的直角三角形或等腰三角形，表单运行效果图如图 5-30 所示。

图 5-29　例 5-10 表单设计图   图 5-30　例 5-10 表单运行效果图

操作步骤如下。

1）新建一个表单，打开表单设计器。

2）通过表单控件工具栏向表单中分别添加 1 个编辑框控件、1 个选项按钮组控件和 1 个命令按钮控件。

3）在属性窗口，根据表 5-10 定义表单及各个控件的主要属性。

表 5-10　　例 5-10 表单包含的控件及其属性

控　件　名	属　　性	值
Form1	Caption	编辑框控件设计实例
OptionGroup1	ButtonCount	2
OptionGroup1. Option1	Caption	直角三角形
OptionGroup1. Option2	Caption	等腰三角形
Command1	Caption	显示

4）在代码窗口，输入相应控件的事件代码。

Command1_Click 的事件代码如下：

```
S = " "
FOR N = 1 TO 10
    IF Thisform. OptionGroup1. Value = 2        && 等腰三角形,用空格占位
      S = S + SPACE(10 − N)
    ENDIF
    FOR M = 1 TO 2 * N − 1
      S = S + " * "
    ENDFOR
    S = S + CHR(13)                            && 添加换行字符
ENDFOR
Thisform. Edit1. Value = s
```

5）保存并运行表单。

5.4.2　页框控件

在设计应用程序中的对话框时，如果对话框中包含的内容很多，不好布局时，可以把对话框中的内容按照紧密程度进一步划分为若干个组，把一组中的内容进行布局，这样对话框中的内容就显得简要、清晰，具有这种能力的控件就是页框。页框（Pageframe）是容器控件，由页面（Page）组成。页框建立在表单上，页面建立在页框上，经过页框的处理后，一个表单中的全部对象就分布到了多个页面上。

页框的常用属性如下。

● Tabs：确定页框控件有无选项卡。

● PageCount：页框中包含的页面数。

页面的常用属性如下。

Caption：页面显示的标题文本。

一般不需要对页框编写代码。但在代码中出现页面中的对象引用时，可以根据下面形式给出：

　　　　Thisform. PageFrame1. Page1. 页面中的对象名 . 对象的属性名或方法程序名

【例 5-11】　建立表单文件 5-11. scx，表单设计图如图 5-31 所示，运行效果图如图 5-32 所示。表 5-11 给出了表单及其控件的相关属性。

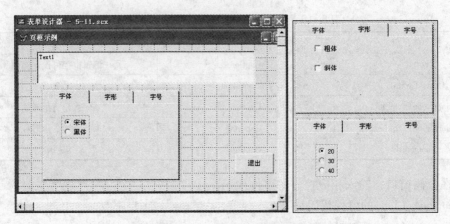

图 5-31　例 5-11 表单设计图

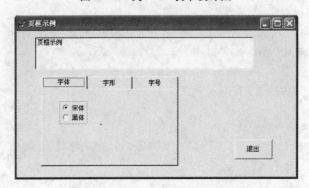

图 5-32　例 5-11 表单运行效果图

表 5-11　例 5-11 表单包含的控件及其属性

控件名	属性	值
Form1	Caption	页框示例
PageFrame1	PageCount	3
PageFrame1. Page1	Caption	字体
PageFrame1. Page2	Caption	字形
PageFrame1. Page3	Caption	字号
PageFrame1. Page1. OptionGroup1. Option1	Caption	宋体
PageFrame1. Page1. OptionGroup1. Option2	Caption	黑体
PageFrame1. Page2. Check1	Caption	粗体
PageFrame1. Page2. Check2	Caption	斜体
PageFrame1. Page3. OptionGroup1. Option1	Caption	20
PageFrame1. Page3. OptionGroup1. Option2	Caption	30
PageFrame1. Page3. OptionGroup1. Option3	Caption	40
Command1	Caption	退出

在代码窗口中输入相应控件的事件代码。

Page1 中的 Optiongroup1_Click 事件代码为：

```
    BN = Thisform. Pageframe1. Page1. Optiongroup1. Value
    DO CASE
      CASE BN = 1
        Thisform. Text1. Fontname = "宋体"
      CASE BN = 2
        Thisform. Text1. Fontname = "黑体"
    ENDCASE
```

Page2 中的 Check1_Click 事件代码为：

```
    Thisform. Text1. Fontbold = NOT Thisform. Text1. Fontbold
```

Page2 中的 Check2_Click 事件代码为：

```
    Thisform. Text1. Fontitalic = NOT Thisform. Text1. Fontitalic
```

Page3 中的 Optiongroup1_Click 事件代码为：

```
    BN = Thisform. Pageframe1. Page3. Optiongroup1. Value
    DO CASE
      CASE BN = 1
        Thisform. Text1. Fontsize = 20
      CASE BN = 2
        Thisform. Text1. Fontsize = 30
      CASE BN = 3
        Thisform. Text1. Fontsize = 40
    ENDCASE
```

5.4.3 计时器控件

计时器（Timer）控件与界面的操作独立，它只对自身的 Timer 事件做出反应，以一定的时间间隔重复地执行 Timer 事件中的代码。

1. 主要属性

- Enabled：若想让计时器在表单加载时就开始工作，应将这个属性设置为 . T. ，否则将这个属性设置为 . F. 。也可以选择一个外部事件（如命令按钮的 Click 事件）启动或挂起计时器。
- Interval：计时时间间隔（以毫秒为单位）值为 0 时，不触发计时器的 Timer 事件。

2. 主要事件

Timer：计时器每隔 Interval 属性所规定的时间，就会触发一次该事件，运行该事件中所编写的代码。

> **注意：** 计时器的 Enabled 属性和其他对象的 Enabled 属性不同。对大多数对象来说，Enabled 属性决定对象是否能对用户引起的事件做出反应。对计时器控件来说，将 Enabled 属性设置为 . F. ，会挂起计时器。

【例 5-12】 建立表单文件 5-12. scx，如图 5-33 所示为表单设计图，如图 5-34 所示为表单运行效果图。表单中用标签显示当前时间，通过命令按钮控制时间开始显示或停止。

图 5-33　例 5-12 表单设计图

图 5-34　例 5-12 表单运行效果图

操作步骤如下。

1）新建一个表单，打开表单设计器。

2）通过表单控件工具栏向表单中分别添加 1 个标签控件、2 个命令按钮控件和 1 个计时器控件。

3）在属性窗口中，根据表 5-12 设置表单和各个控件的主要属性。

表 5-12　例 5-12 表单及表单中包含控件的主要属性

控 件 名	属 性	值
Form1	Caption	计时器控件实例
Label1	Caption	= time( )
Command1	Caption	开始
Command1	Enabled	. F.
Command2	Caption	停止
Timer1	Interval	1000

4）在代码窗口输入相应控件的事件代码。

Command1_Click 的事件代码如下：

```
Thisform. Timer1. Enabled = . T.
This. Enabled = . F.
Thisform. Command2. Enabled = . T.
```

Command2_Click 的事件代码如下：

```
Thisform. Timer1. Enabled = . F.
This. Enabled = . F.
Thisform. Command1. Enabled = . T.
```

Timer1_Timer 的事件代码如下：

```
Thisform. Label1. Caption = Time( )
```

5）保存并运行表单。分别单击"开始"按钮和"停止"按钮观察运行效果。

【例 5-13】　建立表单文件 5-13. scx，如图 5-35 所示为表单设计图，如图 5-36 所示为表单运行效果图。设计"搬运字符"表单，每隔 1 秒钟，向左/右文本框中搬运 1 个字符，如果搬运完成，则调转方向搬运。

194

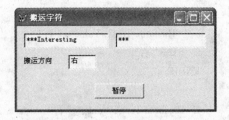

图 5-35　例 5-13 表单设计图　　　　图 5-36　例 5-13 表单运行效果图

操作步骤如下。

1）新建一个表单，打开表单设计器。

2）通过表单控件工具栏向表单中分别添加 3 个文本框控件、1 个标签控件、1 个命令按钮和 1 个计时器控件。

3）在属性窗口中，根据表 5-13 设置表单及各个控件的主要属性。

表 5-13　例 5-13 表单及表单中包含控件的主要属性

控 件 名	属　　性	值
Form1	Caption	搬运字符
Label1	Caption	搬运方向
Text1	Value	＊＊＊Interesting＊＊＊
Text3	Value	右
Command1	Caption	暂停
Timer1	Interval	500

4）在代码窗口中输入相应控件的事件代码。

Command1_Click 的事件代码如下：

```
Thisform. Timer1. Enabled = NOT Thisform. Timer1. Enabled        && 启动或停止计时
   ＊＊＊改变按钮文字＊＊＊
IF This. Caption = " 暂停"
     This. Caption = " 开始"
ELSE
     This. Caption = " 暂停"
ENDIF
```

Timer1_Timer 的事件代码如下：

```
S1 = TRIM( Thisform. Text1. Value)
S2 = TRIM( Thisform. Text2. Value)
D = TRIM( Thisform. Text3. Value)
          ＊＊确定搬运方向
IF EMPTY(S1) AND D = " 右"  && EMPTY(S1)函数用于测试 S1 值是否为空串,为空串时值为 . T.
     Thisform. Text3. Value = " 左"
     D = " 左"
ENDIF
```

```
IF EMPTY(s2) AND D = "左"
    Thisform. Text3. Value = "右"
    D = "右"
ENDIF
＊＊搬运字符
IF Thisform. Text3. Value = "右"
    Thisform. Text2. Value = S2 + RIGHT(s1,1)
    Thisform. Text1. Value = LEFT(s1,LEN(s1) - 1)
ELSE
    Thisform. Text1. Value = S1 + RIGHT(s2,1)
    Thisform. Text2. Value = LEFT(S2,LEN(s2) - 1)
ENDIF
```

5）保存并运行表单。单击"暂停"按钮观察运行效果。

5.4.4　微调控件

使用微调（Spinner）控件可以让用户通过微调箭头调整所需要的数据或者直接在微调框中输入所需要的数据。

1. 主要属性

- Increment：每次单击向上或向下按钮时增加和减少的值。
- KeyboardHighValue：能输入到微调文本框中的最大值。
- KeyboardLowValue：能输入到微调文本框中的最小值。
- SpinnerHighValue：单击向上按钮时，微调控件能显示的最大值。
- SpinnerLowValue：单击向下按钮时，微调控件能显示的最小值。
- Value：微调控件的当前值。

2. 主要事件

InteractiveChange：当微调控件的值发生改变时触发该事件。

【例5-14】　建立表单文件5-14. scx，如图5-37所示为表单设计图，如图5-38所示为表单运行效果图。运行表单时，通过微调控件控制页框控件选项卡的数量。

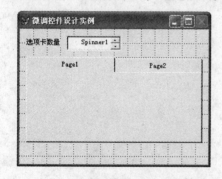

图5-37　例5-14表单设计图

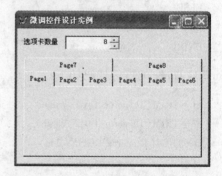

图5-38　例5-14表单运行效果图

操作步骤如下。

1）新建一个表单，打开表单设计器。

196

2）通过表单控件工具栏向表单中分别添加 1 个标签控件、1 个微调控件和 1 个页框控件。

3）在属性窗口中根据表 5-14 定义表单和各个控件的主要属性。

表 5-14　例 5-14 表单及表单中包含控件的主要属性

控　件　名	属　　性	值
Form1	Caption	微调控件设计实例
Label1	Caption	选项卡数量
Spinner1	KeyboardHighValue	10
Spinner1	KeyboardLowValue	1
Spinner1	SpinnerHighValue	10
Spinner1	SpinnerLowValue	1
Spinner1	Value	2
PageFrame1	PageCount	2

4）Spinner1_InteractiveChange 的事件代码如下：

Thisform. PageFrame1. PageCount = This. Value

5）保存并运行表单。改变微调控件的值，观察运行效果。

5.4.5　图像控件

图像（Image）控件的功能是在表单上显示图像文件（. bmp、. gif 和 . jpg 文件格式均可），主要用于图像显示而不能对它们进行编辑。使用图像控件可以使应用程序的界面显得更富有生机和活力。

图像控件的主要属性如下。

- Picture：指定待显示的图片文件名。
- BorderStyle：指定图像控件的边框样式。
- BackStyle：指定图像的背景是否透明。
- Stretch：指定如何对图片的尺寸进行调整以放入一个图像控件，其取值为 "0-裁剪"（默认值）、"1-等比填充" 及 "2-变比填充"。

5.4.6　形状控件

形状（Shape）控件主要用于创建矩形、圆或椭圆形状的对象。形状控件是一种图形控件，不能直接对其进行修改，不过可以通过形状的属性设置来修改形状。对于形状控件，通过 Curvature 属性设置图形中角的曲率，这一属性值确定了形状控件的外观显示方式，形状控件的 Curvature 属性值可以是 0～99 中的任一数值，当其值为 0 时表示无曲率，形状控件为矩形；当其值为 99 时，表示达到最大曲率，成为一个圆或椭圆。通过形状的 FillStyle 属性指定形状中所用的填充图案。

形状控件的主要属性如下。

- BackStyle：指定形状控件的背景是否透明。

- Curvature：指定形状控件角的曲率。值为99时形状为椭圆形，值为0时形状为矩形。
- BorderStyle：指定线条的线型。
- FillStyle：指定用来填充形状的图案。
- SpeciaEffect：指定控件不同的外观，可以设置"0-3维"和"1-平面"。

5.4.7　线条控件

线条（Line）控件用于创建水平线、垂直线或对角线。线条控件是一种图形控件，不能对其进行编辑。若要对线条进行修改，可以通过线条属性设置或事件过程来对其外观进行静态或动态修改。

线条控件的主要属性如下。
- LineSlant：指定线条如何倾斜，从左上到右下（＼）还是从左下到右上（／）。属性设置时用键盘上的"＼"和"／"设置。
- Height：指定对象的高度。当值为0时，表示是水平直线。
- Width：指定对象的宽度。当值为0时，表示是垂直直线。
- BorderStyle：指定对象的边框样式。可以设置的样式包括"0-透明"、"1-实线（默认值）"、"2-虚线"、"3-点线"、"4-点划线"、"5-双点划线"和"6-内实线"。
- BorderWidth：指定对象边框的宽度。

5.4.8　容器控件

容器（Container）控件可以包含其他对象，并且允许编辑和访问所包含的对象。在设计应用程序的界面时，主要用容器控件对表单中的对象进行分组。

容器控件的主要属性如下。
- BackStyle：指定容器是否透明。
- BorderWidth：指定容器边框的宽度。
- SpecialEffect：指定容器的样式，其取值为"0-凸起"、"1-凹下"和"2-平面"（默认值）。

要在容器控件中添加控件，应在容器控件的编辑状态下添加。右击容器控件，在弹出的快捷菜单中选择"编辑"命令，进入容器控件编辑状态。

【例5-15】　建立表单文件5-15.scx，如图5-39所示为表单设计图，如图5-40所示为表单运行效果图。在表单的容器控件中添加图像、线条和形状控件，并调整其位置和属性。

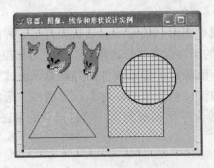
图5-39　例5-15表单设计

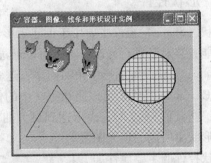
图5-40　例5-15表单运行效果图

操作步骤如下。

1）新建一个表单，打开表单设计器。

2）通过表单控件工具栏向表单中添加 1 个容器控件。

3）在容器控件上右击，在弹出的快捷菜单中选择"编辑"命令，此时容器控件边缘上出现浅绿色的边框斜线，表示容器控件正处于编辑状态。通过表单控件工具栏向容器控件中分别添加图像、线条和形状控件，调整各个控件的大小和位置，并在属性窗口中设置各个控件的相关属性。

4）保存并运行表单。

5.4.9　表格控件

表格（Grid）控件有垂直滚动条和水平滚动条，可以同时操作和显示多行数据。表格是一个容器控件，表格中包含列，这些列除了包含标头（Header）和控件外，每个列还拥有自己的一组属性、事件和方法程序。用户可以为整个表格设置数据源，该数据源是通过RecordSourceType 与 RecordSource 两个属性指定的，前者为记录源类型，后者为记录源。RecordSourceType 属性的取值如表 5-15 所示。

表 5-15　RecordSourceType 属性设置

设　置	说　明
0	表。自动打开 RecordSource 属性设置中指定的值
1	（默认值）别名。按指定方式处理记录源
2	提示。在表单运行时向用户提示记录源
3	查询（.qpr）。RecordSource 属性设置指定一个 .qpr 文件
4	SQL 说明，记录来源于 SQL，指定一条 SQL 语句

除了在表格中显示字段数据，还可以在表格的列中嵌入控件，这样就为用户提供嵌入的文本框、复选框、下拉列表框和微调控件等。

1. 表格控件常用属性

- ColumnCount：指定表格中包含的列数。
- DeleteMark：指定在表格控件中是否出现删除标记列。
- RecordSourceType：指定表格记录源的类型。
- RecordSource：指定表格的记录源，与 RecordSourceType 属性值匹配。

2. 列控件常用属性

- ControlSource：指定在列中要显示的数据，通常是表中的一个字段。
- Sparse：用于确定 CurrentControl 属性是影响列中的所有单元格还是只影响活动单元格。如果将 Sparse 属性设置为 .T.，只有列中的活动单元格使用 CurrentControl 属性指定的控件显示和接收数据，其他单元格的数据仍以文本形式显示。将 Sparse 设置为.F.，列中所有的单元格都使用 CurrentControl 属性指定的控件显示数据，活动单元格可以接收数据。
- CurrentControl：指定表格中哪一个控件是活动的。如果在列中添加了一个控件，则可以将它指定为 CurrentControl。

3. 表格生成器

实际上，Visual FoxPro 提供了一种称为表格生成器的辅助工具，可以帮助用户很快地设置表格属性。

右击表单中的表格控件，在弹出的快捷菜单中选择"生成器"命令，显示如图 5-41 所示"表格生成器"对话框。

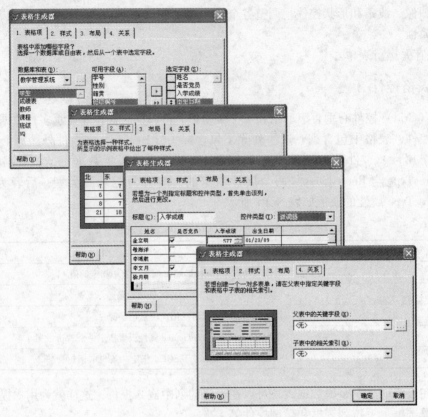

图 5-41　"表格生成器"对话框

表格生成器包含"表格项"、"样式"、"布局"和"关系"4 个选项卡。

"表格项"选项卡用于选择表格中包含的字段。

"样式"选项卡用于指定表单运行时表格的显示样式。

"布局"选项卡用于为表格中的列指定标题和控件类型。

"关系"选项卡用于创建一对多表单，设置父表的关键字段和子表中的相关索引，使得表单中的子表记录与父表记录匹配。

4. 表单生成器

表单生成器为向表单中添加字段提供了一种快速方法，可以使用下面 3 种方法打开表单生成器。表单生成器如图 5-42 所示。

方法 1：选择"表单"→"快速表单"命令。

方法 2：单击表单设计器工具栏中的"表单生成器"按钮 ⬛。

方法 2：右击表单中的空白处，在弹出的快捷菜单中选择"生成器"命令。

【例 5-16】　建立表单文件 5-16.scx，表单设计图如图 5-43 所示，用命令按钮组控件

来控制学生 . dbf 表中记录指针的移动。

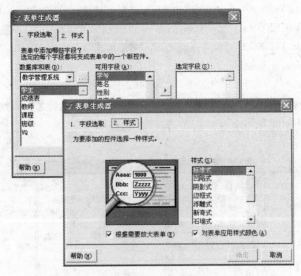

图 5-42 表单生成器

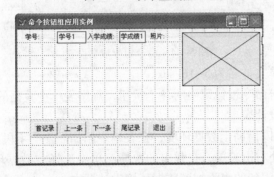

图 5-43 例 5-16 表单设计图

操作步骤如下。

1）新建一个表单，打开表单设计器。

2）在属性窗口中将表单的 Caption 属性设置为"命令按钮组应用实例"。

3）右击表单的空白处，在弹出的快捷菜单中选择"生成器"命令，打开表单生成器对话框，将学生 . dbf 表中的学号、入学成绩和照片字段添加到可用字段列表中，单击 确定 按钮。

4）在表单中添加一个命令按钮组控件，使用命令按钮组生成器按照如图 5-44 所示设置命令按钮组的属性，按钮布局设置为"水平"。

5）在代码窗口中输入命令按钮组的 InteractiveChange 事件代码。

```
DO CASE
    CASE This. Value = 1                && 首记录
        GO TOP
    CASE This. Value = 2                && 上一条
        SKIP – 1
    CASE This. Value = 3                && 下一条
```

```
                    SKIP
    CASE This. Value = 4                          && 尾记录
                    GO BOTTOM
    CASE This. Value = 5                          && 退出
                    Thisform. Release
ENDCASE
IF This. Value < 5                               && 移动记录指针之后,刷新表单
                    Thisform. Refresh
ENDIF
```

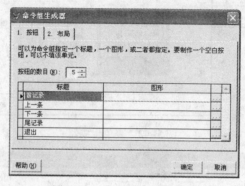

图 5-44　命令组生成器设置

6）保存表单，表单文件名为 5-16. scx。

7）运行表单，单击命令按钮组中的各个按钮，观察表单中数据的变化。

5. 利用数据环境设计表单

在表单设计时，可以借助于数据环境，在表单中添加需要的字段。操作步骤如下。

1）在表单的空白处右击表单，在弹出的快捷菜单中选择"数据环境"命令，打开数据环境设计器，将表单中用到的表添加到数据环境设计器中。

2）如果将表中的部分字段添加到表单中，可以分别将表单中需要的字段从数据环境设计器中拖曳到表单中，在表单上自动创建与字段对应的标签、文本框等控件。如果将表中的所有字段都添加到表单中，并以表格形式显示表中的数据，可以直接拖曳数据环境设计器中表的标题到表单中。

【**例 5-17**】　建立表单文件 5-17. scx，如图 5-45 所示为表单设计图，如图 5-46 所示为表单运行效果图。用表格控件显示"学生表"中的数据，表格中的"性别"列用下拉列表框实现，列表框的值为"男"和"女"。

图 5-45　例 5-17 表单设计图

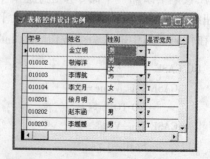

图 5-46　例 5-17 表单运行效果图

202

操作步骤如下。

1）新建一个表单，打开表单设计器。

2）右击表单，在弹出的快捷菜单中选择"数据环境"命令，打开数据环境设计器，在数据环境设计器中添加学生.dbf表，用鼠标左键拖曳学生.dbf表的标题栏到表单中，系统会在表单中自动创建一个表格控件。

3）在属性窗口中选择表格控件，将其Name属性改为"Grid1"。选择表格控件的"性别"（Column3）列下的文本框"Text1"，单击表单设计器标题栏，激活其窗口，按下〈Delete〉键，删除文本框控件。在表单控件工具栏上，单击"组合框"按钮，添加到"性别"列，这时在表格的"性别"列会显示"组合框"图标。

4）在属性窗口中，根据表5-16所示设置表单及表单中包含控件的主要属性。

表5-16 例5-17表单及其表单中包含控件的主要属性

控 件 名	属 性	值
Form1	Caption	表格控件设计实例
Grid1	DeleteMark	.F.
Grid1. Column3. Combo1	BackStyle	0
Grid1. Column3. Combo1	SpecialEffect	1
Grid1. Column3. Combo1	Style	2
Grid1. Column3. Combo1	RowSource	男，女
Grid1. Column3. Combo1	RowSourceType	1

5）保存并运行表单。

5.5 用表单向导建立表单

Visual FoxPro提供了"表单向导"和"一对多表单向导"两种表单向导来创建表单。"表单向导"可以创建基于一个表的表单，"一对多表单向导"可以创建基于两个表（按一对多关系连接）的表单。

1. 打开"向导选取"对话框

方法1：选择"文件"→"新建"命令，在弹出的"新建"对话框的"文件类型"选项组中，选择"表单"单选按钮，单击"向导"图标按钮。

方法2：选择"工具"→"向导"→"表单"命令。

采用上述任意一种方法，都会打开如图5-47所示的"向导选取"对话框。在此对话框中选择要使用的向导类型，单击 确定 按钮，即可进入向导建立表单过程。

2. 用"表单向导"建立基于一个表的表单

【例5-18】 建立表单文件5-18.scx，根据学生.dbf表用"表单向导"建立表单。

在如图5-47所示的"向导选取"对话框中选择"表单向导"，单击 确定 按钮，弹出"步骤1-字段选取"对话

图5-47 "向导选取"对话框

框，从此对话框开始按下列步骤完成表单向导建立表单的操作。

1）步骤1-字段选取。

表单向导的第一步是要求用户选取包含在表单中的字段，如图5-48所示。

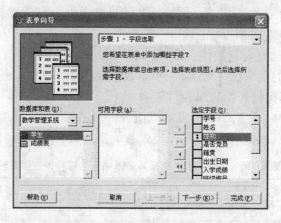

图5-48　"步骤1-字段选取"对话框

此例中，在"数据库和表"列表框中选择学生.dbf表，在"可用字段"列表框中列出学生.dbf表的全部字段，将所有可用字段添加到"选定字段"列表中，单击 下一步(N) > 按钮，进入"步骤2-选择表单样式"对话框。

2）步骤2-选择表单样式。

Visual FoxPro提供了标准式、凹陷式、阴影式、边框式、浮雕式、新奇式、石墙式、亚麻式和色彩式等9种表单样式，以及文本按钮、图片按钮、无按钮和定制等4种按钮类型供选择，如图5-49所示。

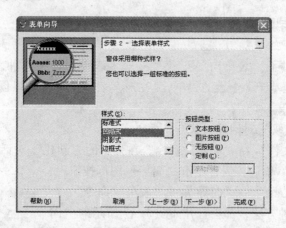

图5-49　"步骤2-选择表单样式"对话框

根据需要和爱好选择一种美观样式，它们并不影响表单本身的功能。此例中，选择样式为"凹陷式"，按钮类型为"文本按钮"，然后单击 下一步(N) > 按钮，进入"步骤3-排序次序"对话框。

3）步骤3-排序次序。

如果表单是基于一个表而设计的，就会出现"排序次序"对话框，如果表单是基于一

个视图而设计的，会跳过这一步。"排序次序"对话框用来选择表单中记录的排序字段及按
该字段排序的方式，如图5-50所示。

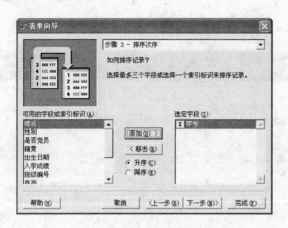

图5-50　"步骤3-排序次序"对话框

此例中，选择按学号升序排序。单击 下一步(N) > 按钮，进入"步骤4-完成"对话框。

4）步骤4-完成。

在此对话框中主要完成显示在表单顶部的标题和确定表单向导的结束方式。结束处理方
式有"保存表单以备将来使用"、"保存并运行表单"及"保存表单并用表单设计器修改表
单"3种。此外，在该对话框中还可以指定表单的其他设置，如是否使用字段映像、是否用
数据库字段显示类，以及是否为容不下的字段加入页等，如图5-51所示。

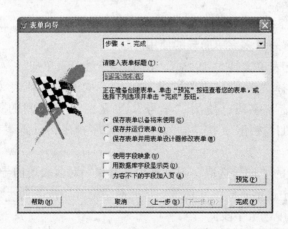

图5-51　"步骤4-完成"对话框

此例中，在对话框中输入表单标题为"学生情况查询"，选择"保存表单以备将来使
用"选项，单击 预览(P) 按钮，显示如图5-52所示的表单。

如果对表单的设计感到满意，返回向导后单击 完成(F) 按钮，保存所设计的表单，结束向
导建立表单的过程。

3. 用"一对多表单向导"建立基于两个表的表单

"一对多表单向导"涉及两个表，一个表称为父表或主表，另一个表称为子表或辅表。

父表中的一条记录对应着子表中多个与其相关的记录，在表单上的显示形式多半是父表的一条记录显示在上部，与其对应的子表记录以表格的形式显示在下半部。二者之间应有如下关系。

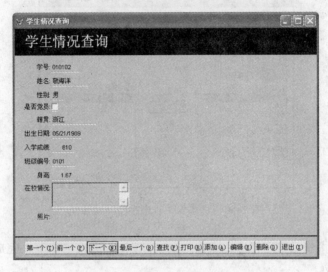

图 5-52　例 5-18 表单预览效果

1）两个表至少要有一个有公共内容的字段。

2）父表中的公共字段必须设置成主索引或候选索引，字段值不允许重复，即所谓的"一"。

3）子表中的公共字段只需设置成普通索引，字段值可以有重复，即所谓的"多"。

下面用例子来讲解一对多表单向导的使用方法。

[例 5-19]　建立表单文件 5-19. scx，使用"一对多表单向导"建立一个表单。要求从父表学生 . dbf 中选择"学号"和"姓名"字段，从子表成绩表 . dbf 中选择"学号"、"课程编号"和"成绩"字段，使用"学号"建立两个表之间的关系；样式为"凹陷式"，按钮类型为"图片按钮"，按"学号"字段升序排序，设置表单标题为"学生成绩情况"。

在如图 5-47 所示的"向导选取"对话框中选择"一对多表单向导"，单击 确定 按钮，进入"步骤 1-从父表中选定字段"对话框。从此对话框开始按下列步骤建立一对多表单。

1）步骤 1-从父表中选定字段。

该步骤主要用来选择来自父表中的字段，即一对多关系中的"一"方，只能从单个的表或视图中选取字段。选择方法与前面讲过的表单向导中的操作方法一样，如图 5-53 所示。

此例中，将学生表中的两个字段"学号"和"姓名"添加到"选定字段"列表中，单击 下一步(N) > 按钮，进入"步骤 2-从子表中选定字段"对话框。

2）步骤 2-从子表中选定字段。

本步骤选择来自子表中的字段，即一对多关系中的"多"方，只能从单个的表或视图中选取字段，如图 5-54 所示。

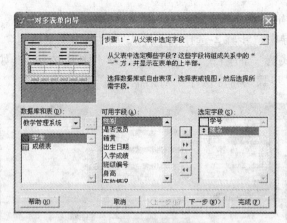

图 5-53　"步骤 1-从父表中选定字段"对话框

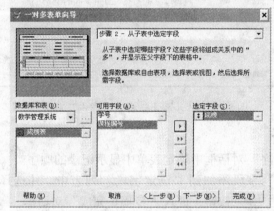

图 5-54　"步骤 2-从子表中选定字段"对话框

此例中，将成绩表中的"学号"、"课程编号"和"成绩"字段添加到"选定字段"列表中，单击 下一步(N) > 按钮，进入"步骤 3-建立表之间的关系"对话框。

3) 步骤 3-建立表之间的关系。

这一步确定联接两个表的关键字。这里并不要求两个关键字字段名相同，只要类型和值域相同就可以。

此例中，分别在学生和成绩表下拉列表框中选择"学号"字段，如图 5-55 所示，单击 下一步(N) > 按钮，进入"步骤 4-选择表单样式"对话框。

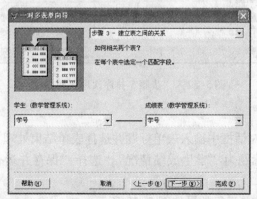

图 5-55　"步骤 3-建立表之间的关系"对话框

4）步骤4-选择表单样式。

此步骤与表单向导中"步骤2-选择表单样式"的操作完全相同。

此例中，选择样式为"凹陷式"，按钮类型为"图片按钮"，如图5-56所示，单击 下一步(N) > 按钮，进入"步骤5-排序次序"对话框。

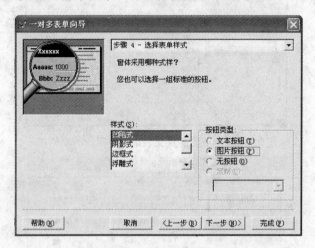

图5-56 "步骤4-选择表单样式"对话框

5）步骤5-排序次序。

在"步骤5-排序次序"对话框中确定表单中显示记录的顺序。

此例中，将"学号"字段添加到"选定字段"列表中，并选择排序方式为"升序"，如图5-57所示，单击 下一步(N) > 按钮，进入"步骤6-完成"对话框。

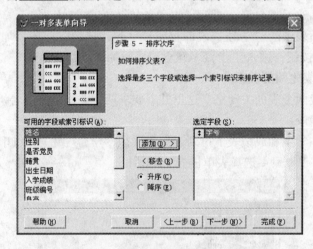

图5-57 "步骤5-排序次序"对话框

6）步骤6-完成。

在"步骤6-完成"对话框中输入表单标题并选择表单结束处理方式。

此例中，输入表单标题为"学生成绩情况"，选择"保存并运行表单"结束处理方式，如图5-58所示。

单击 完成(F) 按钮，表单运行效果如图5-59所示。

图 5-58 "步骤 6-完成"对话框

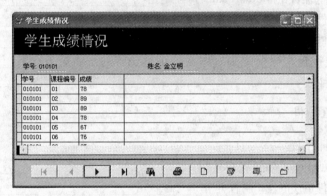

图 5-59 例 5-19 表单预览效果

5.6 本章复习指要

5.6.1 面向对象程序设计基础

1. 对象是类的一个_____，类定义了对象所具有的_____、_____和_____。

2. Visual FoxPro 中的类有_____和_____两种。

3. 表示对象的父容器对象的关键字是_____，表示对象本身的关键字是_____，表示对象所在表单的关键字是_____。

5.6.2 表单设计器及表单设计

1. 创建表单的命令是_____，运行表单的命令是_____，修改表单的命令是_____。

2. 设计表单时常用到的 4 个工具栏有_____、_____、_____和_____。常用到的 3 个窗口有_____、_____和_____。

3. 识别下列图标所代表的控件。

（1）△表示 _____ 控件，▢表示 _____ 控件。

（2）☉表示_____控件，▦表示_____控件。

（3）☉表示_____ 控件，abl表示_____ 控件。

5.6.3　常用表单控件（一）

1. 用来指定控件标题文本的属性是_____，指定控件是否可见的属性是_____，指定控件的前景颜色的属性是_____。

2. 用来显示表单的方法是_____，用来隐藏表单的方法是_____，用来刷新表单的方法是_____，用来释放表单的方法是_____。

3. 解释下列属性的含义。

（1）文本框控件的 PasswordChar 属性是指_____。

（2）命令按钮控件的 Default 属性是指_____。

（3）命令按钮控件的 Cancel 属性是指_____。

（4）命令按钮组控件的 ButtonCount 属性是指_____。

（5）列表框控件的 RowSourceType 属性是指_____。

（6）组合框控件的 Style 属性是指_____。

4. 当用鼠标或键盘来改变列表框中数据项的选择时，将触发_____（Click/InteractiveChange）事件。

5.6.4　常用表单控件（二）

1. 解释下列属性的含义。

（1）页框控件的 PageCount 属性是指_____。

（2）计时器控件的 Interval 属性是指_____。

（3）微调控件的 Increment 属性是指_____。

（4）图像控件的 Stretch 属性是指_____。

（5）形状控件的 Curvature 属性是指_____。

（6）线条控件的 LineSlant 属性是指_____。

2. 请列出 4 个容器类控件_____、_____、_____和_____。

5.6.5　用表单向导建立表单

Visual FoxPro 提供的两种表单向导分别是_____和_____。

5.7　应用能力提高

1. 利用表单向导制作有关"比赛组别"的表单，表单运行效果如图 5-60 所示。

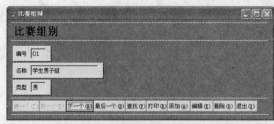

图 5-60　"比赛组别"表单运行效果图

2. 利用一对多表单向导制作有关参赛单位表和运动员表的表单，表单运行效果图如图 5-61 所示。

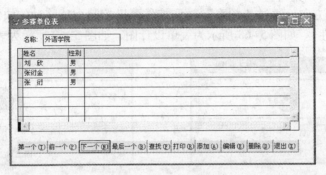

图 5-61 参赛单位表和运动员表的表单运行效果图

3. 利用表单生成器和命令按钮组控件制作可浏览"运动员表"的表单，如图 5-62 所示为表单设计图，如图 5-63 所示为表单运行效果图。

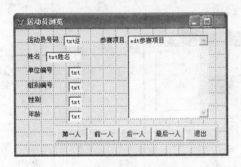
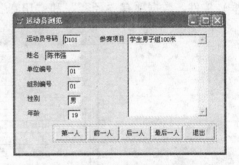

图 5-62 "运动员浏览"表单设计图　　　　图 5-63 "运动员浏览"表单运行效果图

4. 设计判断素数表单，如图 5-64 所示为表单设计图，如图 5-65 所示为表单运行效果图。

图 5-64 "判断素数"表单设计图　　　　图 5-65 "判断素数"表单运行效果图

5. 利用计时器控件制作一个可以倒计时 10 秒钟的表单，如图 5-66 所示为表单设计图，如图 5-67 所示为表单运行效果图。

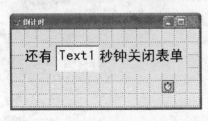
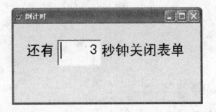

图 5-66 "倒计时"表单设计图　　　　图 5-67 "倒计时"表单表单运行效果图

6. 为第5题添加"暂停/启动"按钮，用来挂起/启动计时器。

7. 利用计时器制作一个"弹力球"表单，小球在容器控件所形成的矩形中左右移动，遇到边线就会改变方向；通过"频率"微调控件可以控制小球移动的快慢（也就是控制计时器的 Interval 属性）。如图 5-68 所示为表单设计图，如图 5-69 所示为表单运行效果图。

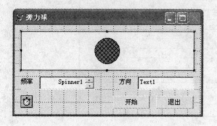 

图 5-68　"弹力球"表单设计图　　　　图 5-69　"弹力球"表单运行效果图

8. 使用表格控件和命令按钮组控件，并利用表格控件的"生成器"功能，制作有关"参赛项目"的表单，如图 5-70 所示。其中，"类型"所在列使用的是下拉列表框（即组合框）控件，数据项有"径赛"和"田赛"两个选项。

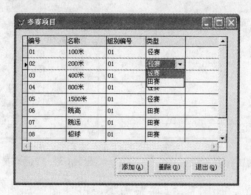

图 5-70　"参赛项目"表单运行效果图

第6章　报表与标签设计

学习目标

- 掌握使用报表设计器建立报表的方法
- 掌握使用报表向导建立报表的方法
- 了解预览报表和打印报表的操作
- 了解建立标签的方法

前面学习了数据操作的有关知识，如表的设计与维护操作、查询和视图的创建及表单设计等。通过各种操作得到所需要的数据后，将这些数据按照所需的格式输出是本章的主要内容。

报表和标签是将数据进行格式化处理的重要工具。用户可以根据需要，利用报表设计数据的输出格式，形成报表文件。

报表包括两个基本组成部分：数据源和布局。数据源通常是指表、视图、查询或临时表，而报表布局定义了报表的打印格式。创建报表的过程包括定义报表的样式并指定数据源。系统将报表样式保存在报表格式文件中，报表文件保存后系统会产生两个文件，即报表定义文件（.frx）和报表备注文件（.frt）。报表文件中设置了所需的字段、要打印的数据源及数据在页面上的位置。报表文件不存储每个数据字段的值，只存储一个特定数据库或表中各字段值在报表中的位置和格式信息。

用户可以通过报表设计器、报表向导和快速报表等方法来创建所需要的报表。

6.1　报表设计器

Visual FoxPro 提供的报表设计器允许用户通过直观的操作直接设计报表，或者修改已有的报表。可以用以下两种方法启动报表设计器。

方法 1：用 CREATE REPORT 命令建立报表文件，其命令格式为：

CREATE REPORT <报表文件名>

方法 2：选择"文件"→"新建"命令，在"文件类型"选项组中选择"报表"单选按钮，单击"新建文件"图标按钮。

无论用上述哪种方法启动报表设计器，都会打开如图 6-1 所示的报表设计器。报表设计器提供的是一个空白布局，从空白报表布局开始，可以设置报表的数据源、添加报表所需控件、设计报表的布局及设置数据分组等。

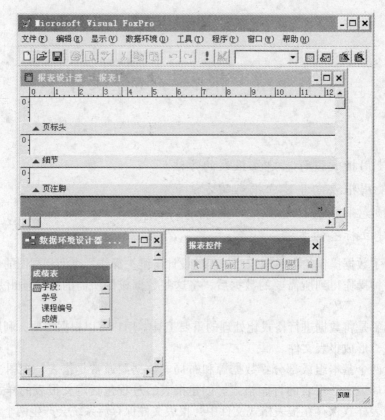

图 6-1 报表设计器

6.1.1 报表设计器中的带区

报表中的每个白色区域称为"带区"，它可以包含文本、来自表中字段的数据、计算结果、用户自定义函数，以及图片、线条等。在报表设计器的带区中可以插入各种控件，包含打印报表所需的标签、字段、变量和表达式。每一带区底部的灰色条称为分隔栏。带区名称显示于分隔栏中靠近蓝箭头▲的位置，蓝箭头▲指示该带区位于栏之上，而不是栏之下。默认情况下，报表设计器包含有页标头、细节和页注脚 3 个带区。

1) 页标头带区：报表上方包含的信息，在每份报表中只出现一次。一般来讲，出现在报表标头中的项目包括报表标题、栏标题和当前日期。

2) 细节带区：放置报表的内容，一般包含来自表中的一行或多行记录。

3) 页注脚带区：在每一页的下方，常用来放置页码和日期等信息。

在设计报表时，根据需要可以添加"标题/总结"带区，添加方法如下。

选择"报表"→"标题/总结"命令，在弹出的"标题/总结"对话框中选择"标题带区"和"总结带区"，单击 确定 按钮，就会在报表设计器窗口中添加标题和总结两个带区。

如图 6-2 所示为报表中各类带区以及带区之间的位置关系。

在报表设计器中，带区用来放置报表所需的各个控件。有时需要根据控件的多少、字体的大小及报表中各部分内容之间的距离来调整带区的大小。调整时，只要将鼠标指针指向要调整带区的分隔栏，鼠标指针即变成上下双箭头，这时按下鼠标左键并上下拖动鼠标，带区的大小随之调整。也可以双击带区分隔栏，设置带区的精确高度。如果带区内已经有控件了，带区的高度不能小于其中控件的高度。

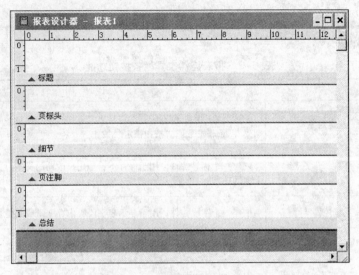

图 6-2　报表中各类带区以及带区之间的位置关系

6.1.2　报表工具栏

当报表设计器被打开时，会显示报表设计器工具栏。与报表设计器有关的工具栏如图 6-3 所示。

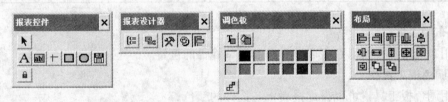

图 6-3　报表工具栏

1. 报表设计器工具栏

报表设计器工具栏中的各按钮功能如表 6-1 所示。

表 6-1　报表设计器工具栏各按钮功能

按　　钮	命　　令	说　　明
🔢	数据分组	显示数据分组对话框，可以创建数据组并指定其属性
🔢	数据环境	显示数据环境设计器
🔧	报表控件工具栏	显示或隐藏报表控件工具栏
🎨	调色板工具栏	显示或隐藏调色板工具栏
📋	布局工具栏	显示或隐藏布局工具栏

2. 报表控件工具栏

可以使用报表控件工具栏在报表上创建控件。其方法是：在报表控件具栏中单击需要的控件按钮，移动鼠标指针到报表上，单击报表放置控件或者拖曳鼠标放置控件。

如果在报表上设置了控件，可以双击报表上的控件，在弹出的对话框中设置或修改其属性。

报表控件工具栏各控件按钮功能如表 6-2 所示。

表 6-2　报表控件工具栏各按钮功能

控件按钮	命　令	说　明
▶	选定对象	移动或更改控件的大小。在创建了一个控件后，会自动选定"选定对象"按钮 ▶，除非按下了"按钮锁定"按钮 🔒
A	标签	创建一个标签控件，用于保存不希望用户改动的文本，如复选框右侧或图形下面的标题
abl	域控件	创建一个字段控件，用于显示表字段、内存变量或其他表达式的内容
┼	线条	设计时用于在报表上画各种线条形状
▢	矩形	用于在报表上画矩形
◯	圆角矩形	用于在报表上画椭圆和圆角矩形
📷	图片/ActiveX 绑定控件	用于在报表上显示图片或通用数据字段的内容
🔒	按钮锁定	允许添加多个相同类型的控件，而不需多次单击此控件的按钮

3. 布局工具栏

使用布局工具栏可以在报表上对齐和调整控件的位置。

4. 调色板工具栏

使用调色板工具栏可以设定报表上各控件的颜色。

6.1.3　报表的数据源

报表总是与一定的数据源相联系，因此在设计报表时，首先要确定报表的数据源。如果一个报表总是使用相同的数据源，就可以把它添加到报表的数据环境中。在设计数据环境以后，每次打开或运行报表时，系统会自动打开数据环境中已定义的表或视图，并从中搜集报表所需的数据。当数据源中的数据更新之后，使用同一报表文件打印的报表将反映新的数据内容，但报表的格式不变。当关闭和释放报表时，系统也将关闭已打开的表或视图。

设置报表的数据源是在数据环境设计器中进行的，操作步骤如下。

1）在报表设计器的空白带区右击，在弹出的快捷菜单中选择"数据环境"命令，或者选择"显示"→"数据环境"命令，此时会显示数据环境设计器，如图 6-4 所示。

2）在数据环境设计器中右击，在弹出的快捷菜单中选择"添加"命令，或者选择"数据环境"→"添加"命令，此时会弹出"添加表或视图"对话框，如图6-5所示。

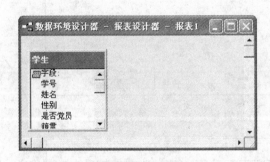

图6-4 数据环境设计器

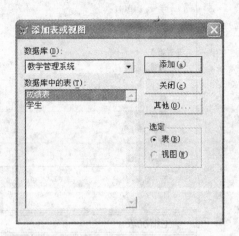

图6-5 "添加表或视图"对话框

3）在"添加表或视图"对话框中，从"数据库"下拉列表框中选择一个数据库。

4）在"选定"选项组中选择"表"或"视图"单选按钮。

5）在"数据库中的表"列表框中，选取一个表或视图。

6）单击 添加(a) 按钮，数据环境设计器中就会出现已经选择的数据源字段列表。

7）如果要选择多个数据源，可重复步骤3）~6），最后单击 关闭(c) 按钮。

这样，选择的一个或多个数据源就可以添加到数据环境设计器中。

如果报表不是固定使用同一个数据源，如在每次运行报表时才能确定要使用的数据源，则不要把数据源直接放在报表的数据环境设计器中，而是在使用报表时由用户做出选择。

6.1.4 报表布局

创建报表之前应该确定所需报表的常规格式。报表可能基于单个表，也可能基于多个表，另外还可以创建特殊种类的报表，邮件标签便是一种特殊的报表。常规报表布局如图6-6～图6-9所示。

学生情况表

学号	姓名	性别	是否党员	籍贯	出生日期	入学成绩
010101	金立明	男	Y	山东	01/23/89	577
010102	敬海洋	男	N	浙江	05/21/89	610
010103	李博航	男	N	黑龙江	05/01/88	598
010104	李文月	女	Y	辽宁	04/02/89	657
010201	徐月明	女	N	山东	10/23/89	583

图6-6 列报表

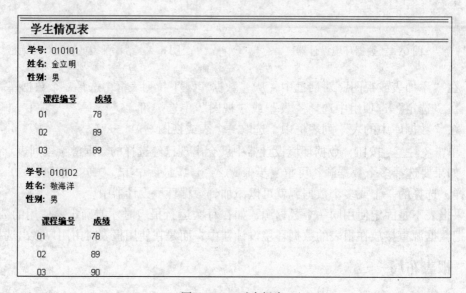

图 6-7　行报表

图 6-8　一对多报表

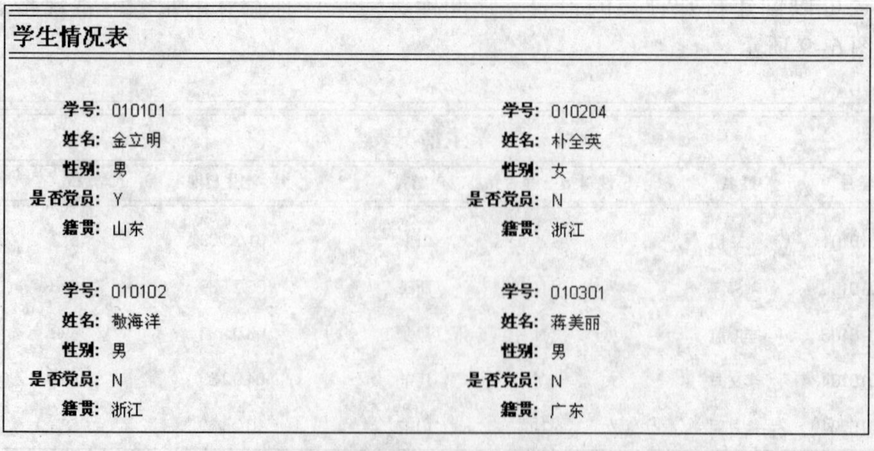

图 6-9　多栏报表

为了帮助用户更好地选择报表布局，表6-3列出了常规布局类型的一些说明。

表6-3　常规布局类型说明

布 局 类 型	说　　明
列	每行一条记录，每条记录的字段值在页面上按水平方向放置
行	一列的记录，每条记录的字段值在页面上按竖直方向放置
一对多	一条记录或一对多关系
多栏	多列记录，每条记录的字段沿左边缘竖直放置，打印在特殊纸上

确定满足需要的常规报表布局后，便可以用报表设计器创建报表布局文件。

6.1.5　报表控件的使用

新建一个报表，会打开报表设计器。在报表设计器中，为报表新设置的带区是空白的，通过在报表中添加控件来定义在页面上显示的数据项，可以安排所要输出的内容。

1. 添加域控件

域控件实际上就是与字段、变量或计算结果链接的文本框。添加域控件的方法有以下两种。

方法1：从数据环境中添加域控件。

在报表设计器中打开报表的数据环境设计器，添加表或视图，在数据环境设计器中选定字段，拖曳到报表设计器的相应带区，这样该字段就被拖曳到报表设计器的带区中。

方法2：从工具栏中添加域控件。

打开报表的数据环境设计器，单击报表控件工具栏中的"域控件"按钮，在报表设计器的相应带区单击鼠标，弹出"报表表达式"对话框，如图6-10所示。

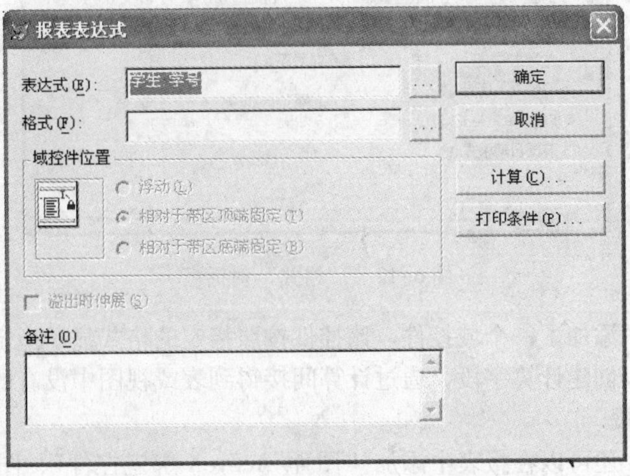

图6-10　"报表表达式"对话框

在"报表表达式"对话框中单击"表达式"文本框右边的按钮，弹出"表达式生成器"对话框，如图6-11所示，选择需要的字段，或者创建一个表达式，单击 确定 按钮，关闭"表达式生成器"对话框。

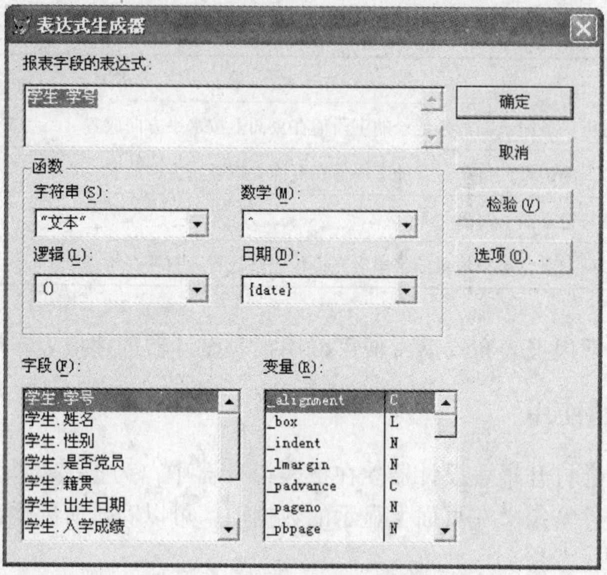

图 6-11 "表达式生成器"对话框

在"报表表达式"对话框中单击"格式"文本框右边的 ▢ 按钮，弹出"格式"对话框，如图 6-12 所示，设置数据输出格式，单击 ▢▢确定▢▢ 按钮，关闭"格式"对话框。在"报表表达式"对话框中单击 ▢▢确定▢▢ 按钮。

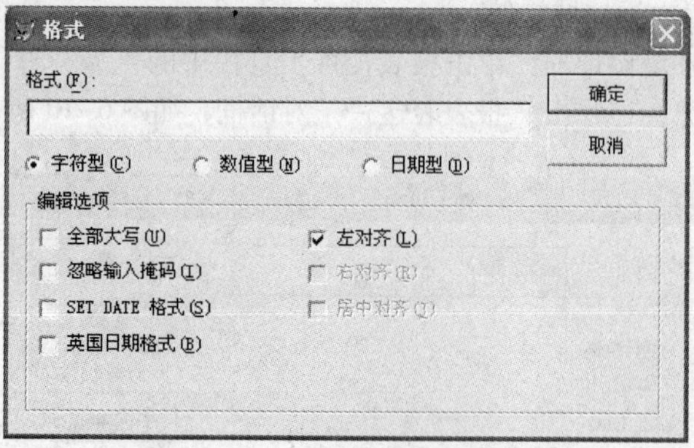

图 6-12 "格式"对话框

这样就在报表中添加了一个域控件。该控件按照指定的格式显示指定的字段或表达式的值。利用域控件可以创建计算字段，通过计算间接得到表或视图中没有的数据。

2. 添加通用字段

在创建报表时，还可以在报表中添加"图片/ActiveX 绑定控件"，图片来源可以是图形文件，这时在报表中添加的是图片；也可以是表中的通用型字段，这时在报表中添加的是 ActiveX 绑定控件。例如，在报表的标题带区添加图片显示公司的标志，在细节带区添加 ActiveX 绑定控件显示学生的照片。在添加图片时，图片不随记录变化；在添加 ActiveX 绑定控件时，显示的 ActiveX 内容将随记录的不同而不同。所以，公司的标志用添加图片（图

220

形文件）实现，学生的照片用添加 ActiveX 绑定控件（表中通用型字段）实现。在 Visual FoxPro 中，可以使用报表控件工具栏添加"图片/ActiveX 绑定控件"插入包含 OLE 对象的通用型字段。添加步骤如下。

1）在报表控件工具栏中单击"图片/ActiveX 绑定控件"。

2）在报表设计器中的相应带区单击鼠标，弹出"报表图片"对话框。

3）在"报表图片"对话框中，选择"图片来源"选项组中的"字段"单选按钮，如图 6–13 所示。

图 6–13　"报表图片"对话框

4）在"字段"文本框中输入字段名，或者使用列表框来选取字段或变量。

5）单击 确定 按钮。通用字段的占位符显示在所定义的图文框内，如图 6–14 所示。默认情况下，图片保持其原始大小。

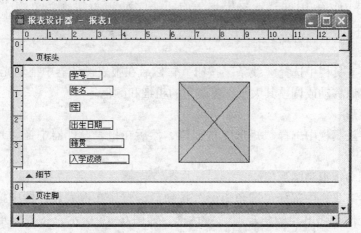

图 6–14　添加通用字段报表样式

3. 添加标签控件

在报表中，标签一般用做说明性的文字。例如，在报表的页标头带区内对应字段变量的正上方加入一个标签来说明该字段表示的意义，或者对于整个报表的标题也可用标签来设置。

（1）添加标签控件

单击报表控件工具栏中的"标签"按钮 **A**，此时鼠标形状变成一条竖直线，在要插入文本的位置单击鼠标，即可输入标签文本信息。

（2）编辑标签控件

选择要编辑的控件，选择"格式"→"字体"命令，弹出"字体"对话框，选定适当的字体、样式、大小和颜色，然后单击 **确定** 按钮，如图 6-15 所示。

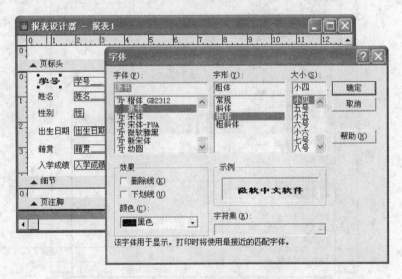

图 6-15　标签控件的添加与编辑

4. 添加线条、矩形和圆形

如果一个报表中只有数据和文本，不仅使报表显得呆板，而且还不便于查看，直线、矩形和圆形等几何图形不仅能增强报表布局的视觉效果，而且可用它们分割或强调报表中的部分内容。因此，在设置报表时，为了使报表清晰、美观，经常要用到各种几何图形控件。

（1）绘制线条

从报表控件工具栏中选择"线条"按钮 **┼**，然后在报表设计器中拖动光标以调整线条。绘制线条后，可以移动或调整其大小，更改它的粗细和颜色。

（2）绘制矩形

从报表控件工具栏中选择"矩形"按钮 **□**，然后在报表设计器中拖动光标以调整矩形的大小。

（3）绘制圆角矩形和圆形

从报表控件工具栏中选择"圆角矩形"按钮 **○**，然后在报表设计器中拖动光标以调整该控件双击该控件，弹出"圆角矩形"对话框，如图 6-16 所示，在"圆角矩形"对话框中，根据需要设置样式、对象位置、向下伸展及打印条件等。

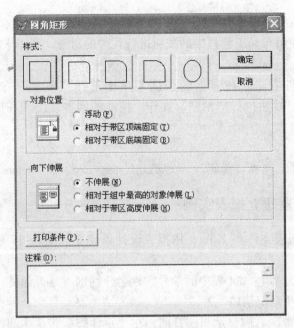

图 6-16　"圆角矩形"对话框

5. 插入页码和当前日期

使用报表控件工具栏的域控件，可以在报表中插入页码和当前日期。插入步骤如下。

1）在报表设计器中打开要插入页码和当前日期的报表。

2）在报表控件工具栏中单击"域控件"按钮 。在报表设计器的"页标头"或"页注脚"处单击鼠标，弹出"报表表达式"对话框，在该对话框中单击"表达式"文本框右边的 按钮，弹出"表达式生成器"对话框。

3）在"表达式生成器"对话框中，如果要插入页码，双击"变量"列表框中的"_pageno"；如果要插入日期，单击"日期"列表框中的 date( )函数。

4）单击 确定 按钮。

6. 控件的操作

如果创建的报表布局上已经存在控件，则可以更改它们在报表上的位置和尺寸。可以单独更改每个控件，也可以选择一组控件作为一个单元来处理。

（1）选择控件

1）选择一个控件：将鼠标指向任一控件，单击左键可选择一个控件。

2）选择多个控件：按住鼠标左键在控件周围拖动以画出选择框，或者在按住〈Shift〉键的同时单击要选择的控件，都可以选择多个控件。这时选择控点将显示在每个控件周围。

当控件被选中后，可以作为一组内容来移动、复制或删除。

（2）移动控件

选定控件，在控件四周会出现多个控点，按住这个控件并把它拖动到"报表"带区中新的位置上。控件在布局内移动位置的增量并不是连续的。增量取决于网格的设置，可以将网格设置得小一些（一般设置为1），若要忽略网格的作用，拖动控件时应按住〈Ctrl〉键，或直接通过键盘上的方向键进行调整。

（3）调整控件的位置

选择控件，可以使用布局工具栏中的按钮进行控件的对齐、居中来调整控件的位置。

（4）复制控件

选择要复制的控件右击，在弹出的快捷菜单中选择"复制"命令；或者选择"编辑"→"复制"命令，然后执行"粘贴"操作。控件的副本就出现在原始控件下面，再将副本控件拖动到正确位置。

（5）删除控件

选择要删除的控件，选择"编辑"→"剪切"命令或者按〈Delete〉键完成删除操作。

6.1.6　用报表设计器建立报表实例

【例6-1】　建立报表文件6-1.frx，用报表设计器建立如图6-17所示的报表，具体要求如下。

1）报表输出字段为学生.dbf表中的学号、姓名、性别、是否党员、入学成绩和照片。

2）页标题为"学生情况清单"。

3）在"页标头"带区右侧显示当前日期，在"页注脚"带区中间位置显示当前页码。

4）报表域控件和标签控件字体如图6-18所示。

5）报表布局类型为行报表，每页显示两列。

图6-17　"学生情况清单"报表预览

操作步骤如下。

1）新建一个报表，打开报表设计器。

2）打开数据环境设计器，添加学生.dbf表，如图6-18中的标示1所示。

3）在报表控件工具栏中单击"标签"按钮**A**，然后在"页标头"带区中间单击并创建标签控件，输入文字"学生情况清单"，如图6-18中的标示2~标示3所示。

4）按步骤3在"细节"带区分别创建标签"学号"、"姓名"、"性别"、"党员"、"入学成绩"和"照片"。

5）在数据环境设计器中，分别将学生.dbf表中的"学号"、"姓名"、"性别"、"是否党员"、"入学成绩"和"照片"字段拖曳到"细节"带区，如图6-18中的标示4~标示5所示。

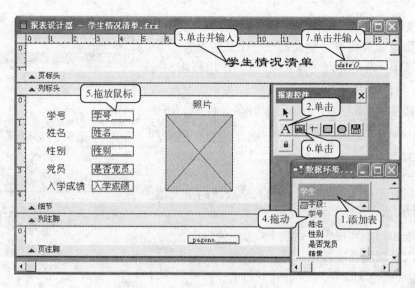

图 6-18　例 6-1 报表设计图

6）在报表控件工具栏中单击"域控件"按钮 📧，然后在"页标头"带区右侧单击并创建域控件，在"报表表达式"对话框中的"表达式"文本框中输入 date( )，如图 6-18 中的标示 6 ~ 标示 7 所示。

7）按步骤 6 在"页注脚"带区中间创建显示页码的域控件，输入变量"_pageno"。

8）设置各个标签和域控件的字体。

9）选择"文件"→"页面设置"命令，弹出"页面设置"对话框，在"列数"微调框中输入 2，然后单击 ▭确定▭ 按钮。

10）单击"常用"工具栏中的"打印预览"按钮 🔍，查看报表预览效果，如图 6-17 所示。

6.2　用向导建立报表

使用报表向导可以非常方便地完成报表的设计。用户只需要根据向导的提示一步一步地回答相应的问题，就可以按照指定的要求建立需要的报表。

Visual FoxPro 有"报表向导"和"一对多报表向导"两种类型的报表向导。

1）报表向导是基于单个表创建报表的向导。

2）一对多报表向导是基于两个表创建报表的向导。两个表要有字段类型和值域相同的字段。两个表分为父表和子表，使用表间的父子关系来创建报表。

1. 打开"向导选取"对话框

"向导选取"对话框如图 6-19 所示，打开"向导选取"对话框的方法如下：

方法 1：选择"文件"→"新建"命令，弹出"新建"对话框，在"文件类型"选项组中选择"报表"，单击"向导"图标按钮，弹出"向导选取"对话框。

方法 2：选择"文件"→"新建"命令，弹出"新建"对话框，在"文件类型"选项组中选择"报表"，单击"新建文件"图标按钮，打开报表设计器，选择"工具"→"向导"→"报表"命令，弹出"向导选取"对话框。

2. 使用"报表向导"创建基于一个表的报表

【例6-2】 建立报表文件6-2.frx，使用报表向导建立报表，具体要求如下。

1）选择学生.dbf表中的学号、姓名、性别、出生日期和入学成绩等字段。报表样式为"简报"，报表标题是"学生基本情况"。

2）按"性别"字段分组。

3）求所有记录及分组记录的为入学成绩的最大值、最小值和平均值。

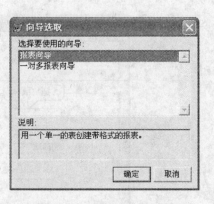

图6-19 "向导选取"对话框

4）报表布局为列报表，列数1，方向为纵向。

5）按入学成绩升序排序。

利用报表向导为学生.dbf表建立报表，按照以下步骤进行操作。

在"向导选取"对话框的"选择要使用的向导"列表框中选择"报表向导"选项，单击 确定 按钮，进入"步骤1-字段选取"对话框。

1）步骤1-字段选取。

在"数据库和表"下拉列表框中选择需要创建报表的表或者视图，然后选取相应字段，如图6-20所示。

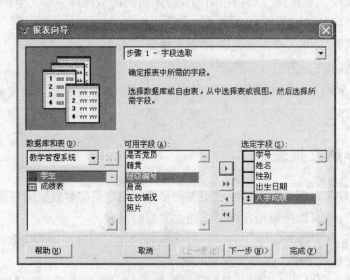

图6-20 "步骤1-字段选取"对话框

本例中，在学生.dbf表中选择学号、姓名、性别、出生日期和入学成绩字段，然后单击 下一步(N)> 按钮，进入"步骤2-分组记录"对话框。

2）步骤2-分组记录。

对记录进行分组，如图6-21所示。使用数据分组将记录分类和排序，这样可以很容易地读取它们。本例中，按"性别"字段进行分组。

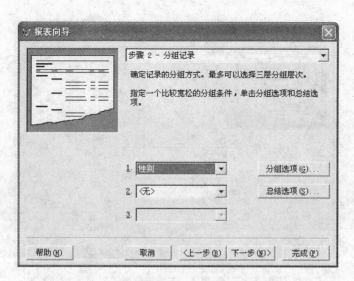

图 6-21 "步骤 2 - 分组记录"对话框

从确定的记录中，用户最多可以建立 3 层分组层次。如果是数值型字段，可以单击 分组选项(G)… 按钮，并确定分组的位数。例如，选择对学生成绩进行分组，并在"分组选项"对话框中设置分组间隔为"按十位数"，则在输出报表时将把成绩为 80 ~ 89 的学生分成一组，而将成绩为 90 ~ 99 的学生分成另一组。

单击 总结选项(S)… 按钮可以弹出"总结选项"对话框，如图 6-22 所示。在"总结选项"对话框中可以选择对某一字段取相应的值，如平均值，进行总计并添加到输出报表中去。

本例中，要计算出入学成绩的平均值、最大值和最小值，选中"入学成绩"这一行的"平均值"、"最小值"和"最大值"。

设置好分组记录，单击 下一步(N) > 按钮，进入"步骤 3 - 选择报表样式"对话框。

图 6-22 "总结选项"对话框

3）步骤 3 - 选择报表样式。

向导中有 5 种标准的报表样式供用户选择，当单击任何一种样式时，向导都在放大镜中更新成该样式的示例图片，如图 6-23 所示。

本例中，选择"样式"列表框中的"简报式"选项，然后单击 下一步(N) > 按钮，进入"步骤 4 - 定义报表布局"界面。

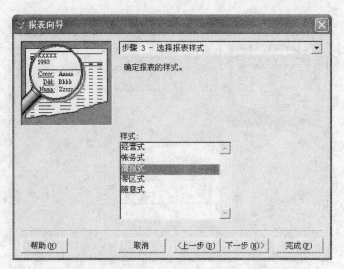

图 6-23　"步骤 3 – 选择报表样式"对话框

4）步骤 4 – 定义报表布局。

在如图 6-24 所示的界面中可以定义报表显示的字段布局。当报表中的所有字段可以在一页中水平排满时，可以使用"列"风格来设计报表，这样可以在一个页面中显示更多的数据；而当每个记录都有很多的字段时，此时，一行中可能容纳不了所有的字段，就可以考虑"行"风格的报表布局。在"列数"选项中，用户可以决定在一页内显示重复数据的列数。"方向"选项用来设置打印机的纸张设置，可以横向布局，也可以纵向布局，这取决于纸张的大小和用户的要求。

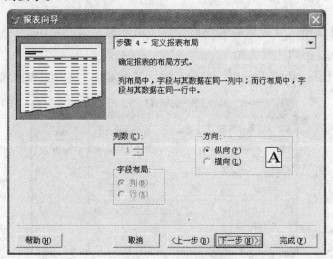

图 6-24　"步骤 4 – 定义报表布局"对话框

本例中，字段布局选择为例，列数设置为"1"，另向选择为纵向，单击 下一步(N) > 按钮，进入"步骤 5 – 排序记录"对话框。

5）步骤 5 – 排序记录。

从"可用的字段或索引标识"列表框中选择用来排序的字段，并确定排序方式，如图 6-25 所示。

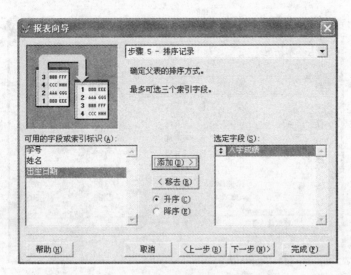

图 6-25　"步骤 5 - 排序记录"对话框

本例中，在"可用的字段或索引标识"列表框中选择"入学成绩"字段，单击
添加(s) 按钮，添加"入学成绩"字段到"选定字段"列表框中，选择排序方式为升序，
然后单击 下一步(N) > 按钮，进入"步骤 6-完成"对话框。

6）步骤 6-完成。

定义"报表标题"并完成使用报表向导建立报表的过程，如图 6-26 所示。

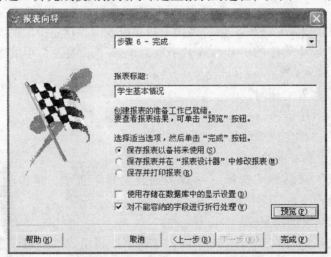

图 6-26　"步骤 6 - 完成"对话框

如果在报表的单行指定宽度之内不能防止选定数目的字段，Visual FoxPro 会自动将
字段换到下一行上。如果不希望字段换行，可以取消选中"对不能容纳的字段进行拆
行处理"复选框。

单击 预览(P) 按钮，可以在离开向导前预览报表。保存报表后，可以像其他报表一样在
报表设计器中打开或修改它。

本例中，在"报表标题"文本框中输入"学生基本情况"，并选择结束向导处理方式为
"保存报表以备将来使用"，单击 预览(P) 按钮预览报表打印效果，如图 6-27 所示。

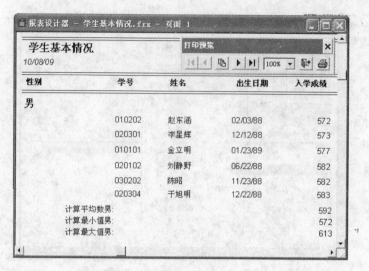

图6-27　"学生基本情况"报表

3. 使用"一对多报表向导"创建一对多报表

在 Visual FoxPro 中，规定多表报表中的表不是处于同一个层次的，也就是所引用的表地位是不平等的，处在较高等级的表称为父表，处在较低等级的表称为子表。一般来说，父表是唯一的，在窗体中占有主导的位置，而子表则是嵌入到父表当中的。

创建一对多报表，可以在父表和子表的记录之间建立联系，并用这些表和相应的字段创建报表。

【例6-3】　建立报表文件6-3.frx，使用一对多报表向导建立一个报表，具体要求如下。

1）选择父表"学生"中的学号和姓名字段，子表"成绩表"中的课程编号和成绩字段，报表样式为"经营式"。

2）报表布局方向为"横向"。

3）按学号字段升序排序。

4）报表标题为"学生成绩信息"。

按照以下操作步骤完成的操作，创建一对多报表。

在"向导选取"对话框中选择"一对多报表向导"选项，单击 确定 按钮，进入"步骤1－从父表选择字段"对话框。

1）步骤1－从父表选择字段。

该步骤主要用来选择来自父表中的字段，这些字段将组成"一对多报表"关系中最主要的"一"方，如图6-28所示，表中的数据将显示在报表的上半部。

本例中，选择学生.dbf 表中的"学号"和"姓名"两个字段，然后单击 下一步(N) > 按钮，进入"步骤2－从子表选择字段"对话框。

2）步骤2－从子表选择字段。

选择来自子表中的字段，即一对多关系中的"多"方，如图6-29所示。子表的记录将显示在报表的下半部分。

本例中，选择成绩表.dbf 中的"课程编号"和"成绩"两个字段，然后单击 下一步(N) > 按钮，进入"步骤3－为表建立关系"对话框。

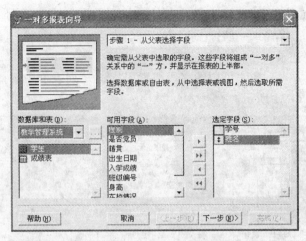

图 6-28　"步骤 1 - 从父表选择字段"对话框

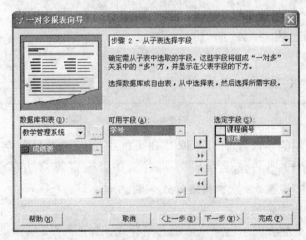

图 6-29　"步骤 2 - 从子表选择字段"对话框

3）步骤 3 - 为表建立关系。

在父表与子表之间确立关系，如图 6-30 所示，从中确定两个表之间的联接字段。

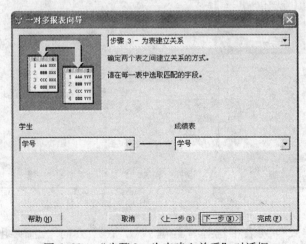

图 6-30　"步骤 3 - 为表建立关系"对话框

本例中，分别在学生和成绩表两个下拉列表框中选择"学号"字段，然后单击 下一步(N) > 按钮，进入"步骤4 – 排序记录"对话框。

4）步骤4 – 排序记录。

确定父表的排序方式，从"可用的字段或索引标识"列表框中选择用于排序的字段并确定排序方式，如图6-31所示。

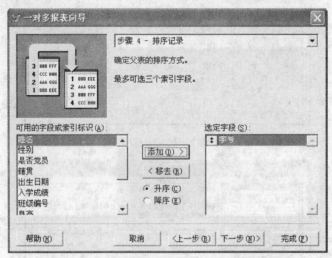

图6-31　"步骤4 – 排序记录"对话框

本例中，在"可用的字段或索引标识"列表框中选择"学号"字段，单击 添加(a) 按钮，添加"学号"字段到"选定字段"列表框中。确定排序方式为升序，然后单击 下一步(N) > 按钮，进入"步骤5 – 选择报表样式"对话框。

5）步骤5 – 选择报表样式。

选择报表样式和页面方向，也可以添加总结样式，如图6-32所示。

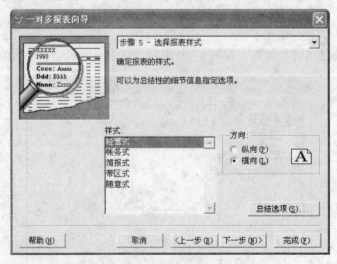

图6-32　"步骤5 – 选择报表样式"对话框

本例中，在"样式"列表中选择"经营式"，在"方向"选项组中选择页面方向为"横向"，单击 下一步(N) > 按钮，进入"步骤6 – 完成"对话框。

6）步骤6-完成。

确定报表标题并选择报表完成时对使用向导建立报表结果的处理方式。可以单击 预览(P) 按钮以查看报表输出效果，并随时单击 ‹上一步(B) 按钮更改设置，如图6-33所示。

图6-33　"步骤6-完成"对话框

本例中，在"报表标题"文本框中输入"学生成绩信息"，选择报表结果处理方式为"保存报表并在'报表设计器'中修改报表"，然后单击 完成(F) 按钮。此时，报表的设置将完全按照Visual FoxPro的默认值设定，用户可以在报表设计器中对其进行修改，如图6-34所示。

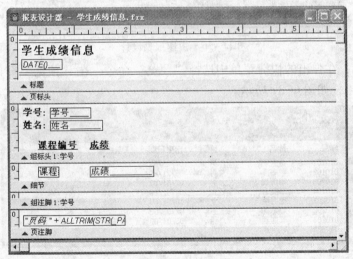

图6-34　修改"学生成绩信息"报表

6.3　快速报表

除了用报表设计器和报表向导创建报表之外，还可以用快速报表功能建立简单的报表，这是一项省时省力的功能，只需在其中选择基本的报表组件，Visual FoxPro就会根据选择的布局，自动建立简单的报表布局。

下面用实例来说明创建快速报表的步骤。

【例6-4】 建立报表文件6-4.frx，对学生表创建学生信息报表。

1）打开学生表作为报表的数据源。

2）选择"文件"→"新建"命令或者单击"常用"工具栏上的"新建"按钮，在"新建"对话框的"文件类型"选项组中选择"报表"选项并单击"新建文件"图标按钮，打开报表设计器。

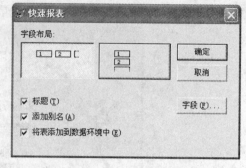

3）选择"报表"→"快速报表"命令，弹出"快速报表"对话框，如图6-35所示。

图6-35 "快速报表"对话框

4）在"快速报表"对话框中，单击 字段(F)... 按钮，可以为报表选择所需要的字段。并能够根据需要设置字段布局。

在本例中，选择学号、姓名、性别、出生日期和入学成绩字段，选择"字段布局"为列布局，单击 确定 按钮。用户在"快速报表"中选中的选项反映在报表设计器的报表布局中，如图6-36所示。

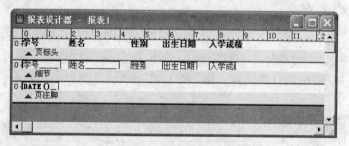

图6-36 快速报表设计

5）右击鼠标，在弹出的快捷菜单中选择"预览"命令，在"预览"窗口中可以看到快速报表的预览效果，如图6-37所示。

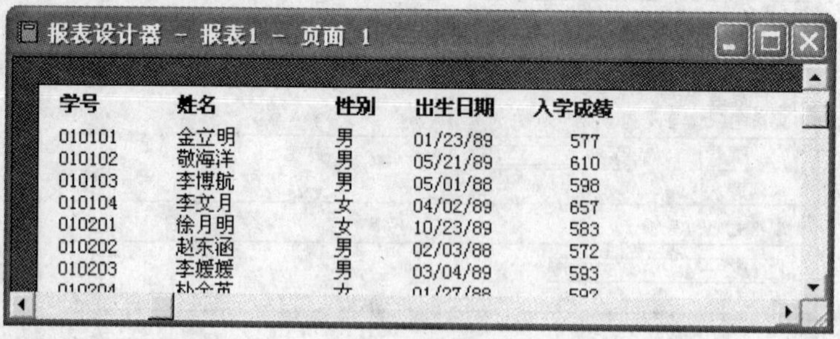

学号	姓名	性别	出生日期	入学成绩
010101	金立明	男	01/23/89	577
010102	敬海洋	男	05/21/89	610
010103	李博航	男	05/01/88	598
010104	李文月	女	04/02/89	657
010201	徐月明	女	10/23/89	583
010202	赵东涵	男	02/03/88	572
010203	李媛媛	男	03/04/89	593
010204	朴今芳	女	01/27/88	592

图6-37 预览报表

6）选择"文件"→"保存"命令，保存报表，其文件名为6-4.frx。

6.4 预览和打印报表

当用户完成报表的定制后，可以预览设计结果。一般情况下，可以在定制报表的过程中随时预览。当确认报表设计满意后，就可以将报表打印输出了。

6.4.1 预览报表

通过预览报表，用户可以不用打印就能够看到它的页面显示情况，从而可以检查报表字段的位置设置是否合适，字段大小及间距是否合理，或者查看报表是否输出所需要的数据。当预览窗口打开时，会同时显示打印预览工具栏。用户可以使用打印预览工具栏中的按钮进行前后翻页、显示指定页面上的内容及设置显示比例等。

要预览报表布局的效果，可以按照以下步骤进行操作。

1）选择"显示"→"预览"命令，或者单击"常用"工具栏上的"打印预览"按钮 ，或者使用 REPORT FORM 命令预览报表。其命令格式为：

REPORT FORM <报表文件名> PREVIEW。

2）在"打印预览"工具栏中单击"前一页"按钮 或"后一页"按钮 进行前后页面切换，可以使用"第一页" 、"最后一页" 或"转到页" 按钮翻到指定的页面。

3）在预览窗口中通过单击鼠标可以使页面分别按照整面或 100% 格式显示，也可以在"缩放"列表框中选择需要的缩放比例。如图 6-38 所示是一个典型的打印预览窗口。

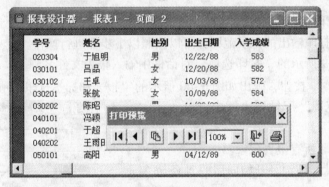

图 6-38　典型的打印预览窗口

在预览窗口中，用户将无法修改页面的设置。要想修改页面布局，可以单击"打印预览"工具栏中的"关闭预览"按钮 关闭预览窗口，返回报表设计器，在报表设计器中对需要改动的内容进行修改。

6.4.2 打印报表

使用报表设计器创建的报表只是数据的外壳，通过打印预览后用户可以初步查看设计的显示效果。但要输出令人满意的报表，必须通过对打印选项的设置来完成。在打印一个报表文件之前，应该检查相关的数据源是否已被正确设置。如果要打印报表，可以按照以下步骤进行操作。

1）选择"文件"→"打印"命令。

2）在弹出的"打印"对话框中单击 选项(0)... 按钮。

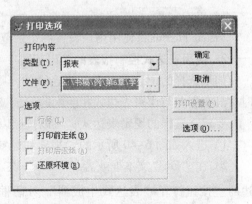

图 6-39　"打印选项"对话框

3）弹出如图 6-39 所示的“打印选项”对话框。

4）在“类型”下拉列表框中选择“报表”选项，在“文件”文本框中输入相应的报表文件名，也可以单击右边的...按钮，弹出“打印文件”对话框，在“打印文件”对话框中选择需要打印输出的报表文件位置及名称。

5）设置相应的打印选项。

6）单击 确定 按钮，完成打印设置。

如果报表文件和打印机设置正确，Visual FoxPro 将把报表发送到打印机上。

6.4.3 控制打印范围

打印报表以前，用户可以通过一定的设置来控制出现在报表中的记录。

1）为打印记录指定一个范围或数量。

2）用 For 表达式选定与条件相匹配的记录。

3）用 While 表达式选定记录直到条件不匹配时停止。

用户也可以使用这些条件的组合来筛选记录。但必须注意，While 表达式将覆盖其他条件。

1. 为打印记录限定范围

如果需要限定打印输出的记录范围，可以按照以下步骤进行操作。

1）在如图 6-39 所示的“打印选项”对话框中输入报表文件名。

2）单击 选项(O)... 按钮，弹出如图 6-40 所示的“报表和标签打印选项”对话框。

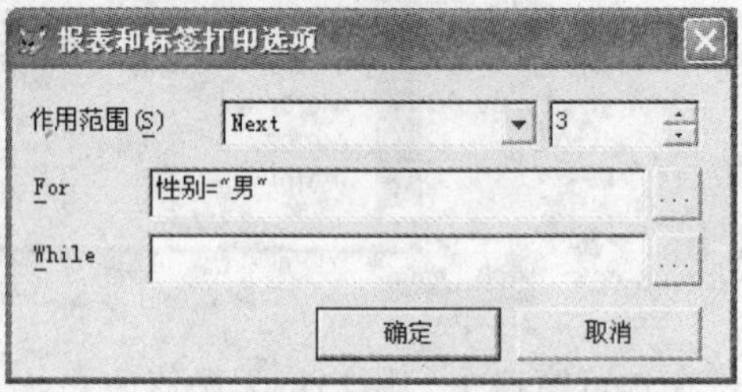

图 6-40 “报表和标签打印选项”对话框

3）在“作用范围”下拉列表框中可以选择报表打印输出的范围。

- All：指定打印所有报表记录。
- Next：指定从当前记录开始向后的 N 条记录，可以通过后边的微调按钮来调整记录数。
- Record：指定的记录，记录号可由后边微调按钮调整或者直接输入。
- Rest：指定当前记录及其后面所有的记录。

4）单击 确定 按钮。

Visual FoxPro 将使用用户设置的记录范围来打印输出报表。

2. 使用表达式控制报表的输出范围

如果选择的记录在表内不是连续的，则可以建立一个逻辑表达式以筛选打印记录。此时，只有那些与逻辑表达式相匹配的记录被打印生成报表。

要建立这样的逻辑表达式，可以按照以下步骤进行操作。

1）进入如图 6-40 所示的“报表和标签打印选项”对话框。

2）在“For”文本框或者“While”文本框中输入一个逻辑表达式，也可以通过单击右边的...按钮打开“表达式生成器”对话框，在“表达式生成器”对话框中编辑 For（或 While）表达式。

3）单击 确定 按钮。

Visual FoxPro 将对所有记录进行计算，只有满足逻辑表达式的记录被打印输出。

3. 为每个报表控件设置打印条件

用户也可以对报表中的每一个控件设置打印输出条件。要设置控件的打印条件，可以按照以下步骤进行操作。

1）在报表设计器中双击控件，弹出"报表表达式"对话框。

2）单击 打印条件(P)... 按钮，弹出如图 6-41 所示的"打印条件"对话框。

3）设置表达式，使只有该表达式为 . T. 时，该控件才出现在报表的打印页面上。

4）单击 确定 按钮，完成设置。

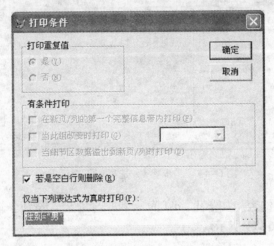

图 6-41　"打印条件"对话框

6.5　创建标签

标签是一种特殊的报表，它的创建、修改方法与报表基本相同。和创建报表一样，可以使用标签向导创建标签，也可以直接使用标签设计器创建标签。它们的不同点在于无论使用哪种方法来创建标签，都必须指定使用的标签类型，它确定了标签设计器中"细节"的尺寸。

1. 利用向导创建标签

【例6-5】　建立标签文件 6-5. lbx，用标签向导对学生 . dbf 表创建如图 6-42 所示的标签。

图 6-42　例 6-5 制作的标签

操作步骤如下。

1）选择"文件"→"新建"命令。

2）在"新建"对话框中选择"标签"单选按钮，然后单击"向导"图标按钮，进入标签向导的"步骤1-选择表"对话框，如图6-43所示。

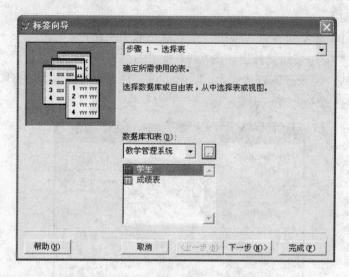

图6-43　"步骤1-选择表"对话框

3）选择一个要使用的表，如学生.dbf表。单击 下一步(N) > 按钮，进入"步骤2-选择标签类型"对话框，如图6-44所示。

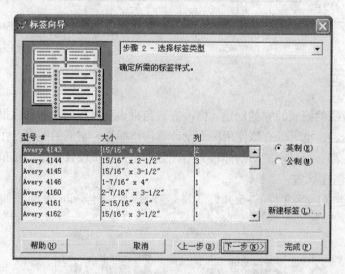

图6-44　"步骤2-选择标签类型"对话框

4）选择一种标签类型，单击 下一步(N) > 按钮，进入"步骤3-定义布局"对话框，如图6-45所示，该对话框将定制标签布局，选择在标签中使用的字段及各字段间的分隔符（分隔符可使用"."、","、"-"、":"、空格或换行）。

图中按钮的意义如表6-4所示。

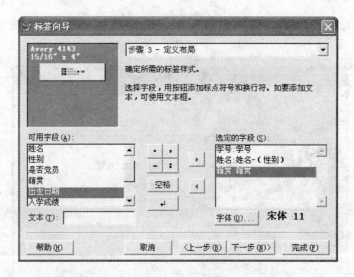

图 6-45   "步骤 3 – 定义布局"对话框

表 6-4   按钮说明

按　钮	说　明
►	字段到右边，将选中的可用字段添加到选定字段列表中
◄	字段到左边，将选中的选定字段移回到可用字段列表中
· , - :	将符号添加到右边区域中
空格	加入空格符号
↵	换行

通过这些按钮可以设定字段的打印位置。

5）设置好标签布局后，单击 下一步(N) > 按钮，进入"步骤 4 – 排序记录"对话框，如图 6-46 所示，选择排序字段和排序方式。

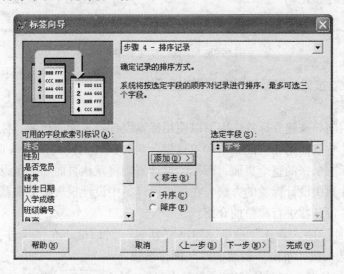

图 6-46   "步骤 4 – 排序记录"对话框

6）选择按学号升序排序后，单击 下一步(N) > 按钮，进入"步骤 5 - 完成"对话框，如图 6-47 所示。

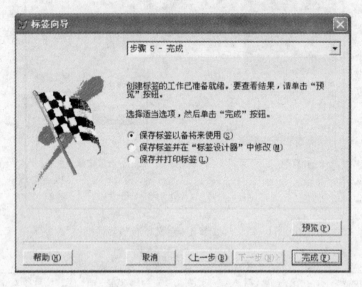

图 6-47　"步骤 5 - 完成"对话框

7）选择向导所建标签的处理方式为"保存标签以备将来使用"，单击 预览(P) 按钮，将会看到标签的预览效果，如图 6-48 所示。

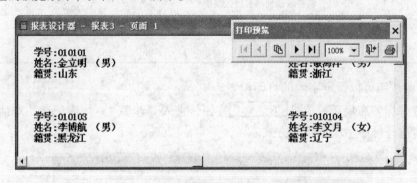

图 6-48　预览"学生标签"

8）单击 完成(F) 按钮，将标签保存到指定位置。

2. 标签设计器

如果不想使用向导来建立标签，则可以使用标签设计器来创建标签。标签设计器是报表设计器的一部分，它们使用相同的菜单和工具栏。两种设计器使用的默认页面和纸张不同，报表设计器使用标准纸张的整个页面，而标签设计器则将默认页面和纸张设置成标准的标签纸张。在标签设计器中设计标签的方法与在报表设计器中设计报表的方法基本相同，在此就只对怎样启动标签设计器进行简单的介绍。

1）选择"文件"→"新建"命令，弹出"新建"对话框，在"文件类型"选项组中选择"标签"单选按钮，单击"新建文件"图标按钮。

2）从"新建标签"对话框中选择"标签布局"，单击 确定 按钮，显示标签设计器。

标签设计器的布局与报表设计器的布局相似，其使用方法大同小异，可以参照报表文件的设计和修改方法进行操作。

6.6 本章复习指要

6.6.1 报表设计器

1. 报表包括两个基本组成部分_____和_____，报表文件保存后将产生两个文件，分别是_____和_____。
2. 创建报表的方法有 3 种，分别是_____、_____和_____。
3. 创建报表的命令是_____。
4. 默认情况下，报表设计器包含有 3 个带区，分别是_____、_____和_____。
5. 报表_____（有/没有）数据环境。
6. 报表常见的布局类型有_____、_____、_____和_____。
7. 若要在报表中插入页码可使用_____变量，插入日期可使用_____函数。

6.6.2 用报表向导建立报表

Visual FoxPro 提供了两种报表向导，分别是_____和_____。

6.6.3 快速报表

"快速报表"功能在 Visual FoxPro 的_____菜单中。

6.6.4 预览和打印报表

1. 预览报表所使用的命令是_____。
2. 打印报表时，如果要控制报表控件是否打印，可以对该控件设置_____。

6.6.5 创建标签

创建标签的两种方法是_____和_____。

6.7 应用能力提高

1. 用报表向导对"运动员表"创建一个标题为"运动员名单"的报表，要求如下：
（1）输出字段包括运动员号码、姓名、性别、年龄和参赛项目；
（2）报表样式为带区式；
（3）报表方向为横向；
（4）按运动员号码升序排序；
（5）报表标题为运动员名单。
2. 用快速报表功能对"比赛成绩表"创建一个标题为"成绩公告"的报表，如图 6-49 所示，报表预览效果如图 6-50 所示。

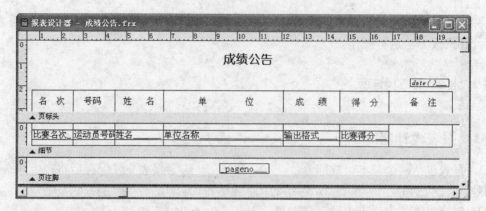

图 6-49　"成绩公告"报表设计图

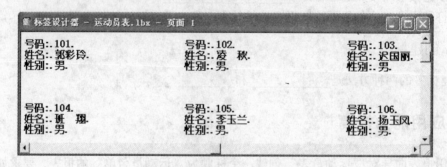

图 6-50　"成绩公告"报表预览

3. 为第 2 题的报表插入当前日期和页码。

4. 使用标签向导对"运动员表"创建如图 6-51 所示的标签。

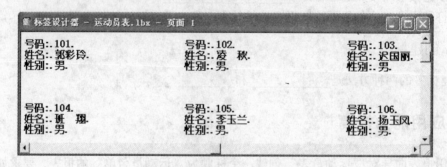

图 6-51　"运动员表"标签预览

第7章 菜单设计

学习目标

- 掌握菜单设计的步骤
- 了解为顶层表单添加菜单的方法
- 了解快速菜单的用法

　　菜单是一个应用系统向用户提供功能服务的界面。Windows 环境下的应用系统（如 Office 办公软件、Visual FoxPro 等）都具有丰富的菜单而便于用户访问。在 Visual FoxPro 中，除了系统提供的菜单外，用户还可以在自己设计的应用程序中定义菜单，给应用程序添加一个友好的用户界面，方便用户操作应用程序。

7.1　菜单设计概述

7.1.1　菜单的组成及设计原则

　　在一个良好的系统程序中，菜单起着组织协调其他对象的关键作用，对数据进行操作时菜单尤为重要。在学习制作菜单之前，先来了解菜单系统的组成。如图 7-1 所示 Visual FoxPro 6.0 的系统菜单。一个菜单系统通常由菜单栏和菜单项组成。其中，菜单栏用于放置多个菜单项；每个菜单项可以有"命令"、"填充名称"、"子菜单"和"过程" 4 个结果处理方式。一个菜单项有一个菜单标题即菜单名称，单击某菜单标题，可以实现某一具体的任务。

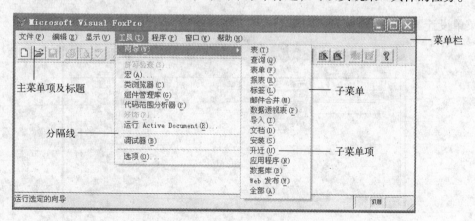

图 7-1　Visual FoxPro 6.0 的系统菜单

　　对于菜单的使用，需要说明以下几点。

1）访问键：每一个菜单项后面可以有一个用括号括起来的英文字母，该字母代表可访问菜单项的访问键，它可以是 A ~ Z 的任意一个英文字母。使用访问键访问某一菜单项时，按住〈Alt〉键，再输入访问键即可执行相应的操作。

2）快捷键：在某些菜单项的右侧有〈Ctrl + 字母〉组合键，这是该菜单项的快捷键。使用快捷键访问某一菜单项时，按住〈Ctrl〉键，再输入相应的英文字母。

3）子菜单标志：在有些菜单项的右侧有一个黑色三角形，它表示执行该菜单项会引出一个子菜单，当鼠标指向该菜单项时，它将自动弹出一个子菜单，如 Visual FoxPro 系统菜单中的"向导(W)"菜单项。

4）菜单项分隔线：在菜单中为了将某些功能相关的菜单项分在一起，在中间用一条直线与其他菜单项分隔开来，便于用户使用。

7.1.2　菜单设计步骤

创建一个菜单系统包括若干步骤，不管应用程序的规模多大，打算使用的菜单多么复杂，都需要按以下步骤创建菜单系统。

1）规划与设计系统。确定需要哪些菜单，出现在界面的何处，以及哪几个菜单要有子菜单等。

2）创建菜单项和子菜单。使用菜单设计器可以定义菜单标题、菜单项和子菜单。

3）按实际要求为菜单系统指定任务。指定菜单所要执行的任务，如显示表单或对话框等。另外，如果需要，还可以包含初始化代码和清理代码。初始化代码在定义菜单系统之前执行，其中包含的代码用于打开文件、声明变量或将菜单系统保存到堆栈中，以便以后可以进行恢复。清理代码中包含的代码在菜单定义代码之后执行，用于选择菜单和菜单项可用或不可用。

4）生成菜单程序。

5）运行生成的程序，以测试菜单系统。

7.1.3　菜单设计器的组成

菜单设计器如图 7-2 所示，主要由以下几部分组成。

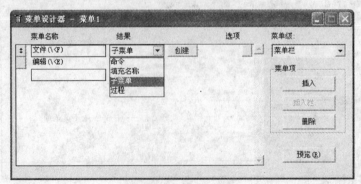

图 7-2　菜单设计器

1."菜单名称"列

"菜单名称"用来输入菜单项的标题文本。该文字是显示在菜单上的，不是程序代码中引用的菜单名，如"文件"等。

在 Visual FoxPro 中允许用户在菜单项名称中为该菜单定义访问键。菜单显示时，访问键用有下画线的字符表示；菜单打开后，只要按下〈Alt + 访问键〉，该菜单项就被执行，定义访问键的方法是在要定义的字符前加上"\ <"两个字符，如"文件"后加上"(\ <F)"，如果有两个菜单项定义了相同的访问键，只有第一个有效。

2. "结果"列

"结果"列用于定义菜单项的性质，其中包含命令、填充名称、子菜单和过程等 4 项内容。

(1) 命令

用于为菜单项定义一条命令，运行菜单后，选择该菜单项，就会运行该命令。定义命令时，会在"结果"列的右边出现一个文本框，只要将命令输入到文本框中即可。

(2) 过程

用于为菜单项定义一个过程，当选择该菜单项后运行的不只是一条命令，而是多条命令时，就要选择该项。选择该项后，在"结果"列的右边单击 创建 按钮，出现一个文本编辑窗口，输入程序中的命令。

注意： 创建 命令按钮在新建过程时是 创建 按钮，修改已经存在的过程时是 编辑 按钮。

(3) 子菜单

用于为菜单项定义一个子菜单，在"结果"下拉列表中选择"子菜单"后单击 创建 按钮，菜单设计器进入子菜单设计窗口，供用户建立和修改子菜单，如图 7-3 所示。

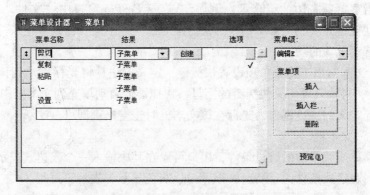

图 7-3　创建子菜单

注意： 创建 命令按钮在新建子菜单时是 创建 按钮，修改已经存在的子菜单时是 编辑 按钮。

通过右侧的"菜单级"下拉列表框，选择"菜单栏"可返回到第一级菜单。

(4) 填充名称或菜单项#

该选项用于定义第一级菜单的菜单名或子菜单的菜单项序号。当前若是一级菜单，弹出的就是"填充名称"，表示由用户自己定义菜单名；当前如果是子菜单项则显示"菜单项#"，表示由用户自己定义菜单序号。定义时名字或序号输入到它右边的文本框中。

其实，系统会自动设定菜单名称和菜单序号，只不过系统所取的名字难记忆，不便于阅读菜单程序和在程序中引用。

3. "选项"列

每个菜单行的"选项"列中有一个没有标题的按钮 ⫿，单击该按钮后，弹出如图7-4所示的"提示选项"对话框，用于定义菜单项的附加属性，如果为该菜单项定义过属性，则该按钮显示为☑。

图7-4 "提示选项"对话框

（1）定义快捷键

快捷键是指菜单项右边的组合键。例如，Visual FoxPro窗口中"文件"菜单中的"新建"菜单项的快捷键定义为〈Ctrl + N〉。快捷键与访问键不同，在菜单还未打开时，使用快捷键就可以运行菜单项的功能。

"键标签"文本框用于为菜单项设置快捷键，定义方法是将光标移动到该文本框中，先按下〈Ctrl〉键，再输入要定义快捷键的字母，快捷键会自动填充到文本框中。

要取消已经定义的快捷键，当光标在该文本框时按空格键即可。

（2）"跳过"文本框

用于设置菜单或菜单项的跳过条件，用户可以在其中输入一个表达式表示条件。在菜单运行过程中，当表达式条件为 . T. 时，该菜单以灰色显示，表示不可用。

（3）显示状态栏信息

"信息"文本框用于设置菜单项的说明信息，该说明信息显示在状态栏中。

4. 分组菜单项

对于一个包含子菜单的菜单项，菜单分组可以使菜单的界面更加清晰。将具有相关功能的菜单项分成一组，同时可以方便用户的操作。例如，在Windows大多数文本编辑应用程序中，常将"剪切"、"复制"、"粘贴"等与剪切板的操作相关命令放在一组，以便于文本编辑操作。

要将菜单分组，只需要在"菜单名称"栏中输入"\ – "即可。

5. "菜单设计器"中按钮的作用

（1）<u>　　插入　　</u>按钮

单击该按钮，可在当前菜单项之前插入一个新的菜单项。

（2） 插入栏... 按钮

在当前菜单项之前插入一个 Visual FoxPro 系统菜单命令。

单击该按钮，弹出"插入系统菜单栏"对话框，如图 7-5 所示。然后在对话框中选择所需的菜单命令，并单击 插入 按钮。

（3） 删除 按钮

单击该按钮，可删除当前菜单项。

（4） 预览(R) 按钮

单击该按钮，可预览菜单效果。

（5） ↕ 按钮

每一个菜单项左侧都有一个移动按钮，拖动 "移动按钮" ↕ 可以改变菜单项在当前菜单项中的位置。

图 7-5 "插入系统菜单栏"对话框

7.2 菜单的操作

7.2.1 创建菜单

创建菜单可以使用以下两种方法。

方法 1：用命令方式建立菜单文件，其命令格式为：

CREATE MENU [<菜单文件名>]

命令中的 <菜单文件名> 指所建立的菜单文件名，其扩展名为 .mnx，可以省略。

方法 2：选择"文件"→"新建"命令，弹出"新建"对话框后在"文件类型"选项组中选择"菜单"单选按钮，单击"新建文件"图标按钮，屏幕上弹出如图 7-6 所示的"新建菜单"对话框，单击"菜单"图标按钮，将进入如图 7-7 所示的"菜单设计器"对话框。

图 7-6 "新建菜单"对话框

【例 7-1】 建立菜单文件 7-1. mnx，其菜单构成如表 7-1 所示。

表 7-1 主菜单、菜单项和子菜单

主菜单	菜单项	子菜单
文件($\underline{F}$)	新建($\underline{N}$)　Ctrl + N 打开($\underline{O}$)　Ctrl + O 关闭($\underline{C}$)　Ctrl + C	
浏览($\underline{V}$)	学生表 成绩表 课程表	

主菜单	菜单项	子菜单
管理（<u>M</u>）	成绩管理 档案管理	
工具（<u>T</u>）	向导	表 查询 表单 报表
退出（<u>Q</u>）	退出　　Ctrl + Q	

具体的建立步骤如下。

1）在如图7-7所示的"菜单设计器"中依次输入菜单名称"文件（\<F）"、"浏览（\ <V）"、"管理（\<M）"、"工具（\<T）"和"退出（\<Q）"。

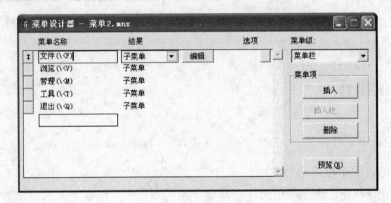

图7-7　步骤1图示

2）将光标定位在"文件"菜单项，在"结果"下拉列表框中选择"子菜单"选项，显示如图7-8所示的界面，单击 插入栏… 按钮，分别插入"新建"、"打开"和"关闭"3个系统菜单项。

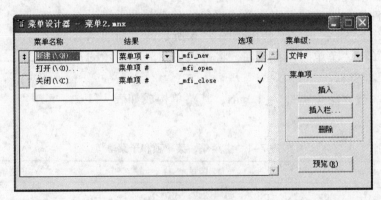

图7-8　步骤2图示

3）在"菜单级"下拉列表框中选择"菜单栏"选项，返回最上级菜单，按表7-1依次建立其它各级子菜单。

7.2.2 生成菜单程序

使用菜单生成器所建立的菜单系统以 .mnx 为扩展名保存在存储器中。该文件是一个表，保存了菜单系统有关的所有信息。这个文件并不是可执行的程序，必须生成一个扩展名为 .mpr 的可执行菜单程序文件，应用系统才可以调用该菜单。

生成菜单程序文件的步骤如下。

1）在菜单设计器窗口中选择"菜单"→"生成"命令。

2）弹出如图 7-9 所示的保存提示框，单击 是(Y) 按钮，会弹出如图 7-10 所示的"生成菜单"对话框，输入菜单程序文件名，并单击 生成 按钮。

生成的菜单程序文件扩展名为 .mpr。

图 7-9 保存提示框

图 7-10 "生成菜单"对话框

7.2.3 运行菜单

菜单程序文件也是一种程序文件，与程序文件（.prg）一样可以运行。运行菜单可以使用如下方法。

方法 1：以命令方式运行菜单程序文件。其命令格式为：

DO <菜单程序文件名 .mpr >

使用 DO 命令运行菜单程序时，菜单程序文件的扩展名 .mpr 不可省略。

例如：

DO 7-1.mpr

方法 2：选择"程序"→"运行"命令，弹出"运行"对话框，然后选择相应的文件名，单击 运行 按钮。

7.2.4 修改菜单

通过菜单设计器修改菜单时，可以用以下方法打开"菜单设计器"。

方法 1：使用 MODIFY MENU 命令修改菜单文件。其命令格式为：

MODIFY MENU［菜单文件名］

方法 2：选择"文件"→"打开"命令，弹出"打开"对话框，在"打开"对话框中选择打开的文件类型为"菜单(* .mnx)"选项，选择要修改的菜单文件名，单击 确定 按钮。

7.3 为顶层表单添加菜单

一般情况下，使用菜单设计器设计的菜单是在 Visual FoxPro 的窗口中运行的。也就是说，用户菜单不是在窗口的顶层，而是在第二层，因为"Microsoft Visual FoxPro"标题一直都被显示。

要去掉"Microsoft Visual FoxPro"标题并换成用户指定的标题，可以通过顶层表单的设计来实现。

操作步骤如下。

1）首先建立一个下拉式菜单文件。设计菜单时，选择"显示"→"常规选项"命令，会弹出如图 7-11 所示的"常规选项"对话框，选中"顶层表单"复选框，然后再执行生成菜单程序文件的操作。

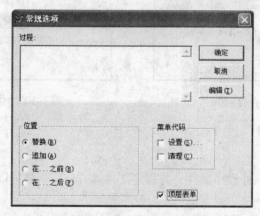

图 7-11 "常规选项"对话框

2）创建一个表单，将表单的 ShowWindow 属性值设为 2，使该表单成为顶层表单，然后在表单的 Init 事件中添加如下代码：

```
DO <菜单程序名> WITH THIS,. T.
```

其中 <菜单程序名> 指定被调用的菜单程序文件，其扩展名 . mpr 不能省略。

【例 7-2】 建立表单文件 7-2. scx，按照上述步骤将例 7-1 中所建立的菜单添加到顶层表单中，其运行效果如图 7-12 所示。

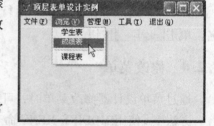

图 7-12 顶层表单

操作步骤如下。

1）在"菜单设计器"中打开 7-1. mnx 菜单文件。

2）选择"显示"→"常规选项"命令，弹出"常规选项"对话框，选中"顶层表单"复选框。

3）生成菜单程序文件。

4）建立表单文件 7-2. scx，将表单的 ShowWindow 属性值设为 2。

5）在表单的 Init 事件中添加如下代码：

```
DO 7-1. mpr WITH THIS,. T.
```

6）保存表单并运行表单。

7.4 快捷菜单

快捷菜单是一种右击鼠标才出现的弹出式菜单。在 Visual FoxPro 中快捷菜单创建方法与下拉式菜单基本相同，只是在如图 7-6 所示的"新建菜单"对话框中单击"快捷菜单"按钮，然后利用快捷菜单设计器进行设计。快捷菜单设计器与菜单设计器的使用方法相同。

为了使控件或对象能够在右击时激活快捷菜单，需要在控件或对象的 RightClick 事件中添加执行菜单的命令，即

      DO 快捷菜单程序文件名 . mpr

【例 7-3】 建立菜单文件 7-3. mnx，快捷菜单的构成如图 7-13 所示。

操作步骤如下。

1）单击"文件"→"新建"命令，在"新建"对话框的"文件类型"选项组中选择"菜单"单选按钮，单击"新建文件"图标按钮，弹出"新建菜单"对话框。

2）在"新建菜单"对话框中单击"快捷菜单"图标按钮，弹出"快捷菜单设计器"。

3）根据如图 7-13 所示建立菜单中的各项内容。

图 7-13　建立快捷菜单中的各菜单项及部分代码

4）选择"菜单"→"生成"命令，在保存确认对话框中单击 是(Y) 按钮，弹出"生成菜单"对话框。

5）在"生成菜单"对话框中，单击 生成 按钮，生成菜单程序文件。

6）建立一个表单文件 7-3. scx，在表单的 Right-Click 事件中编写执行菜单程序的命令：

      DO 7-3. mpr

7）运行表单 7-3. scx，右击表单，运行效果如图 7-14 所示。

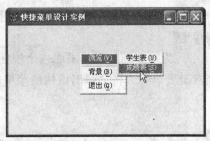

图 7-14　例 7-3 运行效果

7.5 本章复习指要

7.5.1 菜单设计概述

1. 一个菜单系统通常由________、________、________和________组成。

2. 如果一个菜单项的访问键是 A，则按键盘上的________键可以激活该菜单。

3. 在完成菜单设计后，要________菜单文件，才能使用该菜单。

4. 分组菜单项是在菜单名称中输入________。

7.5.2 菜单的制作

1. 创建菜单的命令是________，修改菜单的命令是________，运行菜单程序文件的命令是________。

2. 菜单程序文件的扩展名是________。

7.5.3 为顶层表单添加菜单

为顶层表单添加菜单的命令格式为________________________。

7.5.4 快捷菜单

为使右击一个控件时能够弹出快捷菜单，应该在该控件的________事件中添加执行菜单的命令。

7.6 应用能力提高

1. 使用菜单设计器设计如图 7-15 所示的菜单，并生成菜单程序文件，文件名为 menu1.mpr。

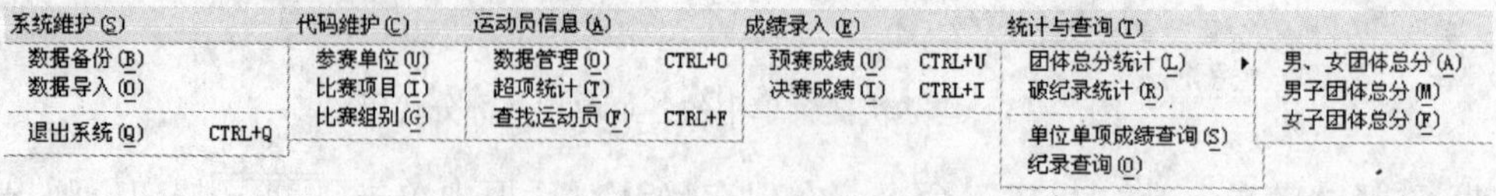

系统维护(S)
代码维护(C)
运动员信息(A)
成绩录入(E)
统计与查询(T)
数据备份(B)
数据导入(O)
退出系统(Q) CTRL+Q
参赛单位(U)
比赛项目(I)
比赛组别(G)
数据管理(O) CTRL+O
超项统计(T)
查找运动员(F) CTRL+F
预赛成绩(U) CTRL+U
决赛成绩(I) CTRL+I
团体总分统计(L)
破纪录统计(R)
单位单项成绩查询(S)
纪录查询(O)
男、女团体总分(A)
男子团体总分(M)
女子团体总分(F)

图 7-15 田径运动会比赛成绩管理系统的菜单

2. 创建一个顶层表单，将第 1 题所设计的菜单添加到该表单上。

3. 为第 2 题的表单添加一个快捷菜单，如图 7-16 所示，当右击表单时，将会弹出该快捷菜单。

浏览(V)
背景(B)
退出(Q)
学生表(U)
成绩表(S)
红色(R)
蓝色(B)

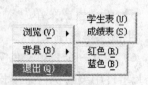

图 7-16 快捷菜单

第8章 项目管理器

学习目标

- 掌握项目管理器的用法
- 了解项目管理器的组成
- 了解项目文件的连编和运行

在 Visual FoxPro 中，项目就是一种文件，用于跟踪创建应用程序所需要的所有程序、表单、菜单、库、报表、标签、查询及一些其他类型的文件，它是文件、数据、文档和 Visual FoxPro 对象的集合，项目文件以 .pjx 为扩展名保存在存储器中。

项目管理器是对项目进行维护的工具，即项目管理器是 Visual FoxPro 中处理数据和对象的主要组织工具，通过项目管理器能启动相应的设计器、向导来快速创建、修改和管理各类文件。项目管理器作为一种组织工具，能够保存属于某一应用程序的所有文件列表，并可根据文件类型将这些文件进行划分，为数据提供一个精心组织的分层结构图。总之，在建立表、数据库、查询、表单、报表及应用程序时，可以用项目管理器来组织和管理文件，项目管理器是 Visual FoxPro 的"控制中心"。

8.1 项目文件的操作

8.1.1 创建项目文件

创建项目文件可以使用以下两种方法。

方法1：用命令方式建立项目文件。其命令格式为：

> CREATE PROJECT [<项目文件名>]

方法2：选择"文件"→"新建"命令，在"新建"对话框中选择"文件类型"选项组中的"项目"单选按钮，然后单击"新建文件"图标按钮，弹出"创建"对话框，在"创建"对话框中确定项目文件的存放路径并输入项目文件名，单击 保存(S) 按钮。

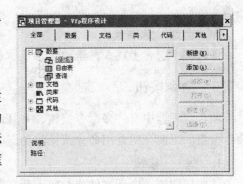

图 8-1　项目管理器

创建项目文件后，系统会打开项目管理器，如图 8-1 所示。

8.1.2 打开已有的项目文件

打开已有的项目文件可以用以下方法。

方法 1：用命令方式修改项目文件。其命令格式为：

  MODIFY PROJECT ＜项目文件名＞

方法 2：选择"文件"→"打开"命令，在"打开"对话框中选择或直接输入项目文件路径和项目文件名，单击 ▢ 确定 ▢ 按钮。

项目文件打开后，显示如图 8-1 所示的项目管理器。

8.2 项目管理器的组成

项目管理器以树状的分层结构显示各个项目，窗口中主要包括选项卡和命令按钮。

8.2.1 选项卡

项目管理器共有"全部"、"数据"、"文档"、"类"、"代码"和"其他"6 个选项卡，每个选项卡用于管理某一类型的文件。

1."数据"选项卡

该选项卡包含了一个项目中的所有数据，即数据库、自由表、查询和视图。

2."文档"选项卡

该选项卡中包含了处理数据时所用的全部文档，即输入和查看数据所用的表单，以及打印表和查询结果所用的报表及标签。

3."类"选项卡

该选项卡显示和管理由类设计器建立的类库文件。

4."代码"选项卡

该选项卡包含了程序文件、API 库文件和应用程序等所有代码程序文件。

5."其他"选项卡

该选项卡显示和管理菜单文件、文本文件及由 OLE 等工具建立的其他文件（如图形、图像文件）。

6."全部"选项卡

该选项卡包含上述 5 种选项卡，显示和管理以上所有类型的文件。

8.2.2 命令按钮

项目管理器中有许多命令按钮，并且命令按钮是动态的，选择不同的对象会出现不同的命令按钮。下面介绍常用命令按钮的功能。

1. ▢ 新建(N)... ▢ 按钮

该按钮创建一个新文件或对象，新文件或对象的类型与当前所选定的类型相同。此按钮与"项目"菜单中"新建文件"命令的作用相同。

注意：使用"文件"菜单中的"新建"命令可以新建一个文件，但不会自动包含在项目中。而使用项目管理器中的 ▢ 新建(N)... ▢ 命令按钮，或"项目"菜单中的"新建文件"命令，建立的文件会自动包含在项目中。

2. 添加(A)... **按钮**

该按钮用于把已经存在的文件添加到项目中。

3. 修改(M)... **按钮**

该按钮用于在相应的设计器中打开选定项进行修改，如在数据库设计器中打开一个数据库进行修改。

4. 浏览(B) **按钮**

该按钮用于在浏览窗口中打开一个表，以便浏览表中内容。

5. 运行 **按钮**

该按钮用于运行选定的查询、表单或程序。

6. 移去(V)... **按钮**

该按钮用于从项目中移去选定的文件或对象。Visual FoxPro 将询问是从项目中移去此文件，还是同时将其从磁盘中删除。

7. 打开(O) **按钮**

该按钮用于打开选定的数据库文件。当选定的数据库文件被打开后，此按钮变为"关闭"。

8. 关闭(C) **按钮**

该按钮用于关闭选定的数据库文件。当选定的数据库文件关闭后，此按钮变为"打开"。

9. 预览(B) **按钮**

该按钮用于在打印预览方式下显示选定的报表或标签文件内容。

10. 连编(D)... **按钮**

该按钮用于连编一个项目或应用程序，还可以连编一个可执行文件。

8.2.3 定制项目管理器

用户可以改变项目管理器的外观。例如，可以移动项目管理器的位置，改变它的大小，也可以折叠或拆分项目管理器，以及使项目管理器中的选项卡始终浮在其他窗口之上。

1. 移动和缩放项目管理器

项目管理器和其他 Windows 窗口一样，可以随时改变窗口的大小及移动窗口的显示位置。将鼠标放置在窗口的标题栏上并拖曳鼠标即可移动项目管理器。将鼠标指针指向项目管理器的边框上，拖动鼠标便可以调整窗口大小。

2. 折叠和展开项目管理器

项目管理器右上角的向上箭头按钮用于折叠或展开项目管理器。该按钮正常时显示为向上箭头，单击时，项目管理器缩小为仅显示选项卡，同时该按钮变为向下箭头，称为还原按钮，如图 8-2 所示。

在折叠状态，选择其中一个选项卡将显示一个较小的窗口。小窗口不显示命令按钮，但是在选项卡中右击，弹出的快捷菜单中增加了"项目"菜单中各命令按钮功能的选项。如果要恢复包括命令按钮的正常界面，单击"还原"按钮即可。

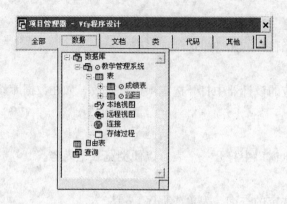

图 8-2 折叠和展开项目管理器

3. 拆分项目管理器

折叠项目管理器后，可以进一步拆分项目管理器，使其中的选项卡成为独立、浮动的选项卡，可以根据需要重新安排它们的位置。

首先单击"向上折叠"按钮 ⬆，折叠项目管理器，然后选定一个选项卡，将它拖离项目管理器，如图 8-3 所示。当选项卡处于浮动状态时，在选项卡中右击，弹出的快捷菜单中增加了"项目"菜单中的选项。

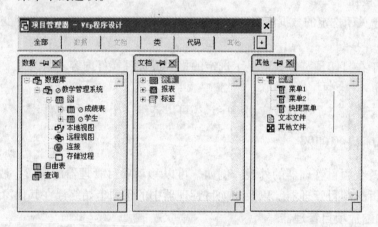

图 8-3 拆分选项卡

对于从项目管理器中拆分出的选项卡，单击选项卡上的图钉图标 📌，可以钉住该选项卡，将其设置为始终显示在屏幕的最顶层，不会被其他窗口遮挡。再次单击图钉图标 📌，便取消其"顶层显示"设置。

如果要还原拆分的选项卡，可以单击选项卡上的"关闭"按钮 ✖，也可以用鼠标将拆分的选项卡拖曳回项目管理器中。

4. 停放项目管理器

将项目管理器拖到 Visual FoxPro 主窗口的顶部就可以使它像工具栏一样显示在主窗口的顶部。停放后的项目管理器变成了窗口工具栏区域的一部分，不能将其整个展开，但是可以单击每个选项卡来进行相应的操作。对于停放的项目管理器，同样可以从中拖离选项卡。停放后的项目管理器如图 8-4 所示。

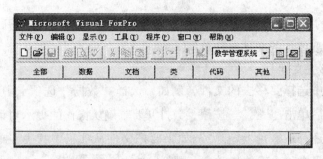

图 8-4　工具栏区域中的项目管理器

对于停放的项目管理器，在选项卡中右击，从弹出的快捷菜单中选择"拖走"命令将取消停放项目管理器。

8.3　项目管理器的使用

在项目管理器中，各个项目内容都是以树结构来组织和管理的。项目管理器按大类列出包含在项目文件中的文件。在每一类文件的左边都有一个图标形象地表明该类文件的类型，用户可以展开或折叠某一类型文件的图标。在项目管理器中，还可以在该项目中新建文件，对项目中的文件进行修改、运行和预览等操作，同时还可以向该项目中添加文件，把文件从项目中移去。

8.3.1　在项目管理器中新建或修改文件

1. 在项目管理器中新建文件

首先选定要创建的文件类型（如数据库、数据库表和查询等），然后单击 新建(N)... 按钮，将显示与所选文件类型相应的设计工具。对于某些类型文件，还可以选择利用向导来创建文件。

【例 8-1】　用项目管理器新建一个表，表文件名为 8-1. dbf，表结构和表中记录自己定义。

1）打开已建立的项目文件，显示项目管理器。

2）切换到"数据"选项卡，单击"数据库"项目中的表，单击 新建(N)... 按钮，弹出"新建表"对话框，选择"新建表"，弹出"创建"对话框，确定需要建立表的路径和表名，单击 保存(S) 按钮后，显示表设计器。

3）建立表结构并录入数据。

2. 在项目管理器中修改文件

若要在项目管理器中修改文件，只要选定要修改的文件名，单击 修改(M)... 按钮即可。例如，要修改一个表，先选定表名，再选择 修改(M)... 按钮，该表便显示在表设计器中。

8.3.2　向项目中添加或移去文件

1. 向项目中添加文件

要在项目中加入已经建立好的文件，首先选定要添加文件的文件类型。例如，单击

"数据"选项卡中的"数据库"选项，单击 添加(A)... 按钮，弹出"打开"对话框，在"打开"对话框中选择要添加的文件名，单击 确定 按钮。

2. 从项目中移去文件

在项目管理器中选择要移去的文件，例如，选择"数据"选项卡中"数据库"选项下的数据库文件，然后单击 移去(V)... 按钮，会打开要求确认操作的提示对话框，询问："把数据库从项目中移去还是从磁盘上删除？"如果要把文件从项目中移去，单击 移去(V)... 按钮；如果要把文件从项目中移去，并从磁盘上删除，单击 删除 按钮。

值得注意的是，当把一个文件添加到项目中时，项目文件中所保存的并非是该文件本身，而只是对这些文件的引用。因此，对于项目管理器中的任何文件，既可以利用项目管理器对其进行操作，也可以单独对其进行操作，并且一个文件可同时属于多个项目文件。

8.3.3 项目文件的连编与运行

连编是将项目中所有的文件连接编译在一起，这是大多数系统开发都要做的工作。这里先介绍有关的两个重要概念。

1. 主文件

主文件是项目管理器的主控程序，是整个应用程序的起点。在 Visual FoxPro 中必须指定一个主文件作为程序执行的起始点，它应当是一个可执行的程序，这样的程序可以调用相应的程序，最后一般应回到主文件中。

在项目管理器中找到要设置为主文件的文件，选择"项目"→"设置主文件"命令；或者右击，在弹出的快捷菜单中选择"设置主文件"命令。

2. 包含和排除

包含是指应用程序的运行过程中不需要更新的项目内容，也就是一般不会再变动的项目内容。它们主要有程序、图形、窗体、菜单、报表和查询等。

排除是指已经添加列项目管理器中，但又在使用状态上被排除的项目内容，通常允许在程序运行过程中随意地更新它们，如数据库表。对于在程序运行过程中可以更新和修改的文件，应将它们修改成排除状态。

指定项目的包含与排除状态的方法如下。

在项目管理器中选择"项目"→"包含/排除"命令；或者右击鼠标，在弹出的快捷菜单中选择包含/排除命令。

在使用连编之前，要确定以下几个问题。

1）在项目管理器中加进所有参加连编的项目，如数据库、程序、表单、菜单、报表及其他文本文件等。

2）指定主文件。

3）对有关数据文件设置"包含/排除"状态。

4）确定程序（包括表单、菜单、程序、报表）之间明确的调用关系。

5）确定程序在连编完成之后的执行路径和文件名。

在上述问题确定后，就可以对该项目文件进行编译。通过设置"连编选项"对话框的"选项"，可以重新连编项目中的所有文件，并对每个源文件创建其对象文件。同时在连编完成之后，可指定是否显示编译时的错误信息，也可指定连编应用程序之后是否立即运行它。

8.4　本章复习指要

8.4.1　项目文件的操作

1. 项目管理器的作用是＿＿＿＿＿＿＿＿＿＿＿＿＿＿＿＿＿。
2. 创建项目文件的命令是＿＿＿＿＿，打开已有项目文件的命令是＿＿＿＿＿。

8.4.2　项目管理器的组成

1. 项目管理器以＿＿＿＿结构显示各个项目，共有 6 个选项卡，分别是＿＿＿＿、＿＿＿＿＿＿、＿＿＿＿＿、＿＿＿＿＿、＿＿＿＿和＿＿＿＿。
2. 定制项目管理器的操作有＿＿＿＿、＿＿＿＿、＿＿＿＿和＿＿＿＿。

8.4.3　项目管理器的使用

主文件是指＿＿＿＿＿＿＿＿＿＿＿＿＿＿＿＿＿＿。

8.5　应用能力提高

1. 建立一个名为"田径运动会 . pjx"的项目，将运动员 . dbc 数据库添加到该项目中。
2. 使用第 1 题的"田径运动会 . pjx"项目，分别建立表单、报表、菜单和程序，并指定其中一个程序文件为主文件。

第9章 应用程序系统开发实例

系统开发是用户使用数据库管理系统软件的最终目的。本章将结合一个小型系统开发的实例，介绍如何设计一个 Visual FoxPro 的应用系统，同时介绍应用系统开发的一般过程，实现学习本书的预期目的。应用系统的开发将综合地运用前面各章所讲的知识和设计技巧，也是对 Visual FoxPro 学习过程的一个全面的、综合的运用和训练。

9.1 应用程序开发实例设计

一般地说，软件开发要经过系统分析、系统设计、系统实施和系统维护几个阶段。

1. 分析阶段

在软件开发的分析阶段，信息收集是决定软件项目可行性的重要环节。程序设计者要通过对开发项目信息的收集，确定系统目标、软件开发的总体思路及所需的时间等。

2. 设计阶段

在软件开发的设计阶段，首先要对软件开发进行总体规划，然后具体设计程序完成的任务及程序输入输出的要求即采用的数据结构等。

3. 实施阶段

在软件开发的实施阶段，要把程序对象视为一个大的系统，然后将这个大系统分成若干个小系统。一般采用"自顶向下"的设计思想开发程序，并逐级控制更低一层的模块，每一个模块执行一个独立、精确的任务。编写程序时要坚持使程序易阅读、易维护的原则，并使过程和函数尽量小而简明。

4. 维护阶段

在软件开发的维护阶段，要经常修正系统程序的缺陷，增加新的功能。在这个阶段，测试系统的性能尤为关键，要通过调试检查语法错误和算法设计错误，并加以修正。

本章以开发"田径运动会比赛成绩管理系统"为例，该系统的功能模块如图 9-1 所示。

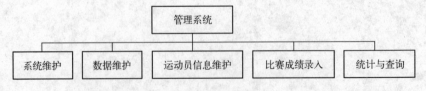

图9-1　田径运动会比赛成绩管理系统的功能模块

各模块的基本功能如下。

（1）系统维护模块

该模块用于进行数据库的备份和外部数据的导入。

(2) 数据维护模块

该模块用于确定参赛单位、比赛项目和比赛组别的代码和名称。

(3) 运动员信息维护模块

该模块用于对参赛运动员信息进行添加、删除、修改和查询，另外还要统计出超项的运动员名单。

(4) 比赛成绩录入模块

该模块用于对预赛和决赛成绩进行录入、修改、排名、计分和打印。

(5) 统计与查询模块

该模块用于对团体总分进行统计，查询各单位的单项成绩和计分。

9.2 数据库及表的设计

数据库设计首先进行数据需求分析，如分析应用系统需要存储哪些数据，而且要从优化表结构和减少数据冗余的角度考虑，合理地创建一系列的表；用“表设计器”设计好表结构后，为了保持数据的完整性和一致性，要将这些表添加到数据库中，并且要建立表间的永久关系和参照完整性。

系统中所用到的表共有 5 个，即运动员表、参赛单位表、比赛成绩表、比赛项目表和比赛组别表。

1. 运动员表

该表用来保存运动员信息，其表结构如表 9-1 所示。

表 9-1　运动员表结构

字 段 名	数 据 类 型	说　明
运动员号码	字符型	宽度 4 字节
姓名	字符型	宽度 8 字节
性别	字符型	宽度 2 字节
年龄	数值型	宽度 2 字节
单位编号	字符型	所在单位编号，宽度 2 字节
组别编号	字符型	比赛组别编号，宽度 2 字节
参赛项目	备注型	参赛项目名称，如报多项时，名称间用“,”分隔

运动员表中的部分模拟数据如图 9-2 所示。

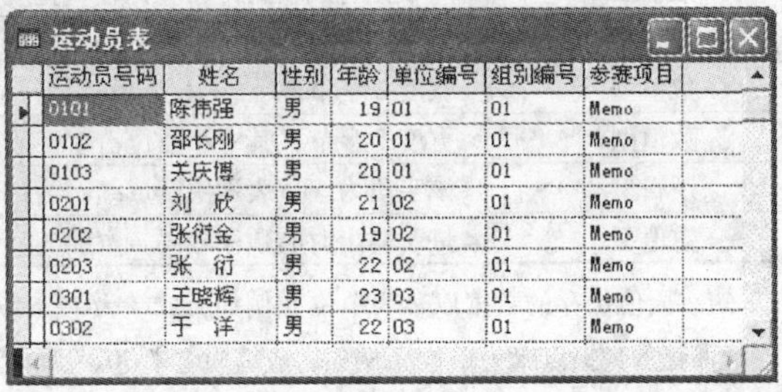

运动员号码	姓名	性别	年龄	单位编号	组别编号	参赛项目
0101	陈伟强	男	19	01	01	Memo
0102	邵长刚	男	20	01	01	Memo
0103	关庆博	男	20	01	01	Memo
0201	刘　欣	男	21	02	01	Memo
0202	张衍金	男	19	02	01	Memo
0203	张　衍	男	22	02	01	Memo
0301	王晓辉	男	23	03	01	Memo
0302	于　洋	男	22	03	01	Memo

图 9-2　运动员表中的部分模拟数据

2. 参赛单位表

该表用来保存各参赛单位的信息，其表结构如表 9-2 所示。

表 9-2　参赛单位表结构

字 段 名	数 据 类 型	说　　明
编号	字符型	参赛单位编号，宽度 2 字节
名称	字符型	参赛单位名称，宽度 20 字节
团体总分	数值型	宽度 8 字节，小数位占 1 字节
团体名次	数值型	宽度 2 字节
男团总分	数值型	宽度 8 字节，小数位占 1 字节
男团名次	数值型	宽度 2 字节
女团总分	数值型	宽度 8 字节，小数位占 1 字节
女团名次	数值型	宽度 2 字节

参赛单位表中的部分模拟数据如图 9-3 所示。

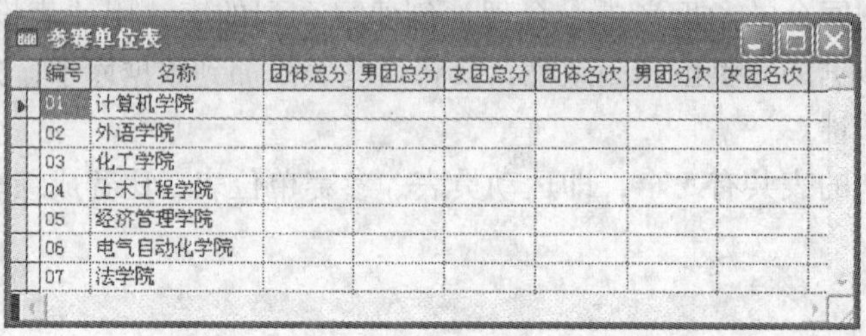

编号	名称	团体总分	男团总分	女团总分	团体名次	男团名次	女团名次
01	计算机学院						
02	外语学院						
03	化工学院						
04	土木工程学院						
05	经济管理学院						
06	电气自动化学院						
07	法学院						

图 9-3　参赛单位表中的部分模拟数据

3. 比赛成绩表

该表用来保存预赛和决赛的比赛成绩、名次和分数等信息，其表结构如表 9-3 所示。

表 9-3　比赛成绩表结构

字 段 名	数 据 类 型	说　　明
运动员号码	字符型	宽度 4 字节
姓名	字符型	宽度 8 字节
单位编号	字符型	宽度 2 字节
单位名称	字符型	宽度 30 字节
组别编号	字符型	宽度 2 字节
项目编号	字符型	宽度 2 字节
比赛成绩*	数值型	用于比赛成绩的排序和比较，宽度 8 字节，其中小数位占 2 字节
输出格式**	字符型	用于比赛成绩的显示和打印，宽度 10 字节
比赛名次	数值型	宽度 2 字节
比赛得分	数值型	宽度 5 字节，其中小数位占 1 字节
是否决赛	逻辑型	该字段为 .T. 表示决赛成绩，为 .F. 表示预赛成绩
输出序号	数值型	打印输出时的顺序号码，宽度 2 字节

* 若为径赛，“比赛成绩”的字段值保存的数据以秒为单位（例如，成绩为 1 分 53 秒 74，则该字段值为 113.74）；若为田赛，“比赛成绩”的字段值保存的数据以米为单位（例如，成绩为 1 米 30，则该字段值为 1.30）。

** 是“比赛成绩”字段中的数据经过格式转换后的显示文字（例如，若径赛成绩为 113.74，则该字段值为“1:53.74”；若田赛成绩为 1.30，则该字段值为“1.30 米”）。

比赛成绩表中的部分模拟数据如图9-4所示。

	姓名	运动员号码	单位编号	单位名称	组别编号	项目编号	比赛成绩	输出格式	比赛名次	比赛得分	是否决赛	输出序号
▶	陈伟霖	0101	01	计算机学院	01	01	12.63	12.63	7		F	7
	邵长刚	0102	01	计算机学院	01	01	11.98	11.98	6		F	6
	关庆博	0103	01	计算机学院	01	01	11.89	11.89	2		F	2
	刘欣	0201	02	外语学院	01	01	13.39	13.39	8		F	8
	张舒金	0202	02	外语学院	01	01	11.32	11.32	1		F	1
	张衍	0203	02	外语学院	01	01	11.94	11.94	4		F	4
	王晓辉	0301	03	化工学院	01	01	11.92	11.92	3		F	3
	于洋	0302	03	化工学院	01	01	11.96	11.96	5		F	5

图9-4 比赛成绩表中的部分模拟数据

4. 比赛项目表

该表用于保存比赛设立的各个项目，如"100米"、"200米"、"跳高"和"跳远"等，其表结构如表9-4所示。

表9-4 比赛项目表结构

字 段 名	数据类型	说 明
编号	字符型	宽度2字节
名称	字符型	宽度20字节
组别编号	字符型	宽度2字节
类型	字符型	用于区分"田赛"或"径赛"，宽度4字节

比赛项目表中的部分模拟数据如图9-5所示。

5. 比赛组别表

该表用于保存比赛设立的各个组别，如"学生男子组"、"学生女子组"、"教工青年男子组"和"教工青年女子组"等，其表结构如表9-5所示。

表9-5 比赛组别表结构

字 段 名	数据类型	说 明
编号	字符型	宽度2字节
名称	字符型	宽度20字节
类型	字符型	用于区分"男子组"还是"女子组"等，宽度2字节

比赛组别表中的部分模拟数据如图9-6所示。

	编号	名称	组别编号	类型
▶	01	100米	01	径赛
	02	200米	01	径赛
	03	400米	01	径赛
	04	800米	01	径赛
	05	1500米	01	径赛
	06	跳高	01	田赛
	07	跳远	01	田赛
	08	铅球	01	田赛

	编号	名称	类型
▶	01	学生男子组	男
	02	学生女子组	女
	03	教工青年男子组	男
	04	教工青年女子组	女
	05	教工壮年男子组	男
	06	教工壮年女子组	女
	07	教工老年男子组	男
	08	教工老年女子组	女

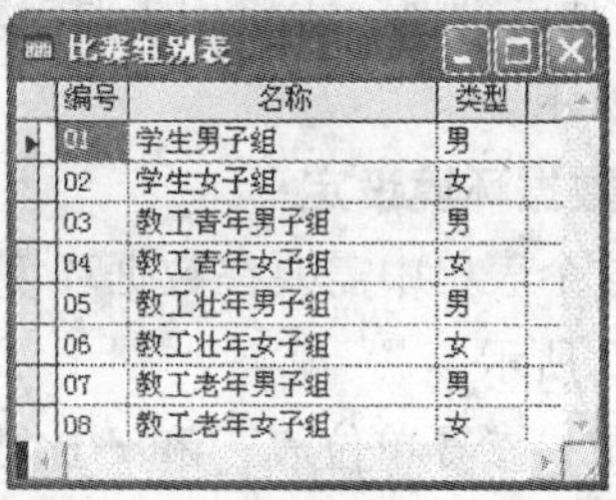

图9-5 比赛项目表中的部分模拟数据   图9-6 比赛组别表中的部分模拟数据

将这些表添加到"运动会.dbc"数据库中，并且建立这些表之间的永久关系，同时设置参照完整性，如图 9-7 所示。

图 9-7　运动会数据库的表间关系

9.3　界面设计

表单是与用户进行信息交流的界面，在一个系统中表单的数量很大。在建立表单的过程中，主要考虑的问题如下。

1. 为表单设置数据环境

所有表单中用到其中信息的表都需要添加到该表单的数据环境中。

2. 添加需要的控件

可以使用许多方法添加控件，如一个一个添加，或使用"快速表单"添加，也可以使用"表单向导"完成控件添加，然后通过"表单设计器"进行修改。但需要注意的是，使用控件的重点是使信息更完整，让用户使用更简便。

3. 属性的设置

这与前一步是相联系的，也可以同时进行。

4. 事件代码的编写

事件代码的编写应考虑代码的可靠性和容错性，而容错性是最容易被初学者忽视的。

5. 调试表单

调试表单是为了检查整个表单的设计是否有错误或遗漏，可以使用 Visual FoxPro 提供的调试器进行调试。

9.3.1　"运动员管理"表单的设计

"运动员管理"表单用于对参赛运动员信息进行添加、删除和修改。表单的设计界面如图 9-8 所示。

1. 数据环境设定

在这个表单中需要在数据环境中加入"运动员表"、"参赛单位表"和"比赛组别表"，如图 9-9 所示。

添加"参赛单位表"和"比赛组别表"的作用在于可以利用组合框来显示运动员所在单位和所属的组别，这样就可在表单运行时不必再重新输入运动员的单位和组别，而是直接选择即可，从而增加了数据的准确性。

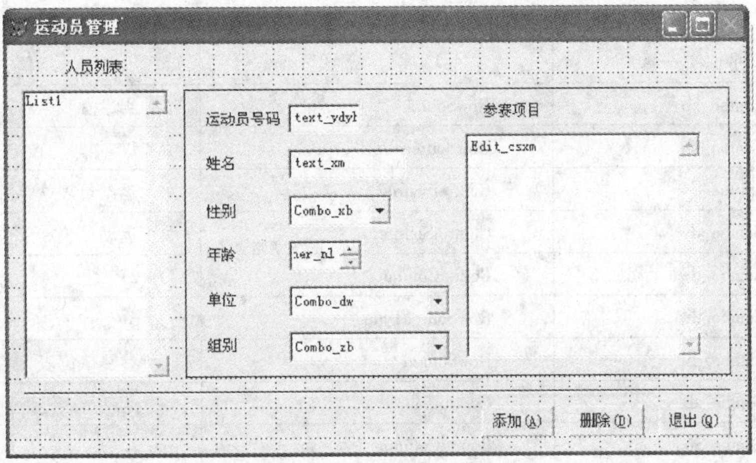

图 9-8 "运动员管理"表单设计

图 9-9 "运动员管理"表单数据环境

2. 添加控件、设置属性和编写代码

"运动员管理"表单中涉及的诸多控件，可以通过表单控件工具栏将控件添加到表单中，再进行属性设置。在该表单中添加一个容器控件，显示运动员表中信息的各个控件均被放置在这个容器控件中。这样做的目的在于，当表记录指针发生移动时，直接刷新容器控件即可。

各控件的主要属性如表 9-5 所示。

表 9-5 "运动员管理"表单控件的主要属性

控 件 名	属 性	值
Form1	Caption	运动员管理
Form1	AutoCenter	. T.
List1	RowSourceType	1
Container1	SpecialEffect	2
Container1. Text_ydyh	ControlSource	运动员表 . 运动员号码
Container1. Text_xm	ControlSource	运动员表 . 姓名
Container1. Text_xm	Format	t
Container1. Combo_xb	ControlSource	运动员表 . 性别

控 件 名	属 性	值
Container1. Combo_xb	RowSource	男，女
Container1. Combo_xb	RowSourceType	1
Container1. Spinner1	ControlSource	运动员表. 年龄
Container1. Combo_dw	ControlSource	运动员表. 单位编号
Container1. Combo_dw	BoundColumn	2
Container1. Combo_dw	RowSourceType	6
Container1. Combo_dw	RowSource	参赛单位表. 名称，编号
Container1. Combo_zb	ControlSource	运动员表. 组别编号
Container1. Combo_zb	BoundColumn	2
Container1. Combo_zb	RowSourceType	6
Container1. Combo_zb	RowSource	比赛组别表. 名称，编号
CommandGroup1	ButtonCount	3
CommandGroup1. Command1	Caption	添加（\＜A）
CommandGroup1. Command2	Caption	删除（\＜D）
CommandGroup1. Command3	Caption	退出（\＜Q）

另外，在这个表单中为表单新增加了一个属性 Num_Total，用这个属性来存储"运动员表"中的记录总数，以便于在程序中随时使用。它的建立方法是选择"表单"→"新建属性"命令，然后在如图 9-10 所示的"新建属性"对话框中输入 Num_Total，然后单击"添加"按钮。

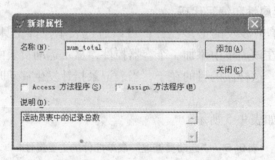

图 9-10 "新建属性"对话框

表单中各个事件的代码如下。

1）Form1_Init 的事件代码如下：

```
WITH This. List1                              && 为列表框添加人员
    N = 1
    SELECT 运动员表
    SCAN
        . AddItem( Transform( n ) + "." + TRIM( 姓名 ))
        . List( . ListCount, 2 ) = TRANFORM( RECNO( ))    && 存储记录号以备使用
```

```
                N = N + 1
            ENDSCAN
        ENDWITH
        Thisform. Nnum_Total = N – 1                              && 保存记录总数
        IF Thisform. NUM_TOTAL#0
                Thisform. List1. ListIndex = 1                    && 默认显示第 1 条记录
                Thisform. List1. InteractiveChange               && 刷新表单
        ENDIF
```

2）List1_InteractiveChange 事件的代码如下：

```
        SELECT 运动员表
        GO VAL( This. List( This. ListIndex ,2 ) )              && 移动记录指针
        Thisform. Container1. Refresh                            && 刷新当前运动员信息
```

3）Commandgroup1_InteractiveChange 事件的代码如下：

```
        SELECT 运动员表
        DO CASE
        CASE This. Value = 1                                     && 添加记录
                APPEND BLANK                                     && 追加空记录
                Thisform. Num_Total = Thisform. Num_Total + 1    && 记录总数加 1
                WITH Thisform. List1                             && 为列表框添加选项
                    . AddItem( Transform( Thisform. Num_Total) + ". " )
                    . List(. Listcount,2) = TRANSFORM( RECNO( ) )
                ENDWITH
                Thisform. Container1. Refresh                    && 刷新当前运动员信息
                Thisform. Text_ydyhm. SetFocus                   && 将焦点移到运动员号码上
        CASE This. Value = 2                                     && 删除记录
                IF MessageBox("是否真的删除 " + Trim(姓名) +" ?",4 +48,"提示") = 6
                    Delete                                       && 添加删除标记
                    Thisform. Num_Total = Thisform. Num_Total – 1 && 记录总数减 1
                    Cur_Listindex = Thisform. List1. ListIndex   && 重新设置列表框当前选项
                    Thisform. List1. RemoveItem( Cur_Listindex ) && 从列表框中删除当前项
                    IF Cur_Listindex > Thisform. Num_Total
                        Cur_Listindex = Thisform. Num_Total
                    ENDIF
                    Thisform. List1. ListIndex = Cur_Listindex
                    IF Thisform. Num_Total > 0
                        Thisform. List1. InteractiveChange
                    ENDIF
                ENDIF
        CASE This. Value = 3                                     && 退出
            Thisform. Release
        ENDCASE
```

表单的运行效果如图9-11所示。

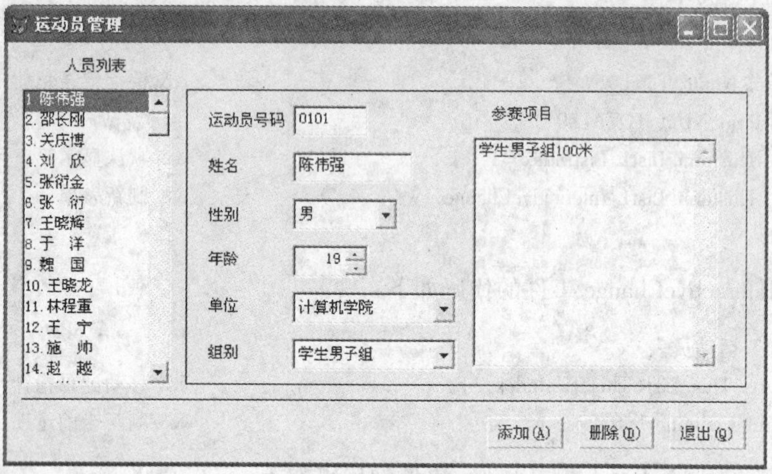

图9-11　表单运行效果

9.3.2　"比赛成绩"表单的设计

"比赛成绩"表单是用来对运动会的预赛和决赛成绩进行添加、删除和打印的。表单的设计界面如图9-12所示。

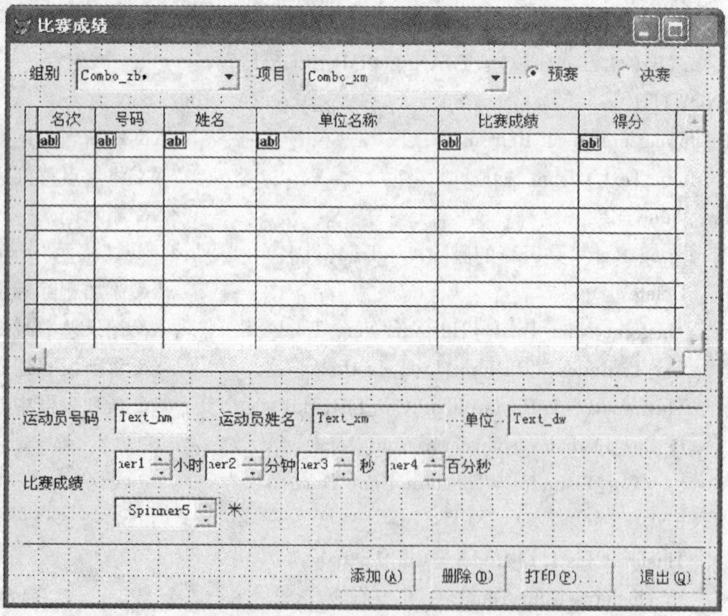

图9-12　"比赛成绩"表单设计

1. 数据环境设定

在这个表单中需要在数据环境中加入"运动员表"、"参赛单位表"、"比赛组别表"、"比赛项目表"和"比赛成绩表"，如图9-13所示。

图 9-13　数据环境

2. 添加控件、设置属性和编写代码

由于运动会比赛项目分为"径赛"和"田赛"两种，"径赛"是计时项目，"田赛"是计长度（或高度）的项目，所以应根据项目类型的不同，用不同的方式输入比赛成绩。该表单中有 5 个微调框，前 4 个是用来输入径赛成绩的，而第 5 个则是用来输入田赛成绩的。

各控件的主要属性如表 9-6 所示。

表 9-6　"比赛成绩"表单控件的主要属性

控 件 名	属 性	值
Form1	Caption	比赛成绩
Form1	AutoCenter	. T.
Combo_zb	RowSourceType	6
Combo_zb	RowSource	比赛组别表 . 名称,编号
Combo_zb	BoundColumn	2
Combo_xm	RowSourceType	6
Combo_xm	RowSource	比赛项目表 . 名称,编号
Combo_xm	BoundColumn	2
Optiongroup1. Option1	Caption	预赛
Optiongroup1. Option2	Caption	决赛
Grid1	RecordSource	比赛成绩表
Grid1	ColumnCount	6
Grid1. Column1	Controlsource	比赛成绩表 . 比赛名次
Grid1. Column2	Controlsource	比赛成绩表 . 运动员号码
Grid1. Column3	Controlsource	比赛成绩表 . 姓名
Grid1. Column4	ControlSource	比赛成绩表 . 单位名称
Grid1. Column5	ControlSource	比赛成绩表 . 输出格式
Grid1. Column6	ControlSource	比赛成绩表 . 比赛得分
CommandGroup1	ButtonCount	4

控 件 名	属 性	值
CommandGroup1. Command1	Caption	添加(\ < A)
CommandGroup1. Command2	Caption	删除(\ < D)
CommandGroup1. Command3	Caption	打印(\ < P)…
CommandGroup1. Command4	Caption	退出(\ < Q)

在该表单中添加了 3 个新的方法。

1）Prog_Refresh_Filter 方法，用来对"比赛成绩表"设置记录过滤，其代码为：

```
    *****组合出记录过滤条件,保存到变量 STR_FILTER 中 *****
    STR_FILTER = "组别编号 = " + Thisform. Combo_zb. Value + "´AND " + ;
        "项目编号 = " + Thisform. Combo_xm. Value + "´AND "
IF Thisform. Optiongroup_yjs. Value = 1
    STR_FILTER = STR_FILTER + " !"
ENDIF
STR_FILTER = STR_FILTER + "是否决赛"
SELECT 比赛成绩表
SET FILTER TO &STR_FILTER                    && 设置记录过滤
GO TOP                                       && 移动到首记录
Thisform. Grid1. Refresh
Thisform. Prog_Refresh_Info                  && 刷新比赛成绩
```

2）Prog_Refresh_Info 方法，用来刷新比赛成绩，其代码为：

```
Select 比赛项目表
*****根据比赛类型(径赛、田赛),用 f1 和 f2 来确定可使用哪些控件 *****
IF 类型 = "径赛"
    F1 = . T.
    F2 = . F.
ELSE
    F1 = . F.
    F2 = . T.
ENDIF
STORE F1 TO Thisform. Spinner1. Enabled, ;
    Thisform. Spinner2. Enabled, ;
    Thisform. Spinner3. Enabled, ;
    Thisform. Spinner4. Enabled
STORE F2 TO Thisform. Spinner5. Enabled
SELECT 比赛成绩表
IF EOF( )                                    && 暂时没有成绩
    STORE "" TO Thisform. Text_hm. Value, ;
        Thisform. Text_xm. Value, ;
        Thisform. Text_dw. Value
```

```
        STORE 0 To Thisform. Spinner1. Value, ;
            Thisform. Spinner2. Value, ;
            Thisform. Spinner3. Value, ;
            Thisform. Spinner4. Value, ;
            Thisform. Spinner5. Value
    ELSE                                        && 已经录入了比赛成绩
        Thisform. Text_hm. Value = Trim(运动员号码)
        Thisform. Text_xm. Value = Trim(姓名)
        Thisform. Text_dw. Value = Trim(单位名称)
        IF 比赛项目表. 类型 = "径赛"
            Thisform. Spinner1. Value = Int(比赛成绩/3600)
            Thisform. Spinner2. Value = Int((比赛成绩%3600)/60)
            Thisform. Spinner3. Value = Int(比赛成绩%60)
            Thisform. Spinner4. Value = Int((比赛成绩%1)*100)
        ELSE
            Thisform. Spinner5. Value = 比赛成绩
        ENDIF
    ENDIF
```

3）Prog_Sort 方法，用于对比赛成绩表按名次排序，其代码为：

```
    SELECT 比赛成绩表
    IF ！EOF()
        CUR_RECNO = Recno()                     && 保存当前记录号
        INDEX ON 比赛成绩 TAG PX                 && 按比赛成绩排序
        N = 1
        SCAN                                    && 计算比赛名次
            REPLACE 比赛名次 WilTH N
            N = N + 1
        ENDSCAN
        INDEX ON 比赛名次 TAG PX                 && 重新按比赛名次排序
        GO CUR_RECNO                            && 将指针移动到原保存的记录
        Thisform. Grid1. Refresh
    ENDIF
```

另外，表单及各控件的主要事件代码如下。

1）Form1_Init 事件代码为：

```
    Thisform. Combo_zb. ListIndex = 1           && 比赛组别选择第1个选项
    Thisform. Combo_xm. ListIndex = 1           && 比赛项目选择第1个选项
    Thisform. Combo_zb. LnteractiveChange        && 调用 InteractiveChange 事件
```

2）Combo_zb 的 InteractiveChange 事件代码为：

```
    Thisform. Prog_Refresh_Filter               && 重新设置记录过滤
```

3）Combo_xm 的 InteractiveChange 事件代码为：

```
Thisform. Prog_Refresh_Filter          && 重新设置记录过滤
```

4）Optiongroup1 的 InteractiveChange 事件代码为：

```
Thisform. Prog_Refresh_Filter          && 重新设置记录过滤
```

5）Grid1 的 AfterRowColChange 事件代码为：

```
LPARAMETERS NCOLLBDEX
Thisform. Prog_Refresh_Info                && 刷新比赛成绩
```

6）Text_hm 的 Valid 事件代码为：

```
IF ！EMPTY(This. Value)                              && 确定输入运动员号码
    SELECT 运动员表
    LOCATE FOR TRIM(运动员号码) = This. Value        && 查找该号码
    IF FOUND()                                       && 找到该号码
        Thisform. Text_xm. Value = TRIM(姓名)        && 显示姓名
        SELECT 参赛单位表                            && 查找运动员所在单位
        LOCATE FOR TRIM(编号) = TRIM(运动员表. 单位编号)
        IF FOUND()
            Thisform. Text_dw. Value = TRIM(名称)    && 显示单位名称
        ENDIF
    ENDIF
ENDIF
```

7）CommandGroup1 的 InteractiveChange 事件代码为：

```
DO CASE
CASE This. Value = 1                    && 添加比赛成绩
IF EMPTY(Thisform. Text_xm. Value)
    MessageBox("没有填写号码或号码错误!",64,"提示")
ELSE
    SELECT 比赛成绩表
    APPEND BLANK                        && 追加空记录
    IF 比赛项目表. 类型 = "径赛"
        *****将比赛成绩转换成秒数*****
        BACJ = Thisform. Spinner1. Value * 3600 + ;
                Thisform. Spinner2. Value * 60 + ;
                Thisform. Spinner3. Value + ;
                Thisform. Spinner4. Value/100
        ****组合出比赛成绩的输出格式******
        SCGS = ""
        IF Thisform. Spinner1. Value#0
            SCGS = Transform(Thisform. Spinner1. Value) + ":"
```

```
        ENDIF
        IF ! EMPTY(SCGS) OR Thisform. Spinner2. Value#0
            IF Thisform. Spinner2. Value < 10 AND ! EMPTY(SCGS)
                SCGS = SCGS + "0"
            ENDIF
            SCGS = SCGS + Transform(Thisform. Spinner2. Value) + ":"
        ENDIF
        IF ! EMPTY(SCGS) OR Thisform. Spinner3. Value#0
            IF Thisform. Spinner3. Value < 10 AND ! EMPTY(SCGS)
                SCGS = SCGS + "0"
            ENDIF
            SCGS = SCGS + Transform(Thisform. Spinner3. Value) + ". "
        ENDIF
        IF ! EMPTY(SCGS) OR Thisform. Spinner4. Value#0
            IF Thisform. Spinner4. Value < 10 AND ! EMPTY(SCGS)
                SCGS = SCGS + "0"
            ENDIF
            SCGS = SCGS + TRANSFORM(Thisform. Spinner4. Value)
        ENDIF
    ELSE
        BSCJ = Thisform. Spinner5. Value
        SCGS = LTRIM(STR(Thisform. Spinner5. Value,10,2)) + "米"
    ENDIF
    *****保存数据*****
    REPLACE 组别编号 WITH Thisform. Combo_zb. Value,;
        项目编号 WITH Thisform. Combo_xm. Value,;
        运动员号码 WITH Thisform. Text_hm. Value,;
        姓名 WITH Thisform. Text_xm. Value,;
        单位名称 WITH Thisform. Text_dw. Value,;
        单位编号 WITH 运动员表. 单位编号,;
        是否决赛 WITH LIF(Thisform. Optiongroup_yjs. Value = 1,. F. ,. T. ),;
        比赛成绩 WITH BSCJ,;
        输出格式 WITH SCGS
    Thisform. Prog_Sort
ENDIF
CASE This. Value = 2                    && 删除比赛成绩
    SELECT 比赛成绩表
    IF ! EOF() AND Messagebox("是否真的删除" + Trim(姓名) + "?",4 +32,"提示") = 6
        DELETE
        GO TOP
        Thisform. Prog_sort                && 重新排名
    ENDIF
CASE This. Value = 3                    && 打印预览成绩公告
```

```
        REPORTt FORM 成绩公告 PREVIEW
    CASE This. Value = 4                        && 退出
        Thisform. Release
    ENDCASE
```

表单的运行效果如图 9-14 所示。

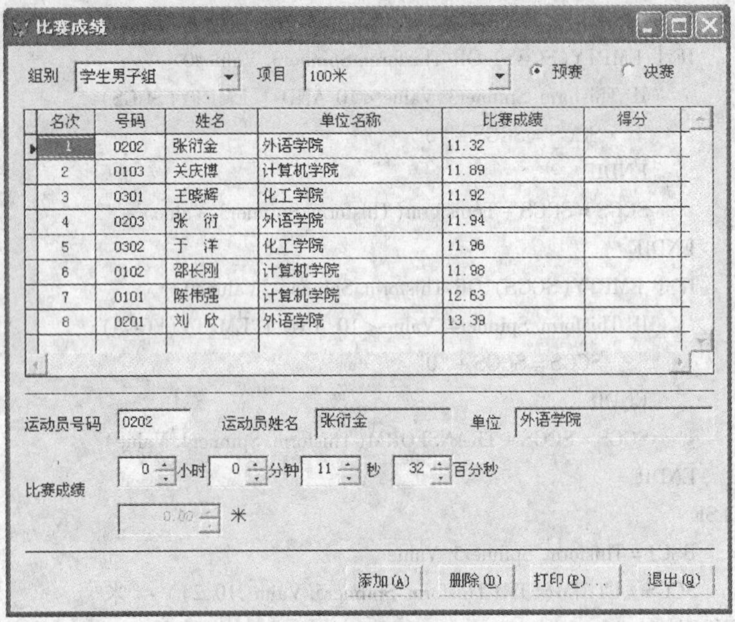

图 9-14　表单运行效果

其他表单的制作过程与这两个例子相类似，如果需要多个表单同时使用，则可以通过"表单集"的方式增加表单数量。对表单的管理可以充分利用"项目管理器"的各项功能。

9.4　菜单设计

菜单为用户调用系统的各项功能提供了途径。"田径运动会比赛成绩管理系统"的系统菜单如图 9-15 所示。

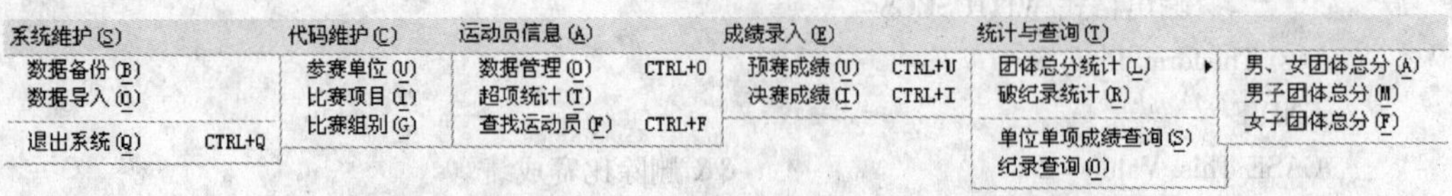

图 9-15　田径运动会比赛成绩管理系统的菜单

菜单的建立是通过"菜单设计器"完成的，菜单设计器的使用在前面已经详细说明了。需要说明的是，要为每个菜单项指定操作，如执行表单、报表或程序。制作好菜单后，在 Visual FoxPro 系统菜单中选择"菜单"→"生成"命令，生成菜单文件，其文件名为"系统菜单．mpr"。

274

9.5　报表设计

制作"成绩公告"报表是为了能够使运动会比赛成绩在输入完成之后能够及时打印出来。报表可以通过"报表向导"进行设计，然后在"报表设计器"中进行修改，如图9-16所示。

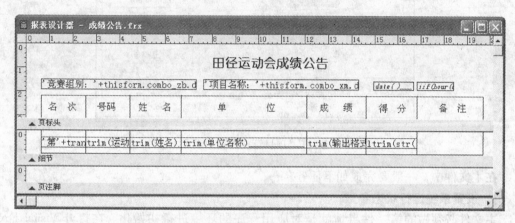

图9-16　成绩公告报表设计效果

在程序中使用该报表时可以输入命令：

REPORT FORM 成绩公告 PREVIEW

图9-17所示为报表的预览效果。

报表设计器 - 成绩公告.frx - 页面 1							
田径运动会成绩公告							
竞赛组别: 学生男子组			项目名称: 100米		10/06/09　下午		
名　次	号　码	姓　名	单　位	成　绩	得　分	备　注
第1名	0202	张衍金	外语学院	11.32	0.00	
第2名	0103	关庆博	计算机学院	11.89	0.00	
第3名	0301	王晓辉	化工学院	11.92	0.00	
第4名	0203	张　衍	外语学院	11.94	0.00	
第5名	0302	于　洋	化工学院	11.		

图9-17　成绩公告报表预览效果

9.6　建立主文件

主文件就是一个应用系统的主控软件，是系统首先要执行的程序。主文件的设置方法是在"项目管理器"中切换到"代码"选项卡，然后在需要设置为主文件的文件名上右击，在弹出的快捷菜单中选择"设置主文件"命令，如图 9-18 所示。

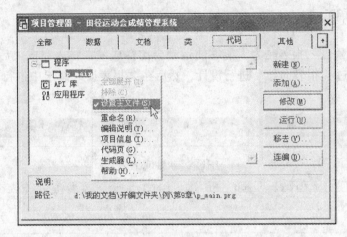

图 9-18 在"项目管理器"中设置主文件

在主文件中，一般要完成如下任务。

1. 设置系统运行状态参数

主文件必须做的第一件事情就是对应用程序的环境进行初始化。在打开 Visual FoxPro 时，默认的 Visual FoxPro 开发环境将设置 SET 命令和系统变量的值，但对于应用程序来说，这些值不一定是最适合的。

例如，在 Visual FoxPro 中，命令 SET TALK 的默认状态是 ON。在这种状态下，在执行了某些命令（这些命令如 APPEND FROM（追加记录）、AVERAGE（计算平均值）、COUNT（计数）和 SUM（求和）等）后，主窗口或表单窗口中会显示出运行结果。但在应用程序中一般不需要在主窗口或表单窗口中显示运行这些命令的结果，所以必须在执行这些命令之前将 SET TALK 置为 OFF。因此在主文件中都会有一条命令：SET TALK OFF。

2. 定义系统全局变量

在整个应用程序运行过程中，可能会需要一些全局变量。例如，在"田径运动会成绩管理系统"主文件中，就定义了一个全局变量 cur_path，用来存储系统所在文件路径。

3. 设置系统屏幕界面

系统屏幕就是用户使用应用程序的主窗口。在 Visual FoxPro 中有一个系统变量 "_screen"，它代表 Visual FoxPro 的主窗口名称对象，其使用方法与表单对象类似，也具有与表单相同的诸多属性。

例如，若想让主窗口标题栏显示"田径运动会成绩管理系统"，则在主文件中对应的语句为：

    _Screen. Caption = "田径运动会成绩管理系统"

4. 显示系统菜单和工具栏

在 9.4 节已经利用"菜单设计器"制作了系统菜单，生成了菜单程序文件（文件名为"系统菜单 . mpr"），因此就可以在主程序中调用菜单，调用菜单的命令为：

    DO 系统菜单 . mpr

5. 设置事件循环

一旦应用程序的环境已经建立起来，就需要建立一个事件循环以等待用户的交互使用，即在 Visual FoxPro 中执行 READ EVENTS 命令。该命令使应用程序开始处理如鼠标单击、键盘输入这样的用户事件。若要结束事件循环，则执行 CLEAR EVENTS 命令。

如果在主文件中没有包含 READ EVENTS 命令，在开发环境下的"命令"窗口中也可以正确地运行应用程序。但是，如果要在菜单或主屏幕中运行应用程序，程序将显示片刻，然后退出。

最后，看一下"田径运动会成绩管理系统"主文件 p_main. prg 的完整内容。

```
* p_main. prg
SET TALK OFF                              && 关闭对话提示
SET SAFETY OFF                            && 关闭安全提示
SET DELETED ON                           && 不显示被逻辑删除记录
_Screen. Caption = "田径运动会成绩管理系统"   && 设置系统窗口标题
_Screen. WindowState = 2                  && 系统窗口最大化
_Screen. Picture = "图片\bg. jpg"          && 设置系统背景图片
Public CUR_PATH                          && 定义全局变量
CUR_PATH = SYS(5) + CURDIR( )            && 初始化全局变量
DO 系统菜单 . MPR                          && 调用系统菜单
READ EVENTS                              && 开始事件循环
```

系统运行后的效果如图 9-19 所示。

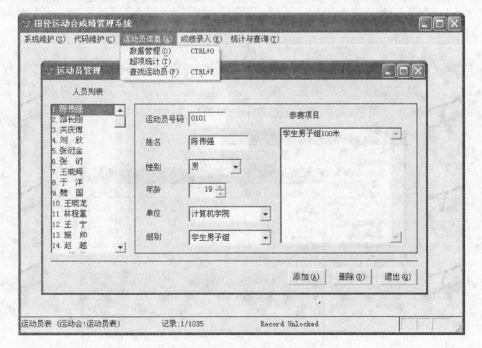

图 9-19   系统运行效果

9.7 测试与连编

当完成所有的表单和报表的设计后，就可以进入调试阶段了。在调试阶段可以使用 Visual FoxPro 所提供的调试器进行调试。如果发现问题，就需要返回表单和报表设计阶段重新设计，甚至返回数据库和表设计阶段重新设计数据库和表的结构。

当调试完成后可以进行连编，将应用程序连编为可执行程序。可以在 Visual FoxPro 系统菜单下选择"项目"→"项目信息"命令，在"项目信息"对话框中设置系统开发的"项目"信息、"文件"设置和"服务程序"等。系统运行效果如图 9-20 所示。

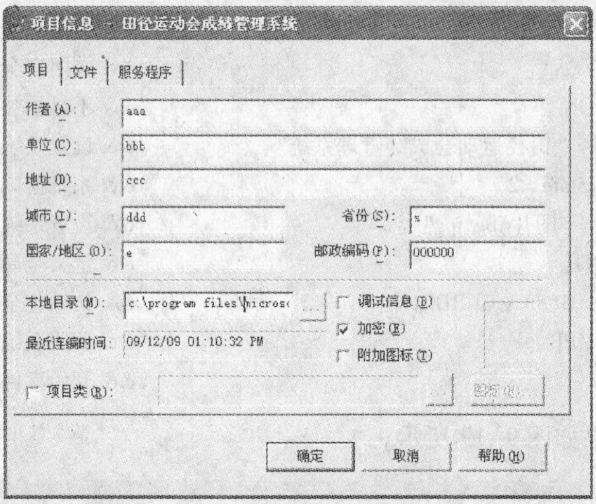

图 9-20　系统运行效果

最后，在"项目管理器"中单击"连编"按钮，弹出"连编选项"对话框，选择"连编可执行文件"单选按钮，然后单击"确定"按钮，在"另存为"对话框中输入可执行文件名，即可编译成一个可独立运行的系统文件，如图 9-21 所示。

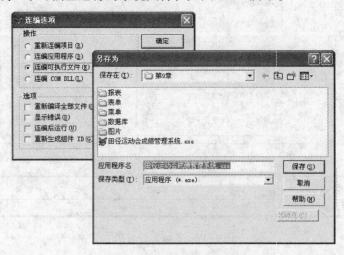

图 9-21　连编为可执行文件

附录 A Visual FoxPro 常用文件类型一览表

表 A-1 Visual FoxPro 常用文件类型一览表

文件类型	扩展名	说明
生成的应用程序	.app	可在 Visual FoxPro 环境支持下，用 DO 命令运行该文件
复合索引	.cdx	结构复合索引文件和独立复合索引
数据库	.dbc	存储有关该数据库的所有信息（包括和它关联的文件名和对象名）
表	.dbf	存储表结构及记录
数据库备注	.dct	存储相应".dbc"文件的相关信息
Windows 动态链接库	.dll	包含能被 Visual FoxPro 和其他 Windows 应用程序使用的函数
可执行程序	.exe	可脱离 Visual FoxPro 环境而独立运行
Visual FoxPro 动态链接库	.fll	与".dll"类似，包含专为 Visual FoxPro 内部调用建立的函数
报表备注	.frt	存储相应".frx"文件的有关信息
报表	.frx	存储报表的定义数据
编译后的程序文件	.fxp	对".prg"文件进行编译后产生的文件
索引、压缩索引	.idx	单个索引的标准索引及压缩索引文件
标签备注	.lbt	存储相应".lbx"文件的有关信息
标签	.lbx	存储标签的定义数据
内存变量	.mem	存储已定义的内存变量，以便需要时可从中恢复它们
菜单备注	.mnt	存储相应".mnx"文件的有关信息
菜单	.mnx	存储菜单的格式
生成的菜单程序	.mpr	根据菜单格式文件而自动生成的菜单程序文件
编译后的菜单程序	.mpx	编译后的程序菜单程序
ActiveX（或 OLE）控件	.ocx	将".ocx"并到 Visual FoxPro 后，可像基类一样使用其中的对象
项目备注	.pjt	存储相应".pjx"文件的相关信息
项目	.pjx	实现对项目中各类型文件的组织
程序	.prg	也称命令文件，存储用 Visual FoxPro 语言编写的程序
生成的查询程序	.qpr	存储通过查询设计器设置的查询条件和查询输出要求等
编译后的查询程序	.qpx	对".qpr"文件进行编译后产生的文件
表单	.scx	存储表单格式文件
表单备注	.sct	存储相应".scx"文件的有关信息
文本	.txt	用于供 Visual FoxPro 与其他应用程序进行数据交换
可视类库	.vcx	存储一个或多个的类定义

附录 B Visual FoxPro 6.0 常用命令一览表

Visual FoxPro 的命令子句较多，本附录未列出它们的完整格式，只列出其概要说明，目的是为读者寻求机器帮助提供线索。

表 B-1 Visual FoxPro 6.0 常用命令一览表

命　令	功　能
&&	标明命令行尾注释的开始
*	标明程序中注释行的开始
? ｜ ??	计算表达式的值，并输出计算结果
???	把结果输出到打印机
@…BOX	使用指定的坐标绘制方框，现用 Shape 控件代替
@…CLASS	创建一个能够用 READ 激活的控件或对象
@…CLEAR	清除窗口的部分区域
@…EDIT - 编辑框部分	创建一个编辑框，现用 Editbox 控件代替
@…FILL	更改屏幕某区域内已有文本的颜色
@…GET-按钮命令	创建一个命令按钮，现用 Commandbutton 控件代替
@…GET-复选框命令	创建一个复选框，现用 Checkbox 控件代替
@…GET-列表框命令	创建一个列表框，现用 Listbox 控件代替
@…GET-透明按钮命令	创建一个透明命令按钮，现用 Commandbutton 控件代替
@…GET-微调命令	创建一个微调控件，现用 Spinner 控件代替
@…GET-文本框命令	创建一个文本框，现用 Textbox 控件代替
@…GET-选项按钮命令	创建一组选项按钮，现用 Optiongroup 控件代替
@…GET-组合框命令	创建一个组合框，现用 Combobox 控件代替
@…MENU	创建一个菜单，现用菜单设计器和 CREATE MENU 命令
@…PROMPT	创建一个菜单栏，现用菜单设计器和 CREATE MENU 命令
@…SAY	在指定的行列显示或打印结果，现用 Label 控件和 Textbox 控件代替
@…SAY-图片 &OLE 对象	显示图片和 OLE 对象，现用 Image、OLE Bound 和 OLEContainer 控件代替
@…SCROLL	将窗口中的某区域向上、下、左、右移动
@…TO	画一个方框、圆或椭圆，现用 Shape 控件代替
\ ｜ \ \	输出文本行
ACCEPT	从显示屏接收字符串，现用 Textbox 控件代替
ACTIVATE MENU	显示并激活一个菜单栏
ACTIVATE POPUP	显示并激活一个菜单
ACTIVATE SCREEN	将所有后续结果输出到 Visual FoxPro 的主窗口
ACTIVATE WINDOW	显示并激活一个或多个窗口

命　令	功　能
ADD CLASS	向一个".vcx"可视类库中添加类定义
ADD TABLE	向当前打开的数据库中添加一个自由表
ALTER TABLE-SQL	以编程方式修改表结构
APPPEND	在表的末尾添加一个或者多个记录
APPEND FROM	将其他文件中的记录添加到当前表的末尾
APPEND FROM ARRAY	将数组的行作为记录添加到当前表中
APPEND GENERAL	从文件导入一个 OLE 对象，并将此对象置于数据库的通用字段中
APPEND MEMO	将文本文件的内容复制到备注字段中
APPEND PROCEDURES	将文本文件中的内存存储过程追加到当前数据库的内部存储过程中
ASSERT	若指定的逻辑表达式为假，则显示一个消息框
AVERAGE	计算数值型表达式或者字段的算术平均值
BEGIN TRANSACTION	开始一个事务
BLANK	清除当前记录所有字段的数据
BROWSE	打开浏览窗口
BUILD APP	创建以".app"为扩展名的应用程序
BUILD DLL	创建一个动态链接库
BUILD EXE	创建一个可执行文件
BUILD PROJECT	创建并联编一个项目文件
CALCULATE	对表中的字段或字段表达式执行财务和统计操作
CALL	执行由 LOAD 命令放入内存的二进制文件、外部命令或外部函数
CANCEL	终止当前运行的 Visual FoxPro 程序文件
CD ｜ CHDIR	将默认的 Visual FoxPro 目录改为指定的目录
CHANGE	显示要编辑的字段
CLEAR	清除屏幕，或从内存中释放指定项
CLOSE	关闭各种类型的文件
CLOSE MEMO	关闭备注编辑窗口
COMPILE	编译程序文件，并生成对应的目标文件
COMPILE DATABASE	编译数据库中的内部存储过程
COMPILE FORM	编译表单对象
CONTINUE	继续执行前面的 LOCATE 命令
COPY FILE	复制任意类型的文件
COPY INDEXES	由单索引文件（扩展名为".idx"）创建复合索引文件
COPY MEMO	将当前记录的备注字段的内容复制到一个文本文件中
COPY PROCEDURES	将当前数据库中的内部存储过程复制到文本文件中
COPY STRUCTURE	创建一个同当前表具有相同数据结构的空表
COPY STRUCTURE EXTENDED	将当前表的结构复制到新表中

命　令	功　能
COPY TAG	由复合索引文件中的某一索引标识创建一个单索引文件（扩展名 ".idx"）
COPY TO	将当前表中的数据复制到指定的新文件中
COPY TO ARRAY	将当前表中的数据复制到数组中
COUNT	计算表记录数目
CREATE	创建一个新的 Visual FoxPro 表
CREATE CLASS	打开类设计器，创建一个新的类定义
CREATE CLASSLIB	以 ".vcx" 为扩展名创建一个新的可视类库文件
CREATE COLOR SET	从当前颜色选项中生成一个新的颜色集
CREATE CONNECTION	创建一个命名联接，并把它存储在当前数据库中
CREATE CURSOR-SQL	创建临时表
CREATE DATABASE	创建并打开数据库
CREATE FORM	打开表单设计器
CREATE FROM	利用 COPY STRUCTURE EXTENDED 命令建立的文件创建一个表
CREATE LABEL	启动标签设计器，创建标签
CREATE MENU	启动菜单设计器，创建菜单
CREATE PROJECT	打开项目管理器，创建项目
CREATE QUERY	打开查询设计器
CREATE REPORT	在报表设计器中打开一个报表
CREATE REPORT…	快速报表命令，以编程方式创建一个报表
CREATE SCREEN	打开表单设计器
CREATE SCREEN…	快速屏幕命令，以编程方式创建屏幕画面
CREATE SQL VIEW	显示视图设计器，创建一个 SQL 视图
CREATE TABLE-SQL	创建具有指定字段的表
CREATE TRIGGER	创建一个表的触发器
CREATE VIEW	从 Visual FoxPro 环境中生成一个视图文件
DEACTIVATE MENU	使一个用户自定义的菜单栏失效，并将它从屏幕上移开
DEACTIVATE POPUP	关闭用 DEFINE POPUP 创建的菜单
DEACTIVATE WINDOW	使窗口失效，并将它们从屏幕上移开
DEBUG	打开 Visual FoxPro 调试器
DEBUGOUT	将表达式的值显示在 "调试输出" 窗口中
DECLARE	创建一维或二维数组
DEFINE BAR	在 DEFINE POPUP 创建的菜单上创建一个菜单项
DEFINE BOX	在打印文本周围画一个框
DEFINE CLASS	创建一个自定义的类或子类，同时定义这个类或子类的属性、事件和方法程序
DEFINE MENU	创建一个菜单栏
DEFINE PAD	在菜单栏上创建菜单标题

命　　令	功　　能
DEFINE POPUP	创建菜单
DEFINE WINDOW	创建一个窗口，并定义其属性
DELETE	对要删除的记录做标记
DELETE CONNECTION	从当前的数据库中删除一个命名联接
DELETE DATABASE	从磁盘上删除一个数据库
DELETE FILE	从磁盘上删除一个文件
DELETE FROM-SQL	对要删除的记录做标记
DELETE TAG	删除复合索引文件".cdx"中的索引标识
DELETE TRIGGER	从当前数据库中移去一个表的触发器
DELETE VIEW	从当前数据库中删除一个 SQL 视图
DIMENSION	创建一维或二维的内存变量数组
DIR ｜ DIRECTORY	显示目录或文件信息
DISPLAY	在窗口中显示当前表的信息
DISPLAY CONNECTIONS	在窗口中显示当前数据库中的命名联接的信息
DISPLAY DATABASE	显示当前数据库的信息
DISPLAY DLLS	显示 32 位 Windows 动态链接库函数的信息
DISPLAY FILES	显示文件的信息
DISPLAY MEMORY	显示内存或数组的当前内容
DISPLAY OBJECTS	显示一个或一组对象的信息
DISPLAY PROCEDURES	显示当前数据库中内部存储过程的名称
DISPLAY STATUS	显示 Visual FoxPro 环境的状态
DISPLAY STRUCTURE	显示表的结构
DISPLAY TABLES	显示当前数据库中的所有表及其相关信息
DISPLAY VIEWS	显示当前数据库中的视图信息
DO	执行一个 Visual FoxPro 程序或过程
DO CASE…ENDCASE	多项选择命令，执行第一组条件表达式计算为"真"（.T.）的命令
DO FORM	运行已编译的表单或表单集
DO WHILE…ENDDO	DO WHILE 循环语句，在条件循环中运行一组命令
DOEVENTS	执行所有等待的 Windows 事件
DROP TABLE	把表从数据库中移出，并从磁盘中删除
DROP VIEW	从当前数据库中删除视图
EDIT	显示要编辑的字段
EJECT	向打印机发送换页符
EJECT PAGE	向打印机发出条件走纸的指令
END TRANSACTION	结束当前事务
ERASE	从磁盘上删除文件

命 令	功 能
ERROR	生成一个 Visual FoxPro 错误信息
EXIT	退出 DO WHILE、FOR 或 SCAN 循环语句
EXPORT	从表中将数据复制到不同格式的文件中
EXTERNAL	对未定义的引用，向应用程序编译器发出警告
FIND	查找命令，现用 SEEK 命令
FLUSH	将对表和索引所做的改动存入磁盘中
FOR EACH…ENDFOR	FOR 循环语句，对数组中或集合中的每一个元素执行一系列命令
FOR…ENDFOR	FOR 循环语句，按指定的次数执行一系列命令
FUNCTION	定义一个用户自定义函数
GATHER	将选定表中当前记录的数据替换为某个数组、内存变量组或对象中的数据
GETEXPR	显示表达式生成器，以便创建一个表达式，并将表达式存储在一个内存变量或数组元素中
GO ｜ GOTO	移动记录指针，使它指向指定记录号的记录
HELP	打开帮助窗口
HIDE MENU	隐藏用户自定义的活动菜单栏
HIDE POPUP	隐藏用 DEFINE POPUP 命令创建的活动菜单
HIDE WINDOW	隐藏一个活动窗口
IF…ENDIF	条件转向语句，根据逻辑表达式有条件地执行一系列命令
IMPORT	从外部文件格式导入数据，创建一个 Visual FoxPro 新表
INDEX	创建一个索引文件
INPUT	从键盘输入数据，赋给一个内存变量或元素
INSERT	在当前表中插入新记录
INSERT INTO-SQL	在表尾追加一个包含指定字段值的记录
JOIN	联接两个表来创建新表
KEYBOARD	将指定的字符表达式放入键盘缓冲区
LABEL	从一个表或标签定义文件中打印标签
LIST	显示表或环境信息
LIST CONNECTIONS	显示当前数据库中命名联接的信息
LIST DATABASE	显示当前数据库的信息
LIST DLLS	显示有关 32 位 Windows DLL 函数的信息
LIST FILES	显示文件信息
LIST MEMORY	显示变量信息
LIST OBJECTS	显示一个或一组对象的信息
LIST PROCEDURES	显示数据库中内部存储过程的名称
LIST STATUS	显示状态信息
LIST TABLES	显示存储在当前数据库中的所有表及其信息

命　　令	功　　能
LIST VIEWS	显示当前数据库中的 SQL 视图的信息
LOAD	将一个二进制文件、外部命令或外部函数装入内存
LOCAL	创建一个本地内存变量或内存变量数组
LOCATE	按顺序查找满足指定条件（逻辑表达式）的第一个记录
LPARAMETERS	指定本地参数，接受调用程序传递来的数据
MD ｜ MKDIR	在磁盘上创建一个新目录
MENU	创建菜单系统
MENU TO	激活菜单栏
MODIFY CLASS	打开类设计器，允许修改已有的类定义或创建新的类定义
MODIFY COMMAND	打开编辑窗口，以便修改或创建一个程序文件
MODIFY CONNECTION	显示联接设计器，允许交互地修改当前数据库中存储的命名联接
MODIFY DATABASE	打开数据库设计器，允许交互地修改当前数据库
MODIFY FILE	打开编辑窗口，以便修改或创建一个文本文件
MODIFY FORM	打开表单设计器，允许修改或创建表单
MODIFY GENERAL	打开当前记录中通用字段的编辑窗口
MODIFY LABEL	修改或创建标签，并把它们保存到标签定义文件中
MODIFY MEMO	打开一个编辑窗口，以便编辑备注字段
MODIFY MENU	打开菜单设计器，以便修改或创建菜单系统
MODIFY PROCEDURE	打开 Visual FoxPro 文本编辑器，为当前数据库创建或修改内部存储过程
MODIFY PROJECT	打开项目管理器，以便修改或创建项目文件
MODIFY QUERY	打开查询设计器，以便修改或创建查询
MODIFY REPORT	打开报表设计器，以便修改或创建报表
MODIFY SCREEN	打开表单设计器，以便修改或创建表单
MODIFY STRUCTURE	显示"表结构"对话框，允许在对话框中修改表的结构
MODIFY VIEW	显示视图设计器，允许修改已有的 SQL 视图
MODIFY WINDOW	修改窗口
MOUSE	单击、双击、移动或拖动鼠标
MOVE POPUP	把菜单移到新位置
MOVE WINDOW	把窗口移到新位置
ON BAR	指定要激活的菜单或菜单栏
ON ERROR	指定发生错误时要执行的命令
ON ESCAPE	程序或命令执行期间，指定按〈Esc〉键时所执行的命令
ON EXIT BAR	离开指定的菜单项时执行的命令
ON KEY LABEL	当按下指定的键（组合键）或单击鼠标时指定执行的命令
ON PAD	指定选定菜单标题时要激活的菜单或菜单栏
ON PAGE	当打印输出到达报表指定行或使用 EJECT PAGE 时指定执行的命令

命　　令	功　　能
ON READERROR	指定为响应数据输入错误而执行的命令
ON SELECTION BAR	指定选定菜单项时执行的命令
ON SELECTION MENU	指定选定菜单栏的任何菜单标题时执行的命令
ON SELECTION PAD	指定选定菜单栏上的菜单标题时执行的命令
ON SELECTION POPUP	指定选定弹出式菜单的任一菜单项时执行的命令
ON SHUTDOWN	当试图退出 Visual FoxPro 和 Microsoft Windows 时执行指定的命令
OPEN DATABASE	打开数据库
PACK	对当前表中具有删除标记的所有记录完成永久删除
PACK DATABASE	从当前数据库中删除已做删除标记的记录
PARAMETERS	把调用程序传递来的数据赋给私有内存变量或数组
PLAY MACRO	执行一个键盘宏
POP KEY	恢复用 PUSH KEY 命令放入堆栈内的 ON KEY LABEL 指定的键值
POP POPUP	恢复用 PUSH POPUP 命令放入堆栈内的指定的菜单定义
PRIVATE	在当前程序文件中指定隐藏调用程序中定义的内存变量或数组
PROCEDURE	标识一个过程的开始
PUBLIC	定义全局内存变量或数组
PUSH KEY	把所有当前的 ON KEY LABEL 命令设置放入内存堆栈中
PUSH MENU	把菜单栏定义放入内存的菜单栏定义堆栈中
PUSH POPUP	把菜单定义放入内存的菜单定义堆栈中
QUIT	结束当前运行的 Visual FoxPro，并把控制移交给操作系统
RD ｜ RMDIR	从磁盘上删除目录
READ	激活控件，现用表单设计器代替
READ EVENTS	开始事件处理
READ MENU	激活菜单，现用菜单设计器创建菜单
RECALL	在选定表中去掉指定记录的删除标记
REGIONAL	创建局部内存变量和数组
REINDEX	重建已打开的索引文件
RELEASE	从内存中删除内存变量或数组
RELEASE BAR	从内存中删除指定的菜单项或所有菜单项
RELEASE CLASSLIB	关闭包含类定义的 “.vcx” 可视类库
RELEASE LIBRARY	从内存中删除一个单独的外部 API 库
RELEASE MENUS	从内存中删除用户自定义的菜单栏
RELEASE PAD	从内存中删除指定的菜单标题或所有菜单标题
RELEASE POPUPS	从内存中删除指定的菜单或所有菜单
RELEASE PROCEDURE	关闭用 SET PROCEDURE 打开的过程
RELEASE WINDOWS	从内存中删除窗口

命　　令	功　　能
RENAME	把文件名改为新文件名
RENAME CLASS	对包含在".vcx"可视类库的类定义重新命名
RENAME CONNECTION	给当前数据库中已命名的联接重新命名
RENAME TABLE	重新命名当前数据库中的表
RENAME VIEW	重新命名当前数据库中的 SQL 视图
REPLACE	更新表的记录
REPLACE FROM ARRAY	用数组中的值更新字段数据
REPORT FORM	显示或打印报表
RESTORE FROM	检索内存文件或备注字段中的内存变量和数组，并把它们放入内存中
RESTORE MACROS	把保存在键盘宏文件或备注字段中的键盘宏还原到内存中
RESTORE SCREEN	恢复先前保存在屏幕缓冲区、内存变量或数组元素中的窗口
RESTORE WINDOW	把保存在窗口文件或备注字段中的窗口定义或窗口状态恢复到内存
RESUME	继续执行挂起的程序
RETRY	重新执行同一个命令
RETURN	程序控制返回调用程序
ROLLBACK	取消当前事务期间所进行的任何改变
RUN | !	运行外部操作命令或程序
SAVE SCREEN	把窗口的图像保存到屏幕缓冲区、内存变量或数组元素中
SAVE TO	把当前内存变量或数组保存到内存变量文件或备注字段中
SAVE WINDOWS	把窗口定义保存到窗口文件或备注字段中
SCAN…ENDSCAN	记录指针遍历当前选定的表，并对所有满足指定条件的记录执行一组命令
SCATTER	把当前记录的数据复制到一组变量或数组中
SCROLL	向上、下、左或右滚动窗口的一个区域
SEEK	在当前表中查找首次出现的、索引关键字与通用表达式匹配的记录
SELECT	激活指定的工作区
SELECT-SQL	从表中查询数据
SET	打开"数据工作期"窗口
SET ALTERNATE	把?、??、DISPLAY 或 LIST 命令创建的输出定向到一个文本文件
SET ANSI	确定 Visual FoxPro SQL 命令中如何用操作符对不同长度的字符串进行比较
SET ASSERTS	确定是否执行 ASSERT 命令
SET AUTOSAVE	当退出 READ 或返回到命令窗口时，确定 Visual FoxPro 是否把缓冲区中的数据保存到磁盘上
SET BELL	打开或关闭计算机的铃声，并设置铃声属性
SET BLINK	设置闪烁属性或高密度属性
SET BLOCKSIZE	指定 VisuaI FoxPro 如何为保存备注字段分配磁盘空间
SET BORDER	为要创建的框、菜单和窗口定义边框，现用 BorderStyleProperty 代替

命 令	功 能
SET BRSTATUS	控制浏览窗口中状态栏的显示
SET CARRY	确定是否将当前记录的数据送到新记录中
SET CENTURY	确定是否显示日期表达式的世纪部分
SET CLASSLIB	打开一个包含类定义的".vcx"可视类库
SET CLEAR	当 SET FORMAT 执行时，确定是否清除 Visual FoxPro 主窗口
SET CLOCK	确定是否显示系统时钟
SET COLLATE	指定在后续索引和排序操作中字符字段的排序顺序
SET COLOR OF	指定用户自定义菜单和窗口的颜色
SET COLOR OF SCHEME	指定配色方案中的颜色
SET COLOR SET	加载已定义的颜色集
SET COLOR TO	指定用户自定义菜单和窗口的颜色
SET COMPATIBLE	控制与 FoxBase + 及其他 XBase 语言的兼容性
SET CONFIRM	指定是否可以通过在文本框中输入最后一个字符来退出文本框
SET CONSOLE	启用或废止从程序内向窗口的输出
SET COVERAGE	开或关编辑日志，或指定一个文本文件，编辑日志的所有信息并输出到其中
SET CPCOMPILE	指定编译程序的代码页
SET CPDIALOG	打开表时，指定是否显示"代码页"对话框
SET CURRENCY	定义货币符号，并指定货币符号在数值型表达式中的显示位置
SET CURSOR	Visual FoxPro 等待输入时，确定是否显示插入点
SET DATASESSION	激活指定表单的数据工作期
SET DATE	指定日期表达式（日期时间表达式）的显示格式
SET DATEBASE	指定当前数据库
SET DEBUG	从 Visual FoxPro 的菜单系统中打开"调试"窗口和"跟踪"窗口
SET DEBUGOUT	将调试结果输出到文件
SET DECIMALS	显示数值表达式时指定小数位数
SET DEFAULT	指定默认驱动器、目录（文件夹）
SET DELETED	指定 Visual FoxPro 是否处理带有删除标记的记录
SET DELIMITED	指定是否分隔文本框
SET DEVELOPMENT	在运行程序时，比较目标文件的编译时间与程序的创建日期时间
SET DEVICE	指定@…SAY 产生的输出定向到屏幕、打印机或文件中
SET DISPLAY	在支持不同显示方式的监视器上允许更改当前显示方式
SET DOHISTORY	把程序中执行过的命令放入命令窗口或文本文件中
SET ECHO	打开程序调试器及"跟踪"窗口
SET ESCAPE	按下〈Esc〉键时中断所执行的程序和命令
SET EVENTLIST	指定调试时跟踪的事件
SET EVENTTRACKING	开启或关闭事件跟踪，或将事件跟踪结果输出到文件

命　令	功　能
SET EXACT	指定用精确或模糊规则来比较两个不同长度的字符串
SET EXCLUSIVE	指定 Visual FoxPro 以独占方式还是以共享方式打开表
SET FDOW	指定一星期的第一天要满足的条件
SET FIELDS	指定可以访问表中的哪些字段
SET FILTER	指定访问当前表中记录时必须满足的条件
SET FIXED	数值数据显示时，指定小数位数是否固定
SET FULLPATH	指定 CDX( )、DBF( )、IDX( ) 和 NDX( ) 是否返回文件名中的路径
SET FUNCTION	把表达式（键盘宏）赋给功能键或组合键
SET FWEEK	指定一年的第一周要满足的条件
SET HEADINGS	指定显示文件内容时，是否显示字段的列标头
SET HELP	启用或废止 Visual FoxPro 的联机帮助功能，或者指定一个帮助文件
SET HELPFILTER	让 Visual FoxPro 在帮助窗口中显示 ".dbf" 风格帮助主题的子集
SET HOURS	将系统时钟设置成 12 或 24 小时格式
SET INDEX	打开索引文件
SET KEY	指定基于索引键的访问记录范围
SET KEYCOMP	控制 Visual FoxPro 的击键位置
SET LIBRARY	打开一个外部 API（应用程序接口）库文件
SET LOCK	激活或废止在某些命令中的自动锁定文件
SET LOGERRORS	确定 Visual FoxPro 是否将编译错误信息送到一个文本文件中
SET MACKEY	指定显示"宏键定义"对话框的单个键或组合键
SET MARGIN	设定打印的左页边距，并对所有定向到打印机的输出结果都起作用
SET MARK OF	为菜单标题或菜单项指定标记字符
SET MARK TO	指定日期表达式显示时的分隔符
SET MEMOWIDTH	指定备注字段和字符表达式的显示宽度
SET MESSAGE	定义在 Visual FoxPro 主窗口或图形状态栏中显示的信息
SET MOUSE	设置鼠标能否使用，并控制鼠标的灵敏度
SET MULTILOCKS	可以用 LOCK( ) 或 RLOCK( ) 锁住多个记录
SET NEAR	FIND 或 SEEK 查找命令不成功时，确走记录指针停留的位置
SET NOCPTRANS	防止把已打开表中的选定字段转到另一个代码页
SET NOTIFY	显示某种系统信息
SET NULL	确定 ALTER TABLE、CREATE TABLE、INSERT-SQL 命令是否支持 NULL 值
SET NULLDISPLAY	指定 NULL 值显示时对应的字符串
SET ODOMETER	为处理记录的命令设置计数器的报告间隔
SET OLEOBJECT	Visual FoxPro 找不到对象时，指定是否在"Windows Registry"中查找
SET OPTIMIZE	使用 Rushmorle 优化
SET ORDER	为表指定一个控制索引文件或索引标识

命　令	功　能
SET PALETTE	指定 Visual FoxPro 使用默认调色板
SET PATH	指定文件搜索路径
SET PDSETUP	加载/清除打印机驱动程序
SET POINT	显示数值表达式或货币表达式时，确定小数点字符
SET PRINTER	指定输出到打印机
SET PROCEDURE	打开一个过程文件
SET READBORDER	确定是否在@…GET 创建的文本框周围放上边框
SET REFRESH	当网络上的其他用户修改记录时，确定能否更新浏览窗口
SET RELATION	建立两个或多个已打开的表之间的关系
SET RELATION OFF	解除当前选定工作区父表与相关子表之间已建立的关系
SET REPROCESS	指定一次锁定尝试不成功时，再尝试加锁的次数或时间
SET RESOURCE	指定或更新资源文件
SET SAFETY	在改写已有文件之前，确定是否显示对话框
SET SCOREBOARD	指定在何处显示 Num Lock、Caps Lock 和 Insert 等键的状态
SET SECONDS	当显示日期时间值时，指定显示时间部分的秒
SET SEPARATOR	在小数点左边指定每三位数一组所用的分隔字符
SET SHADOWS	给窗口、菜单、对话框和警告信息加上阴影
SET SKIP	在表之间建立一对多的关系
SET SKIP OF	启用或废止用户自定义菜单或 Visual FoxPro 系统菜单的菜单栏、菜单标题或菜单项
SET SPACE	设置? 或?? 命令时，确定字段或表达式之间是否要显示若干个空格
SET STATUS	显示或删除字符表示的状态栏
SET STATUS BAR	显示或删除图形状态栏
SET STEP	为程序调试打开跟踪窗口并挂起程序
SET STICKY	在选择一个菜单项、按〈Esc〉键或在菜单区域外单击鼠标之前，指定菜单保持拉下状态
SET SYSFORMATS	指定 Visual FoxPro 系统设置是否随当前 Windows 系统设置而更新
SET SYSMENU	在程序运行期间，启用或废止 Visual FoxPro 系统菜单栏，并对其重新配置
SET TALK	确定是否显示命令执行结果
SET TEXTMERGE	指定是否对文本合并分隔符括起的内容进行计算，允许指定文本合并输出
SET TEXTMERGE DELIMETERS	指定文本合并分隔符
SET TOPIC	激活 Visual FoxPro 帮助系统时，指定打开的帮助主题
SET TOPIC ID	激活 Visual FoxPro 帮助系统时，指定显示的帮助主题
SET TRBETWEEN	在跟踪窗口的断点之间启用或废止跟踪
SET TYPEAHEAD	指定键盘输入缓冲区可以存储的最大字符数
SET UDFPARMS	指定参数传递方式（按值传递或引用传递）
SET UNIQUE	指定有重复索引关键字值的记录是否被保留在索引文件中

命　令	功　能
SET VIEW	打开或关闭"数据工作期"窗口，或从一个视图文件中恢复 Visual FoxPro 环境
SET WINDOW OF MEMO	指定可以编辑备注字段的窗口
SHOW GET	重新显示所指定到内存变量、数组元素或字段的控件
SHOW GETS	重新显示所有控件
SHOW MENU	显示用户自定义菜单栏，但不激活该菜单
SHOW OBJECT	重新显示指定控件
SHOW POPUP	显示用 DEFINE POPUP 定义的菜单，但不激活它们
SHOW WINDOW	显示窗口，但不激活它们
SIZE POPUP	改变用 DEFINE POPUP 创建的菜单大小
SIZE WINDOW	更改窗口的大小
SKIP	使记录指针在表中向前或向后移动
SORT	对当前表排序，并将排序后的记录输出到一个新表中
STORE	把数据存储到内存变量、数组或数组元素中
SUM	对当前表的指定数值字段或全部数值字段进行求和
SUSPEND	暂停程序的执行，并返回到 Visual FoxPro 交互状态
TEXT…ENDTEXT	输出若干行文本、表达式和函数的结果
TOTAL	计算当前表中数值字段的总和
TYPE	显示文件的内容
UNLOCK	从表中释放记录锁定或文件锁定
UPDATE	用其他表的数据更新当前选定工作区中打开的表
UPDATE-SQL	以新值更新表中的记录
USE	打开表及其相关索引文件，或打开一个 SQL 视图，或关闭所有表
VALIDATE DATABASE	保证当前数据库中表和索引位置的正确性
WAIT	显示信息并暂停 Visual FoxPro 的执行，等待任意键的输入
WITH…ENDWITH	给对象指定多个属性
ZAP	清空打开的表，只留下表的结构
ZOOM WINDOW	改变窗口的大小及位置

附录 C Visual FoxPro 6.0 常用函数一览表

本附录中使用的函数参数具有其英文单词（串）表示的意义，如 nExpression 表示参数为数值表达式，cExpression 为字符串表达式，lExpression 为逻辑型表达式等。

表 C-1 Visual FoxPro 6.0 常用函数一览表

函　数	功　能
&	宏代换函数
ABS(nExpression)	求绝对值
ACLASS(ArrayName, oExpression)	将对象的类名代入数组
ACOPY (SourceArrayName, DestinationArrayName [, nFirstSource- Element [, nNumberElements [, nFirst-DestElement]]])	复制数组
ACOS(nExpression)	返回弧度制余弦值
ADATABASES(ArrayName)	将打开的数据库的名字代入数组
ADBOBJECTS(ArrayName, cSetting)	将当前数据库中的表等对象的名字代入数组
ADDBS(cPath)	在路径末尾加反斜杠
ADEL(ArrayName, nElementNumber [,2])	删除一维数组元素或二维数组的行或列
ADIR(ArrayName [,cFileSkeletonE, cAttribute]])	文件信息写入数组并返回文件数
AELEMENT(ArrayName, nRowSubscript [,nColumnSubscript])	由数组下标返回数组元素号
AERROR(ArrayName)	创建包含最近 Visual FoxPro、OLE、ODBC 错误信息的数组
AFIELDS(ArrayNameV, nWorkArea ∣ cTableAlias))	当前表的结构存入数组并返回字段数
AFONT(ArrayName [,cFontName [,nFontSize]])	将字体名、字体尺寸代入数组
AGETCLASS (ArrayName [, cLibraryName [, cClassName [, cTitleText [,cFileNameCaption [, ButtonCaption]]]]])	在打开对话框中显示类库，并创建包含类库名和所选类的数组
AGETFILEVERSION (ArrayName, cFileName)	创建包含 Windows 版本文件信息的数组
AINS(ArrayName, nElementNumber [,2])	一维数组插入元素，二维数组插入行或列
AINSTANCE (ArrayName, cClassName)	将类的实例代入数组，并返回实例数
ALEN(ArrayName [,nArrayAttribute])	返回数组元素数、行或列数
ALIAS([nWorkArea ∣ cTableAlias])	返回表的别名，或指定工作区的别名
ALINES(ArrayName, cExpressionE, lTrim))	字符表达式或备注型字段按行复制到数组
ALLTRIM(cExpression)	删除字符串前后空格
AMEMBERS(ArrayName, ObjectName ∣ cClassName [,1 ∣ 2])	将对象的属性、过程和对象成员名代入数组
AMOUSEOBJ(ArrayName [,1])	创建包含鼠标指针位置信息的数组
ANETRESOURCES(ArrayName, cNetworkName, NresourceType)	将网络共享或打印机名代入数组，返回资源数
APRINTERS(ArrayName)	将 Windows 打印管理器的当前打印机名代入数组
ASC(cExpression)	取字符串首字符的 ASCII 码值

函　　数	功　　能
ASCAN（ArrayName，eExpression［，nStartElement［，nElements-Searched］］）	数组中找指定表达式
ASELOBJ（ArrayName，［1｜2］）	将表单设计器当前控件的对象引用代入数组
ASIN（nExpression）	求反正弦值
ASORT（ArrayName［，nStartElemem［，nNumberSorted［，nSortOrder］］］）	将数组元素排序
ASUBSCRIPT（ArrayName，nElementNumber，nSubscript）	从数组元素序号返回该元素行或列的下标
AT（cSearchExpression，cExpressionSearched［，nOccurrence］）	求子字符串的起始位置
AT_C（cSearchExpression，cExpressionSearched［，nOccurrence］）	可用于双字节字符表达式，对于单字节同 AT
ATAN（nExpression）	求反正切值
ATC（cSearchExpression，cExpressionSearched［，nOccurrence］）	类似 AT，但不分大小写
ATCC（cSearchExpression，cExpressionSearched［，nOccurrence］）	类似 AT_C，但不分大小写
ATCLINE（cSearchExpression，cExpressionSearched）	子串行号函数
ATLINE（cSearchExpression，cExpressionSearched）	子串行号函数，但不分大小写
ATN2（nYCoordinate，nXCoordinate）	由坐标值求反正切值
AUSED（ArrayName［，nDataSessionNumber］）	将表的别名和工作区代入数组
AVCXCLASSES（ArrayName，cLibraryName）	将类库中类的信息代入数组
BAR（）	返回所选出式菜单或 Visual FoxPro 菜单命令项号
BETWEEN（eTestValue，eLowValue，eHighValue）	表达式值是否在其他两个表达式值之间
BINTOC（nExpression［，nSize］）	整型值转换为二进制字符
BITAND（nExpression1，nExpression2）	按二进制 AND 操作的结果返回两个数值
BITCLEAR（nExpression1，nExpression2）	对数值中指定的二进制位置零，并返回结果
BITLSHIFT（nExpression1，nExpression2）	按二进制左移的结果返回数值
BITNOT（nExpression）	按二进制 NOT 操作的结果返回数值
BITOR（nExpression1，nExpression2）	按二进制 OR 操作的结果返回数值
BITRSHIFT（nExpression1，nExpression2）	按二进制右移的结果返回数值
BITSET（nExpression1，nExpression2）	对数值中指定的二进制位置1，并返回结果
BITTEST（nExpression1，nExpression2）	若数值中指定的二进位置1，则返回 . T.
BITXOR（nExpression1，nExpression2）	按二进制 XOR 操作的结果返回数值
BOF（［nWorkArea｜cTableAlias］）	判断记录指针是否移动到文件头
CANDIDATE（［nIndexNumber］［，nWorkArea｜cTableAlias］）	判断索引标识是否为候选索引
CAPSLOCK（［lExpression］）	返回 Caps Lock 键的状态 On 或 Off
CDOW（dExpression｜tExpression）	返回英文星期几
CDX（nIndexNumber［，nWorkArea｜cTableAlias］）	返回复合索引文件名
CEILING（nExpression）	返回不小于某值的最小整数
CHR（nANSICode）	由 ASCII 码转换为相应字符

函　　数	功　　能
CHRSAW（［nSeconds］）	判断键盘缓冲区是否有字符
CHRTRAN（cSearchedExpression，cSearchExpression，cReplacementExpression）	替换字符
CHRTRANC（cSearched，cSearchFor，cReplacement）	替换双字节字符，对于单字节等同于 CHR-TRAN
CMONTH（dExpression ｜ tExpression）	返回英文月份
CNTBAR（cMenuName）	返回菜单项数
CNTPAD（cMenuBarName）	返回菜单标题数
COL（）	返回光标所在列，现用 CurrentX 属性代替
COMPOBJ（oExpression1，oExpression2）	比较两个对象属性是否相同
COS（nExpression）	返回余弦值
CPCONVERT（nCurrentCodePage，mNewCodePage，cExpression）	备注型字段或字符表达式转为另一代码页
CPCURRENT（［1 ｜ 2］）	返回 Visual FoxPro 配置文件或操作系统代码页
CPDBF（［nWorkArea ｜ cTableAlias］）	返回打开的表被标记的代码页
CREATEBINARY（cExpression）	转换字符型数据为二进制字符串
CREATEOBJECT（ClassName［，eParameter1，eParameter2，…］）	从类定义创建对象
CREATEOBJECTEX（cCLSID ｜ cPROGID，cComputerName）	创建远程计算机上注册为 COM 对象的实例
CREATEOFFLINE（ViewName［，cPath］）	取消存在的视图
CTOBIN（cExpression）	二进制字符转换为整型值
CTOD（cExpression）	日期字符串转换为字符型
CTOT（eCharacterExpression）	从字符表达式返回日期时间
CURDIR（）	返回 DOS 当前目录
CURSORGETPROP（cProperty［，nWorkArea ｜ cTableAlias］）	返回为表或临时表设置的当前属性
CURSORSETPROP（cProperty［，eExpression］［，cTableAlias ｜ nWorkArea］）	为表或临时表设置属性
CURVAL（cExpression［，cTableAlias ｜ nWorkArea］）	直接从磁盘返回字段值
DATE（nYear，nMonth，nDay））	返回当前系统日期
DATETIME（［nYear，nMonth，nDay［，nHours［，nMinutes［，nSeconds］］］］］）	返回当前日期时间
DAY（dExpression ｜ tExpression）	返回日期数
DBC（）	返回当前数据库名
DBF（［cTableAlias ｜ nWorkArea］）	指定工作区中的表名
DBGETPROP（）	返回当前数据库、字段、表或视图的属性
DBSETPROP（eName，cType，cProperty，ePropertyValue）	为当前数据库、字段、表或视图设置属性
DBUSED（cDatabaseName）	判断数据库是否打开
DDEAborTrans（nTransactionNumber）	中断 DDE 处理
DDEAdvise（nChannelNumber，cItemName，cUDFName，nLinkType）	创建或关闭一个温式或热式联接
DDEEnabled（［lExpression1 ｜ nChannelNumber［，lExpression2］］）	允许或禁止 DDE 处理，或者返回 DDE 状态

函　数	功　能
DDEExecute(nChannelNumber,eCommand[,cUDFName])	利用 DDE 执行服务器的命令
DDEInitiate(cServiceName,cTopicName)	建立 DDE 通道，初始化 DDE 对话
DDELastError()	返回最后一次 DDE 函数的错误
DDEPoke(nChannelNumber,cItemName,cDataSent[,cDataFormat[,cUDFName]])	在客户和服务器之间传送数据
DDERequest(nChannelNumber,cItemName[,cDataFormat[,cUDFName]])	向服务器程序获取数据
DDESetOption(cOption[,nTimeoutValue|lExpression])	改变或返回 DDE 的设置
DDESetService(cServiceName,cOption[,cDataFormat|lExpression])	创建、释放或修改 DDE 服务名和设置
DDETerminate(nChannelNumber|cServiceName)	关闭 DDE 通道
DELETED([cTableAlias|nWorkArea])	测试指定工作区当前记录是否有删除标记
DIFFERENCE(cExpression1,cExpression2)	用数表示两字符串拼法的区别
DIRECTORY(cDirectoryName)	目录在磁盘上找到时返回 .T.
DISKSPACE([cVolumeName])	返回磁盘可用空间的字节数
DMY(dExpression|tExpression)	以 day-month-year 格式返回日期
DOW(dExpression,tExpression[,nFirstDayOfWeek])	返回星期几
DRIVETYPE(cDrive)	返回驱动器类型
DTOC(dExpression|tExpression[,1])	日期型转换为字符型
DTOR(nExpression)	度转换为弧度
DTOS(dExpression|tExpression)	以 yyyymmdd 格式返回字符串日期
DTOT(dDateExpression)	从日期表达式返回日期时间
EMPTY(eExpression)	判断表达式是否为空
EOF([nWorkArea|cTableAlias])	判断记录指针是否在表尾后
ERROR()	返回错误号
EVALUATE(cExpression)	返回表达式的值
EXP(nExpression)	返回指数值
FCHSIZE(nFileHandle,nNewFileSize)	改变文件的大小
FCLOSE(nFileHandle)	关闭文件或通信口
FCOUNT([nWorkArea|cTableAlias])	返回字段数
FCREATE(cFileName[,nFileAttribute])	创建并打开低级文件
FDATE(cFileName[,nType])	返回最后修改日期或日期时间
FEOF(nFileHandle)	判断指针是否指向文件尾部
FERROR()	返回执行文件的出错信息号
FFLUSH(nFileHandle)	存盘
FGETS(nFileHandle[,nBytes])	取主件内容
FIELD(nFieldNumber[,nWorkArea|cTableAlias])	返回字段名
FILE(cFileName)	测试指定文件名是否存在

函　　数	功　　能
FILETOSTR(cFileName)	以字符串返回文件内容
FILTER([nWorkArea | cTableAlias])	SET FILTER 中设置的过滤器
FKLABEL(nFunctionKeyNumber)	返回功能键名
FKMAX()	可编程的功能键个数
FLOCK([nWorkArea | cTableAlias])	企图对当前表或指定表加锁
FLOOR(nExpression)	返回不大于指定数的最大整数
FONTMETRIC(nAttribute[,cFontName,nFontSize[,cFontStyle]])	从当前安装的操作系统字体返回字体属性
FOPEN(cFileName[,nAttribute])	打开文件
FOR([nIndexNumber[,nWorkArea | cTableAlias]])	返回索引表达式
FOUND([nWorkArea | cTableAlias])	判断最近一次搜索数据是否成功
FPUTS(nFileHandle,cExpression[,nCharactersWritten])	向文件中写内容
FREAD(nFileHandle,nBytes)	读文件内容
FSEEK(nFileHandle,nBytesMoved[,nRelativePosition])	移动文件指针
FSIZE(cFieldName[,nWorkArea | cTableAlias] | cFileName)	指定字段字节数
FTIME(cFileName)	返回文件的最后修改时间
FULLPATH(cFileName1[,nMSDOSPath | cFileName2])	路径函数
FV(nPayment,nInterestRate,nPeriods)	未来值函数
FWRITE(nFileHandle,cExpression[,nCharactersWritten])	向文件中写内容
GETBAR(MenultemName,nMenuPosition)	返回菜单项数
GETCOLOR([nDefaultColorNumber])	显示"窗口颜色"对话框，返回所选颜色数
GETCP([nCodePage][,cText][,cDialogTitle])	显示"代码页"对话框
GETDIR([cDirectory[,cText]])	显示"选择目录"对话框
GETENV(cVariableName)	返回指定的 MS-DOS 环境变量内容
GETFILE([cFileExtensions][,eText][,cOpenButtonCaption][,nButtonType][,cTitleBarCaption])	显示"打开"对话框，返回所选文件名
GETFLDSTATE(cFieldName | nFieldNumber[,cTableAlias |nWorkArea])	表或临时表的字段被编辑返回的数值
GETFONrr(cFontName[,nFontsize[,cFontStyle]])	显示"字体"对话框，返回选取的字体名
GETHOST()	返回对象引用
GETOBJECT(FileName[,ClassName])	激活自动对象，创建对象引用
GETPAD(cMenuBarName,nMenuBarPosition)	返回菜单标题
GETPEM(oObjectName | cClassName,cProperty | cEvent cMethod)	返回属性值、事件或方法程序的代码
GETPICT([cFileExtensions][,cFileNameCaption][,cOpenButtonCaption])	显示"打开图像"对话框，返回所选图像的文件名
GETPRINTER()	显示"打印"对话框，返回所选的打印机名
GOMONTH(dExpression | tExpression,nNumberOfMonths)	返回指定月的日期
HEADER([nWorkArea | cTableAlias])	返回当前表或指定表头部字节数
HOME([nLocation])	返回 Visual FoxPro 和 Visual Studio 目录名

函　数	功　能
HOUR(tgxpression)	返回小时数
IIF(lExpression , eExpression1 , eExpression2)	类似于 IF…ENDIF
INDBC(cDatabaseObjectName , cType)	指定的数据库是当前数据库时返回 . T.
INDEXSEEK(eExpression [, lMovePointer [, nWorkArea | cTableAlias [, nIndexNumber | cIDXIndexFileName | cTagName]]])	不移动记录指针搜索索引表
INKEY(EnSeconds] [, cHideCursor])	返回所按键的 ASCII 码
INLIST(eExpression1 , eExpression2 [, eExpression3…])	判断表达式是否在表达式清单中
INSMODE([lExpression])	返回或设置 INSERT 方式
INT(nExpression)	取整
ISALPHA(cExpression)	判断字符串是否以数字开头，是则结果为 . F.
ISBLANK(eExpression)	判断表达式是否为空格
ISCOLOR( )	判断是否在彩色方式下运行
ISDIGIT(cExpression)	判断字符串是否以数字开头，是则结果为 . T.
ISEXCLUSIVE ([TableAlias | nWorkArea | cDatabaseName [, nType]])	表或数据库以独占方式打开时返回 . T.
ISFLOCKED([nWorkArea | cTableAlias])	返回表锁定状态
ISLOWER(cExpression)	判断字符串是否以小写字母开头
ISMOUSE( )	有鼠标硬件时返回 . T.
ISNULL(eExpression)	表达式是 NULL 值时返回 . T.
ISREADONLY([nWorkArea | cTableAlias])	决定表是否以只读方式打开
ISRLOCKED([nRecordNumber , [nWorkArea | cTableAlias]])	返回记录锁定状态
ISUPPER(cExpression)	字符串是否以大写字母开头
JUSTDRIVE(cPath)	从全路径返回驱动器字符
JUSTEXT(Cpath)	从全路径返回 3 个字符的扩展名
JUSTFNAME(cFileName)	从全路径返回文件名
JUSTPATH(cFileName)	返回路径
JUSTSTEM(cFileName)	返回文件主名
KEY([CDXFileName ,] nIndexNumber [, nWorkArea | cTableAlias])	返回索引关键表达式
KEYMATCH (eIndexKey [, nIndexNumber [, nWorkArea | cTableAlias]])	搜索索引标识或索引文件
LASTKEY( )	取最后的按键值
LEFT(cExpression , nExpression)	取字符串左子串函数
LEFTC(cExpression , nExpression)	取字符串左子串函数，用于双字节字符
LEN(cExpression)	取字符串长度函数
LENC(cExprcssion)	取字符串长度函数，用于双字节字符
LIKE(cExpression1 , cExpression2)	取字符串包含函数
LIKEC(cExpression1 , cExpression2)	取字符串包含函数，用于双字节字符

函　　　数	功　　　能
LINENO([1])	返回从主程序开始的程序执行行数
LOADPICTURE([cFileName]	创建图形对象引用
LOCFILE(cFileName[,cFileExtensions][,cFileNameCaption])	查找文件函数
LOCK([nWorkArea ∣ cTableAlias] ∣ [eRecordNumberList,nWorkArea ∣ cTableAlias])	对当前记录加锁
LOG(nExpression)	求自然对数函数
LOG10(nExpression)	求常用对数函数
LOOKUP(ReturnField,eSearchExpression,SearchedField[,eTag-Name])	搜索表中匹配的第一条记录
LOWER(cExpression)	大写转换小写函数
LTRIM(cExpression)	除去字符串前导空格
LUPDATE([nWorkArea ∣ cTableAlias])	返回表的最后修改日期
MAX(eExpression1,eExpression2[,eExpression3…])	求最大值函数
MCOL([cWindowName[,nScaleMode]])	返回鼠标指针在窗口中列的位置
MDX(nIndexNumber[,nWorkArea ∣ cTableAlias])	由序号返回".CDX"索引文件名
MDY(dExpression ∣ tExpression)	返回 month-day-year 格式日期或日期时间
MEMLINES(MemoFieldName)	返回备注型字段行数
MEMORY()	返回内存可用空间
MENU()	返回活动菜单项名
MESSAGE([1])	由 ON ERROR 所得的出错信息字符串
MESSAGEBOX(cMessageText[,nDialogBoxType[,eTitleBarText]])	显示"信息"对话框
MIN(eExpression1,eExpression2[,eExpression3…])	求最小值函数
MINUTE(tExpression)	从日期时间表达式返回分钟
MLINE(MemoFieldName,nLineNumber[,nNumberOfCharacters])	从备注型字段返回指定行
MOD(nDividend,nDivisor)	相除返回余数
MONTH(dExpression ∣ tExpression)	求月份函数
MRKBAR(cMenuName,nMenuItemNumber ∣cSystemMenuItemName)	菜单项是否作为标识
MRKPAD(cMenuBarName,cMenuTitleName)	菜单标题是否作为标识
MROW([cWindowName[,nScaleMode]])	返回鼠标指针在窗口中行的位置
MTON(mExpression)	从货币表达式返回数值
MWINDOW([cWindowName])	鼠标指针是否指定在窗口内
NDX(nIndexNumber[,nworkArea ∣ cTableAlias])	返回索引文件名
NEWOBJECT(cClassName[,cModule[,cInApplication[,eParameter1,eParameter2,…]]])	从".vcx"类库或程序创建新类或对象
NTOM(nExpression)	数值型转换为货币型
NUMLOCK([lExpression])	返回或设置 Num Lock 键的状态
OBJTOCLIENT(ObjectName,nPosition)	返回控件或与表单有关对象的位置或大小

函　　数	功　　能
OCCURS(cSearchExpression, cExpressionSearched)	返回字符表达式出现的次数
OEMTOANSI( )	将 OEM 字符转换成 ANSI 字符集中的相应字符
OLDVAL(cExpression[, cTableAlias ∣ nWorkArea])	返回源字段值
ON(cOnCommand[, KeyLabelName])	返回发生指定情况时执行的命令
ORDER([nWorkArea ∣ cTableAlias[, nPath]])	返回控制索引文件或标识名
OS([1 ∣ 2])	返回操作系统名和版本号
PAD([cMenuTitle[, cMenuBarName]])	返回菜单标题
PADL(eExpression, nResultSize[, cPadCharacter])	返回串，并在左边、右边和两头加字符
PARAMETERS( )	返回调用程序时的传递参数个数
PAYMENT(nPrincipal, nInterestRate, nPayments)	分期付款函数
PCOL( )	返回打印机头当前列的坐标
PCOUNT( )	返回经过当前程序的参数个数
PEMSTATUS(oObjectName ∣ eClassName, cProperty ∣ cEvent∣ cMethod ∣ cObject, nAttribute)	返回属性
PI( )	返回 π 常数
POPUP([cMenuName])	返回活动菜单名
PRIMARY([nIndexNumber][, nWorkArea ∣ cTableAlias])	主索引标识时返回 . T .
PRINTSTATUS( )	打印机在线时返回 . T .
PRMBAR(MenuName, nMenuItemNumber)	返回菜单项文本
PRMPAD(MenuBarName, MenuTitleName)	返回菜单标题文本
PROGRAM([nLevel])	返回当前执行程序的程序名
PROMPT( )	返回所选的菜单标题的文本
PROPER(cExpression)	首字母大写，其余字母小写形式
PROW( )	返回打印机头当前行的坐标
PRTINFO(nPrinterSetting[, cPrinterName])	返回当前指定的打印机设置
PUTFILE([cCustomText][, cFileName][, cFileExtensions])	引用 Save As 对话框，返回指定的文件名
RAND([nSeedValue])	生成 0 ~ 1 之间一个随机数
RAT(cSearchExpression, cExpressionSearched[, nOccurrence])	返回最后一个子串位置
RATLINE(cSearchExpression, cExpressionSearched)	返回最后行号
RECCOUNT([nWorkArea ∣ cTableAlias])	返回记录个数
RECNO([nWorkArea ∣ cTableAlias])	返回当前记录号
RECSIZE([nWorkArea ∣ cTableAlias])	返回记录长度
REFRESH([nRecords[, nRecordOffset]][, cTableAlias ∣nWorkArea])	更新数据
RELATION(nRelationNumber[, nWorkArea ∣ cTableAlias])	返回关联表达式
REPLICATE(cExpression, nTimes)	返回重复字符串
REQUERY([nWorkArea ∣ cTableAlias])	搜索数据

函　数	功　能
RGB(nRedValue,nGreenValue,nBlueValue)	返回颜色值
RGBSCHEME(nColorSchemeNumber[,nColorPairPosition])	返回 ROB 色彩对
RIGHT(cExpression,nCharacters)	返回字符串的右子串
RLOCK([[nWorkArea ∣ cTableAlias]∣[cRecordNumberList,nWorkArea ∣ cTableAlias])	记录加锁
ROUND(nExpression,nDecimalPlaces)	四舍五入
ROW()	光标行坐标
RTOD(nExpression)	弧度转化为角度
RTRIM(cExprcssion)	去掉字符串尾部空格
SAVEPICTURE(oObjectReference,cFileName)	创建位图文件
SCHEME(nSchemeNumber[,nColorPairNumber])	返回一个颜色对
SCOLS()	屏幕列数函数
SEC(tExpression)	返回秒数
SECONDS()	返回经过的秒数
SEEK(eExpression[,nWorkArea ∣ cTableAlias[,nIndexNumber ∣ cIDXIndexFileName ∣ cTagName]])	索引查找函数
Select([0 ∣ 1 ∣ cTableAlias])	返回当前工作区号
SET(cSETCommand[,1 ∣ cExpression ∣ 2 ∣ 3])	返回指定 SET 命令的状态
SIGN(nExpression)	符号函数，返回数值为1、−1或0
SIN(nExpression)	求正弦值
SKPBAR(cMenuName,MenuItemNumber)	决定菜单项是否可用
SKPPAD(cMenuBarName,cMenuTitleName)	决定菜单标题是否可用
SOUNDEX(cExpression)	字符串语音描述
SPACE(nSpaces)	产生空格字符串
SQLCANCEL(nConnectionHandle)	取消执行 SQL 语句查询
SQRT(nExpression)	求平方根
SROWS()	返回 Visual FoxPro 主屏幕的可用行数
STR(nExpression[,nLength[,nDecimalPlaces]])	数值型转换成字符型
STRCONV(cExpression,nConversionSetting[,nLocaleID])	字符表达式转为单精度或双精度描述的串
STRTOFILE(cExpression,cFileName[,lAdditive])	将字符串写入文件
STRTRAN(cSearched,cSearchFor[,cReplacement][,nStartOccurrence][,nNumberOfOccurrences])	子串替换
TUFF(cExpression,nStartReplacement,nCharactersReplaced,cReplacement)	修改字符串
SUBSTR(cExpression,nStartPosition[,nCharactersReturned])	求子串
SYS()	返回 Visual FoxPro 的系统信息
SYS(0)	返回网络计算机信息
SYS(1)	旧历函数

函 数	功 能
SYS(2)	返回当天秒数
SYS(3)	取文件名函数
SYS(5)	默认驱动器函数
SYS(6)	打印机设置函数
SYS(7)	格式文件名函数
SYS(9)	Visual FoxPro 序列号函数
SYS(10)	新历函数
SYS(11)	旧历函数
SYS(12)	内存变量函数
SYS(13)	打印机状态函数
SYS(14)	索引表达式函数
SYS(15)	转换字符函数
SYS(16)	执行程序名函数
SYS(17)	中央处理器类型函数
SYS(21)	控制索引号函数
SYS(22)	控制标识或索引名函数
SYS(23)	EMS 存储空间函数
SYS(24)	EMS 限制函数
SYS(100)	SET CONSOLE 状态函数
SYS(101)	SET DEVICE 状态函数
SYS(102)	SET PRINTER 状态函数
SYS(103)	SET TALK 状态函数
SYS(1001)	内存总空间函数
SYS(1016)	用户占用内存函数
SYS(1037)	打印设置对话框函数
SYS(1270)	对象位置函数
SYS(1271)	对象的".scx"文件函数
SYS(2000)	输出文件名函数
SYS(2001)	指定 SET 命令的当前值函数
SYS(2002)	光标状态函数
SYS(2003)	当前目录函数
SYS(2004)	系统路径函数
SYS(2005)	当前源文件名函数
SYS(2006)	图形卡和显示器函数
SYS(2010)	返回 CONFIG. sys 中的文件设置
SYS(2011)	加锁状态函数

函　　数	功　　能
SYS(2012)	备注型字段数据块尺寸函数
SYS(2013)	系统菜单内部名函数
SYS(2014)	文件最短路径函数
SYS(2015)	唯一过程名函数
SYS(2018)	错误参数函数
SYS(2019)	Visual FoxPro 配置文件名和位置函数
SYS(2020)	返回默认盘空间
SYS(2021)	索引条件函数
SYS(2020)	簇函数
SYS(2023)	返回临时文件路径
SYS(2029)	表类型函数
SYSMETRIC(nScreenElement)	返回窗口类型显示元素的大小
TAG([CDXFileName,]nTagNumber[,nWorkArea|cTableAlias])	返回一个".cdx"的标识名或".idx"索引文件名
TAGCOUNT([CDxFileName[,nExpression|cExpression]])	返回".cdx"标识或".idx"索引数
TAGNO([IndexName[,CDXFileName[,nExpression|cExpression]]])	返回".cdx"标识或".idx"索引位置
TAN(nExpression)	正切函数
TARGET(nRelationshipNumber[,nWorkArea|cTableAlias])	被关联表的别名
TIME([nExpression])	返回系统时间
TRANSFORM(eExpression[,cFormatCodes])	按格式返回字符串
TRIM(cExpression)	去掉字符串尾部空格
TTOC(tExpression[,1|2])	将日期时间转换为字符串
TTOD(tExpression)	从日期时间返回日期
TXNLEVEL()	返回当前处理的级数
TXTWIDTH(cExpression[,cFontName,nFontSize[,cFontStyle]])	返回字符串表达式的长度
TYPE(cExpression)	返回表达式类型
UPDATED()	现用 InteractiveChange 或 Programmatic- Change 事件来代替
UPPER(cExpression)	小写转换大写
USED([nWorkArea|cTableAlias])	决定别名是否已用或表被打开
VAL(cExpression)	字符串转换为数值型
VARTYPE(eExpression[,lNullDataType])	返回表达式数据类型
VERSION(nExpression)	FoxPro 版本函数
WBORDER([WindowName])	窗口边框函数
WCHILD([WindowName][nChildWindow])	子窗函数
WCOLS([WindowName])	窗口列函数

函　　数	功　　能
WEEK(dExpression(tExpression[,nFirstWeek][,nFirstDayOfWeek]))	返回一年的星期数
WEXIST(WindowName)	窗口存在函数
WFONT(nFontAttribute[,WindowName])	返回当前窗口的字体名称、类型和大小
WLAST([WindowName])	前一窗口函数
WLCOL([WindowName])	窗口列坐标函数
WLROW([WindowName])	窗口横坐标函数
WMAXIMUM([WindowName])	判断窗口是否最大的函数
WMINIMUM([WindowName])	判断窗口是否最小的函数
WONTOP([WindowName])	最前窗口函数
WOUTPUT([WindowName])	输出窗口函数
WPARENT([WindowName])	父窗函数
WROWS([WindowName])	返回窗口行数
WTITLE([WindowName])	返回窗口标题
WVISIBLE(WindowName)	判断窗口是否被激活并且未隐藏
YEAR(dExpression ∣ tExpression)	返回日期型数据的年份

附录 D　全国计算机等级考试——二级公共基础知识

D.1　数据结构与算法

D.1.1　算法

1. 算法的概念

算法是指解题方案准确而完整的描述。

算法不等于程序，也不等于计算方法，程序的编制不可能优于算法的设计。这是因为在编写程序时要受到计算机系统运行环境的限制，程序通常还要考虑很多与方法和分析无关的细节问题。

2. 算法的基本特征

1）可行性：针对实际问题而设计的算法，执行后能够得到满意的结果。

2）确定性：是指算法中每一个步骤都必须有明确的定义，无二义性。并且在任何条件下，算法只有唯一的一条执行路径，即相同的输入只能得出相同的输出。

3）有穷性：算法的有穷性是指算法必须能在有限的时间内做完。它有两重含义，一是算法中的操作步骤为有限个，二是每个步骤都能在有限时间内完成。

4）拥有足够的情报：算法中各种运算总是要施加到各个运算对象上，而这些运算对象又可能具有某种初始状态，这就是算法执行的起点或依据。因此，一个算法执行的结果总是与输入的初始数据有关，不同的输入将会有不同的结果输出。当输入不够或输入错误时，算法将无法执行或执行有错。一般说来，当算法拥有足够的情报时，此算法才是有效的；而当提供的情报不够时，算法可能无效。

综上所述，所谓算法，是一组严谨地定义运算顺序的规则，并且每一个规则都是有效且明确的，此顺序将在有限的次数下终止。

3. 算法的复杂度

算法复杂度主要包括时间复杂度和空间复杂度。算法时间复杂度是指执行算法所需要的计算工作量，可以用执行算法的过程中所需基本运算的执行次数来度量。算法空间复杂度是指执行这个算法所需要的内存空间。

D.1.2　数据结构的基本概念

1. 什么是数据结构

数据结构是指相互有关联的数据元素的集合。数据的逻辑结构包括以下两方面：

1）表示数据元素的信息；

2）表示数据元素之间的前后件关系；

2. 数据结构作为计算机的一门学科，主要研究和讨论的问题

1）数据集合中各数据元素之间所固有的逻辑关系，即数据的逻辑结构。

2）在对数据进行处理时，各数据元素在计算机中的存储关系，即数据的存储结构。数据的存储结构有顺序、链接和索引等。

① 顺序存储：是把逻辑上相邻的结点存储在物理位置相邻的存储单元里，结点间的逻辑关系由存储单元的邻接关系来体现。由此得到的存储表示称为顺序存储结构。

② 链接存储：不要求逻辑上相邻的结点在物理位置上亦相邻，结点间的逻辑关系是由附加的指针字段表示的，由此得到的存储表示称为链式存储结构。

③ 索引存储：除建立存储结点信息外，还建立附加的索引表来标识结点的地址。

数据的逻辑结构反映数据元素之间的逻辑关系，数据的存储结构（也称数据的物理结构）是数据的逻辑结构在计算机存储空间中的存放形式。同一种逻辑结构的数据可以采用不同的存储结构，但影响数据处理效率。

3）对各种数据结构进行的运算。

3. 数据结构的图形表示

一个数据结构除了用二元关系表示外，还可以直观地用图形表示。在数据结构的图形表示中，对于数据集合 D 中的每一个数据元素用中间标有元素值的方框表示，一般称之为数据结点，简称为结点；为了进一步表示各数据元素之间的前后件关系，对于关系 R 中的每一个二元组，用一条有向线段从前件结点指向后件结点。例如，一年四季的数据结构可以用如图 D-1 所示的图形表示。反应家庭成员辈分关系的数据结构可以用如图 D-2 所示的图形表示。

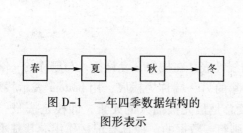

图 D-1　一年四季数据结构的
图形表示

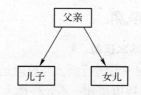

图 D-2　家庭成员辈分关系的
数据结构的图形表示

4. 线性结构和非线性结构

根据数据结构中各元素之间前后件关系的复杂程度，一般将数据结构分为线性结构与非线性结构两种。

1）线性结构（非空的数据结构）：有且只有一个根结点，且每一个结点最多有一个前件，也最多有一个后件。常见的线性结构有线性表、栈、队列和线性链表等。

2）非线性结构：不满足线性结构条件的数据结构。常见的非线性结构有树、二叉树和图等。

D.1.3　线性表及其顺序存储结构

1. 线性表的概念

线性表由一组数据元素构成，数据元素的位置只取决于自己的序号，元素之间的相对位置是线性的。线性表是一种存储结构，它的存储方式分为顺序和链式两种。

在复杂的线性表中，由若干项数据元素组成的数据元素称为记录，而由多个记录构成的线性表又称为文件。非线性表的结构特征如下：

1）有且只有一个根结点 a_1，它无前件；

2）有且只有一个终端结点 a_n，它无后件；

3）除根节点与终端阶段外，其他所有结点有且只有一个前件，也有且只有一个后件。结点个数 n 称为线性表的长度，当 n = 0 时称为空表。

假设线形表中的第一个数据元素的存储地址（指第一个字节的地址，即首地址）为 $ADR(a_1)$，每一个数据元素占 k 个字节，则线形表中第 i 个元素 a_i 在计算机存储空间中的存储地址为：$ADR(a_i) = ADR(a_1) + (i - 1)k$。

2. 线性表的顺序存储结构具有两个基本特点

1）线性表中所有元素所占的存储空间是连续的；

2）线性表中各数据元素在存储空间中是按逻辑顺序依次存放的。

3. 顺序表的插入、删除运算

1）顺序表的插入运算：在一般情况下，在第 i（$n \geq i \geq 1$）个元素之前插入一个新元素时，首先要从最后一个（即第 n 个）元素开始，直到第 i 个元素之间共 $n - i + 1$ 个元素，依次向后移动一个位置，移动结束后，第 i 个位置就被空出，然后将新元素插入到第 i 项，插入结束后，线性表的长度就增加了 1。

2）顺序表的删除运算：在一般情况下，要删除第 i（$1 \geq i \geq n$）个元素时，则要从第 i + 1 个元素开始，直到第 n 个元素之间共 $n - i$ 个元素依次向前移动一个位置。删除结束后，线性表的长度就减小了 1。

D.1.4 栈和队列

1. 栈及其基本运算

栈是限定在一端进行插入与删除运算的线性表。在栈中，允许插入与删除的一端称为栈顶，用 top 表示栈顶指针；不允许插入与删除的另一端称为栈底，用 bottom 表示栈底指针。栈顶元素总是最后被插入的元素，栈底元素总是最先被插入的元素，即栈是按照"先进后出（FILO）"或"后进先出（LIFO）"的原则组织数据的。栈具有记忆作用，其基本运算有以下几种：

1）插入元素称为入栈运算；

2）删除元素称为退栈运算；

3）读栈顶元素是将栈顶元素赋给一个指定的变量，此时指针无变化。

栈的存储方式有两种，即顺序栈和链式栈。

2. 队列及其基本运算

（1）队列的概念

队列是指允许在一端（队尾）进行插入，而在另一端（队头）进行删除的线性表。尾指针（Rear）指向队尾元素，头指针（front）指向排头元素的前一个位置（队头）。队列是"先进先出"或"后进后出"的线性表，队列运算包括以下两种。

1）入队运算：从队尾插入一个元素；

2）退队运算：从队头删除一个元素。

3. 循环队列及其运算

循环队列就是将队列存储空间的最后一个位置绕到第一个位置，形成逻辑上的环状空间，供队列循环使用。在循环队列中，用队尾指针 rear 指向队列中的队尾元素，用排头指针 front 指向排头元素的前一个位置，因此，从头指针 front 指向的后一个位置直到队尾指针 rear 指向的位置之间，所有的元素均为队列中的元素。

D.1.5 线性链表

1. 线性链表的概念

线性表的链式存储结构称为线性链表，是一种物理存储单元上非连续、非顺序的存储结构。线性链表不能随机存取，数据元素的逻辑顺序是通过链表中的指针链接来实现的。因此，在链式存储方式中，每个结点由两部分组成，一部分用于存放数据元素的值，称为数据域；另一部分用于存放指针，称为指针域。指针域用于指向该结点的前一个或后一个结点（即前件或后件），如图 D-3 所示。

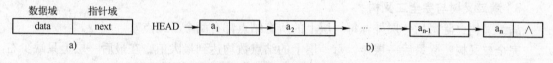

图 D-3　线性链表示意图

a）结点结构　b）一个非空的线性链表示意图

线性链表分为单链表、双向链表和循环链表 3 种类型。

2. 线性链表的基本运算

1）在线性链表中包含指定元素的结点之前插入一个新元素。

在线性链表中插入元素时，不需要移动数据元素，只需要修改相关结点指针即可，也不会出现"上溢"现象。

2）在线性链表中删除包含指定元素的结点。

在线性链表中删除元素时，也不需要移动数据元素，只需要修改相关结点指针即可。

3）将两个线性链表按要求合并成一个线性链表。

4）将一个线性链表按要求进行分解。

5）逆转线性链表。

6）复制线性链表。

7）线性链表的排序。

8）线性链表的查找。

3. 循环链表及其基本运算

循环链表是在单链表的基础上增加了一个表头结点，其插入和删除运算与单链表相同，但它可以从任一结点出发来访问表中其他的所有结点，并实现空表与非空表运算的统一。

D.1.6 树与二叉树

1. 树的基本概念

树是一种简单的非线性结构。在树这种数据结构中，所有数据元素之间的关系具有明显的层次特性。

在树结构中，每一个结点只有一个前件，称为父结点。没有前件的结点只有一个，称为树的根结点，简称树的根。每一个结点可以有多个后件，称为该结点的子结点。没有后件的结点称为叶子结点。

在树结构中，一个结点所拥有的后件的个数称为该结点的度，所有结点中最大的度称为树的度。树的最大层次称为树的深度。

2. 二叉树及其基本性质

性质1：在二叉树的第 K 层上，最多有 2^{k-1}（k≥1）个结点；

性质2：深度为 m 的二叉树最多有个 $2^m - 1$ 个结点；

性质3：在任意一棵二叉树中，度数为 0 的结点（即叶子结点）总比度为 2 的结点多一个；

性质4：具有 n 个结点的二叉树，其深度至少为 $[\log_2 n] + 1$，其中 $[\log_2 n]$ 表示取 $\log_2 n$ 的整数部分。

3. 满二叉树与完全二叉树

满二叉树：除最后一层外，每一层上的所有结点都有两个子结点。

完全二叉树：除最后一层外，每一层上的结点数均达到最大值，在最后一层上只缺少右边的若干结点。

根据完全二叉树的定义可知，度为1的结点的个数为0或1。

如图 D-4a 所示表示的是满二叉树，图 D-4b 表示的是完全二叉树。

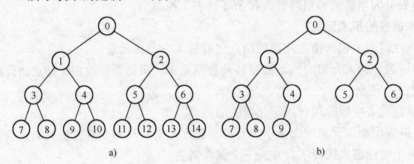

图 D-4　满二叉树与完全二叉树

a）满二叉树　b）完全二叉树

4. 二叉树的存储结构

在计算机中，二叉树通常采用链式存储结构。对于满二叉树与完全二叉树来说，可以按层序进行顺序存储。

5. 二叉树的遍历

二叉树的遍历是指不重复地访问二叉树中的所有结点。二叉树的遍历可以分为以下3种。

1）前序遍历（DLR）：若二叉树为空则结束返回，否则，首先访问根结点，然后遍历左子树，最后遍历右子树；并且在遍历左右子树时，仍然先访问根结点，然后遍历左子树，最后遍历右子树。

2）中序遍历（LDR）：若二叉树为空则结束返回，否则，首先遍历左子树，然后访问根结点，最后遍历右子树；并且在遍历左、右子树时，仍然先遍历左子树，然后访问根结点，最后遍历右子树。

3）后序遍历（LRD）：若二叉树为空则结束返回，否则，首先遍历左子树，然后遍历右子树，最后访问根结点，并且在遍历左、右子树时，仍然先遍历左子树，然后遍历右子树，最后访问根结点。

D.1.7　查找技术

查找是根据给定的某个值，在查找表中确定一个其关键字等于给定值的数据元素。若查找成功则表明找到，查找不成功则表明没找到。查找过程中关键字和给定值比较的平均次数称为查找长度。

1. 顺序查找

从表中的第一个元素开始，将给定的值与表中逐个元素的关键字进行比较，直到两者相符，查到所要找的元素为止。否则就是表中没有要找的元素，查找不成功。

在平均情况下，利用顺序查找法在线性表中查找一个元素，大约要与线性表中一半的元素进行比较，最坏情况下需要比较 n 次。顺序查找一个具有 n 个元素的线性表，其平均复杂度为 $O(n)$。下列两种情况下只能采用顺序查找。

1）如果线性表是无序表（即表中的元素是无序的），则不管是顺序存储结构还是链式存储结构，都只能用顺序查找。

2）即使是有序线性表，如果采用链式存储结构，也只能用顺序查找。

2. 二分法查找

先确定待查记录所在的范围，然后逐步缩小范围，直到找到或确认找不到该记录为止。采用二分法查找必须在具有顺序存储结构的有序表中进行，二分法查找比顺序查找方法效率高，最坏的情况下，需要比较 $\log_2 n$ 次。

二分法查找只适用于顺序存储的线性表，且表中元素必须按关键字有序（升序）排列。对于无序线性表和线性表的链式存储结构只能用顺序查找。在长度为 n 的有序线性表中进行二分法查找，其时间复杂度为 $o(\log_2 n)$。

D.1.8　排序技术

排序是指将一个无序序列整理成按值非递减顺序排列的有序序列，有以下 3 种方法。

1）交换类排序法：冒泡排序法，需要比较的次数为 $n(n-1)/2$；快速排序法。

2）插入类排序法：简单插入排序法，最坏情况需要 $n(n-1)/2$ 次比较；希尔排序法，最坏情况需要 $o(n1.5)$ 次比较。

3）选择类排序法：简单选择排序法，最坏情况需要 $n(n-1)/2$ 次比较；堆排序法，最坏情况需要 $o(n\log_2 n)$ 次比较。

习题一

一、选择题

1. 算法的时间复杂度是指（　　　）。

A. 执行算法程序所需的时间　　　　　　　　　　B. 算法程序长度

C. 算法执行过程中所需要的基本运算次数　　　　D. 算法程序中的指令条数

2. 算法的空间复杂度是指（　　　）。

A. 算法程序的长度　　　　　　　　　　　　　B. 算法程序中的指令条数

C. 算法程序所占的存储空间　　　　　　　　　D. 算法执行过程中所需要的存储空间

3. 栈和队列的共同特点是（　　　）。

A. 都是先进先出　　　　　　　　　　　　　　B. 都是先进后出

C. 只允许在端点处插入和删除元素　　　　　　D. 没有共同点

4. 已知二叉树后序遍历序列是 dabec，中序遍历序列是 debac，它的前序遍历序列是（　　　）。

A. acbed　　　　　　B. decab　　　　　　C. deabc　　　　　　D. cedba

5. 链表不具有的特点是（　　　）。

A. 不必事先估计存储空间　　　　　　　　　　B. 可随机访问任一元素

C. 插入删除不需要移动元素　　　　　　　　　D. 所需空间与线性表长度成正比

6. 在深度为 5 的满二叉树中，叶子结点的个数为（　　　）。

A. 32　　　　　　　　B. 31　　　　　　　　C. 16　　　　　　　　D. 15

7. 下列关于栈的叙述中正确的是（　　　）。

A. 在栈中只能插入数据　　　　　　　　　　　B. 在栈中只能删除数据

C. 栈是先进先出的线性表　　　　　　　　　　D. 栈是先进后出的线性表

8. 下列关于队列的叙述中正确的是（　　　）。

A. 在队列中只能插入数据　　　　　　　　　　B. 在队列中只能删除数据

C. 队列是先进先出的线性表　　　　　　　　　D. 队列是先进后出的线性表

二、填空题

1. 算法的基本特征是可行性、确定性、（　　　）和拥有足够的情报。

2. 在长度为 n 的有序线性表中进行二分查找。最坏的情况下，需要的比较次数为（　　　）。

3. 设一棵完全二叉树共有 700 个结点，则在该二叉树中有（　　　）个叶子结点。

4. 在最坏的情况下，冒泡排序的时间复杂度为（　　　）。

5. 一棵二叉树的中序遍历结果为 DBEAFC，前序遍历结果为 ABDECF，则后序遍历结果为（　　　）。

D. 2　程序设计基础

D. 2. 1　程序设计的方法与风格

程序设计的风格主要强调"清晰第一，效率第二"，应注重和考虑下述一些因素。

1. 源程序文档化

程序的文档化应考虑到以下几点。

1）符号名的命名，符号名能反映它所代表的实际东西，应有一定的实际含义。

2）程序的注释分为序言性注释和功能性注释。

3）视觉组织。利用空格、空行和缩进等技巧使程序层次清晰。

2. 数据说明的方法

在编写程序时，需要注意数据说明的风格，以便使程序中的数据说明更易于理解和维护。一般应注意以下 3 点：

1）数据说明的次序规范化；

2）说明语句中的变量安排有序化；

3）使用注释来说明复杂数据的结构。

3. 语句的结构构造应注意的方面

1）在一行内只写一条语句。

2）程序编写应优先考虑清晰性。

3）程序编写要做到清晰第一，效率第二。

4）在保证程序正确的基础上再要求提高效率。

5）避免使用临时变量而使程序的可读性下降。

6）避免不必要的转移。

7）尽量使用库函数。

8）避免采用复杂的条件语句。

9）尽量减少使用"否定"条件语句。

10）数据结构要有利于程序的简化。

11）要模块化，使模块功能尽可能单一化。

12）利用信息隐蔽，确保每一个模块的独立性。

13）从数据出发去构造程序。

14）不要修补不好的程序，要重新编写。

4. 输入和输出应注意如的方面

1）对输入数据检验数据的合法性。

2）检查输入项的各种重要组合的合法性。

3）输入格式要简单，使得输入的步骤和操作尽可能简单。

4）输入数据时，应允许使用自由格式。

5）应允许默认值。

6）输入一批数据时，最好使用输入结束标志。

7）在以交互式输入/输出方式进行输入时，要在屏幕上使用提示符明确提示输入的请求，同时在数据输入过程中和输入结束时，应在屏幕上给出状态信息。

8）当程序设计语言对输入格式有严格要求时，应保持输入格式与输入语句的一致性；给所有的输出加注释，并设计输出报表格式。

D. 2. 2　结构化程序设计（面向过程的程序设计方法）

结构化程序设计方法的主要原则可以概括为自顶向下，逐步求精，模块化，限制使用 goto 语句。

结构化程序的基本结构可分为顺序结构、选择结构和重复结构。

1）顺序结构：一种简单的程序设计，即按照程序语句行的自然顺序，一条语句一条语句地执行程序，它是最基本、最常用的结构。

2）选择结构：又称分支结构，包括简单选择和多分支选择结构，可根据条件判断应该选择哪一条分支来执行相应的语句序列。

3）循环结构：可根据给定的条件，判断是否需要重复执行某一相同的或类似的程序段。

仅仅使用顺序、选择和循环3种基本控制结构就足以表达各种其他形式结构，从而实现任何单入口/单出口的程序。

D. 2. 3　面向对象的程序设计

客观世界中的任何一个事物都可以被看成是一个对象，面向对象方法的本质就是主张从客观世界固有的事物出发来构造系统，提倡人们在现实生活中用常用的思维来认识、理解和描述客观事物，强调最终建立的系统能够映射问题域。也就是说，系统中的对象及对象之间的关系能够如实地反映问题域中固有的事物及其关系。面向对象方法的主要优点概括如下：

1）与人类习惯的思维方法一致；

2）稳定性好；

3）可重用性好；

4）易于开发大型软件产品；

5）可维护性好。

面向对象的程序设计主要考虑的是提高软件的可重用性。对象是面向对象方法中最基本的概念，可以用来表示客观世界中的任何实体，对象是实体的抽象。面向对象的程序设计方法中的对象是系统中用来描述客观事物的一个实体，是构成系统的一个基本单位，由一组表示其静态特征的属性和它可执行的一组操作组成，是属性和方法的封装体。

属性即对象所包含的信息，它在设计对象时确定，一般只能通过执行对象的操作来改变。操作描述了对象执行的功能，所以，操作也称为方法或服务，是对象的动态属性。

一个对象由对象名、属性和操作三部分组成。其基本特点是标识唯一性、分类性、多态性、封装性和模块独立性好。

信息隐蔽是通过对象的封装性来实现的。

消息是一个实例与另一个实例之间传递的信息。消息的组成包括以下几种：

1）接收消息的对象的名称；

2）消息标识符，也称消息名；

3）零个或多个参数。

在面向对象方法中，一个对象请求另一个对象为其服务的方式是通过发送消息完成的。

继承是指能够直接获得已有的性质和特征，继承分为单继承和多重继承。单继承指一个类只允许有一个父类，多重继承指一个类允许有多个父类。

类的继承性是类之间共享属性和操作的机制，它提高了软件的可重用性。类的多态性是指同样的消息被不同的对象接受时可导致完全不同的行动的现象。

习题二

一、选择题

1. 结构化程序设计主要强调的是（　　）。

A. 程序的规模   B. 程序的易读性

C. 程序的执行效率   D. 程序的可移植性

2. 对建立良好的程序设计风格，下面描述正确的是（   ）。

A. 程序应简答、清晰、可读性好   B. 符号名的命名只要符合语法

C. 充分考虑程序执行效率   D. 程序的注释可有可无

3. 在面向对象方法中，一个对象请求另一个对象为其服务的方式是通过发送（   ）。

A. 调用语句   B. 命令

C. 口令   D. 消息

4. 信息隐蔽的概念与下述（   ）直接相关。

A. 软件结构定义   B. 模块独立性

C. 模块类型划   D. 模块耦合度

5. 结构化程序设计的3种结构是（   ）。

A. 顺序结构、选择结构、转移结构   B. 分支结构、等价结构、循环结构

C. 多分支结构、赋值结构、等价结构   D. 顺序结构、选择结构、循环结构

6. 下面对对象的概念描述错误的是（   ）。

A. 任何对象都必须有继承性   B. 对象是属性和方法的封装体

C. 对象间的通信靠信息传递   D. 操作是对象的动态属性

二、填空题

1. 源程序文档化要求程序应加注释，注释一般分为序言性注释和（   ）。

2. 通常将软件产品从提出、实现、使用维护到停止使用退役的过程称为（   ）。

3. 数据库管理系统常见的数据模型有层次模型、网状模型和（   ）3种。

4. 在面向对象方法中，信息隐蔽是通过对象的（   ）性来实现的。

5. 类是一个支持集成的抽象数据类型，而对象是类的（   ）。

D.3 软件工程基础

D.3.1 软件工程基本概念

1. 软件概念

计算机软件是包括程序、数据及相关文档的完整集合。

2. 软件危机与软件工程

软件工程源自软件危机。所谓软件危机是泛指在计算机软件的开发和维护过程中所遇到的一系列严重问题。具体来说，在软件开发和维护过程中，软件危机主要表现在以下几个方面。

1）软件需求的增长得不到满足，用户对系统不满意的情况经常发生。

2）软件开发成本和进度无法控制。开发成本超出预算，开发周期大大超过规定日期的情况经常发生。

3）软件质量难以保证。

4）软件不可维护或维护程度非常低。

5）软件的成本不断提高。

6）软件开发生产率的提高跟不上硬件的发展和应用需求的增长。

总之，可以将软件危机归结为成本、质量和生产率等问题。

软件工程的主要思想是将工程化原则运用到软件开发过程中，它包括方法、工具和过程3个要素。方法是完成软件工程项目的技术手段；工具是支持软件的开发、管理及文档生成；过程支持软件开发各个环节的控制和管理。

软件工程通常包含以下4种基本活动。

P（Plan）：软件规格说明，规定软件的功能及运行时的限制。

D（Do）：软件开发，产生满足规格说明的软件。

C（Check）：软件确认，确认软件能够满足客户提出的要求。

A（Action）：软件演讲，为满足客户的变更要求，软件必须在使用过程中演讲。

3. 软件生命周期

将软件产品从提出、实现、使用维护到停止使用退役的过程称为软件的生命周期。软件生命周期分为软件定义、软件开发及软件运行维护3个阶段。软件生命周期中所花费最多的阶段是软件运行维护阶段。

4. 软件工程的目标与原则

1）软件工程研究的内容：软件开发技术和软件工程管理。

2）软件工程目标：在给定成本、进度的前提下，开发出具有有效性、可靠性、可理解性、可维护性、可重用性、可适应性、可移植性、可追踪性、可互操作性且满足用户需求的产品。

3）软件工程需要达到的基本目标应是付出较低的开发成本，达到要求的软件功能，取得较好的软件性能，开发的软件易于移植，需要较低的维护费用，能按时完成开发，及时交付使用。

4）软件工程的原则是：抽象、信息隐蔽、模块化、局部化、确定性、一致性、完备性和可验证性。

5. 软件开发工具与软件开发环境

（1）软件开发工具

软件开发工具的完善和发展将促使软件开发方法的进步和完善，促进软件开发的高速度和高质量。软件开发工具的发展是从单项工具的开发逐步向集成工具发展的，软件开发工具为软件工程方法提供了自动的或半自动的软件支撑环境。同时，软件开发方法的有效应用也必须得到相应工具的支持，否则方法将难以有效地实施。

（2）软件开发环境

软件开发环境（或称软件工程环境）是全面支持软件开发全过程的软件工具集合。

计算机辅助软件工程（Computer Aided Software Engineering，CASE）将各种软件工具、开发机器和一个存放开发过程信息的中心数据库组合起来，形成软件工程环境。它将极大降低软件开发的技术难度并保证软件开发的质量。

D.3.2 结构化分析方法

1. 需求分析

软件需求是指用户对目标软件系统在功能、行为、性能和设计约束等方面的期望。需求分析的任务是发现需求、求精、建模和定义需求过程。常见的需求分析方法如下：

1）结构化需求分析方法；

2）面向对象的分析方法。

需求分析的任务就是导出目标系统的逻辑模型，解决"做什么"的问题。需求分析一般分为需求获取、需求分析、编写需求规格说明书和需求评审 4 个步骤。

2．结构化分析方法

结构化分析方法是结构化程序设计理论在软件需求分析阶段的应用。结构化分析方法的实质是着眼于数据流，自顶向下，逐层分解，建立系统的处理流程，以数据流图和数据字典为主要工具，建立系统的逻辑模型。结构化分析的常用工具有以下 4 种：

1）数据流图（DFD）；

2）数据字典（DD）；

3）判定树；

4）判定表。

数据流图是以图形的方式描绘数据在系统中流动和处理的过程，它反映了系统必须完成的逻辑功能，是结构化分析方法中用于表示系统逻辑模型的一种工具。数据流图中的主要图形元素有加工、数据流、存储文件、源，潭。

数据字典是对所有与系统相关的数据元素的一个有组织的列表，并精确、严格地定义，使得用户和系统分析员对于输入、输出、存储成分和中间计算结果有共同的理解。其作用是对数据流图中出现的被命名的图形元素进行确切解释。数据字典是结构化分析方法的核心。

3．软件需求规格说明书

软件需求规格说明书（SRS）是需求分析阶段的最后成果，通过建立完整的信息描述、详细的功能和行为描述、性能需求和设计约束的说明，以及合适的验收标准，给出对目标软件的各种需求。

D.3.3 结构化设计方法

1．软件设计的基本原理

从技术观点来看，软件设计包括软件结构设计、数据设计、接口设计和过程设计。

从工程角度来看，软件设计分两步完成，即概要设计和详细设计。

软件设计的基本原理包括抽象、模块化、信息隐蔽和模块独立性。

模块分解的主要指导思想是信息隐蔽和模块独立性。模块的耦合性和内聚性是衡量软件的模块独立性的两个定性指标。

内聚性：是一个模块内部各个元素间彼此结合的紧密程度的度量。

按内聚性由弱到强排列，内聚可以分为偶然内聚、逻辑内聚、时间内聚、过程内聚、通信内聚、顺序内聚及功能内聚。

耦合性：是模块间互相连接的紧密程度的度量。

按耦合性由高到低排列，耦合可以分为内容耦合、公共耦合、外部耦合、控制耦合、标记耦合、数据耦合及非直接耦合。一个设计良好的软件系统应具有高内聚、低耦合的特征。

在结构化程序设计中，模块划分的原则是模块内具有高内聚度和模块间具有低耦合度。

2. 总体设计（概要设计）和详细设计

（1）总体设计（概要设计）

软件概要设计的基本任务是设计软件系统结构、数据结构及数据库设计，编写概要设计文档和概要设计文档评审。常用的软件结构设计工具是结构图，也称程序结构图，其基本符号如图 D-5 所示。

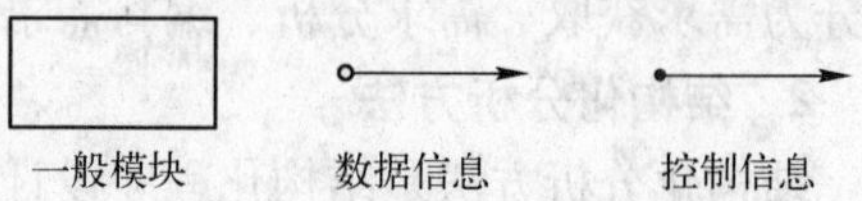

模块用一个矩形表示，箭头表示模块间的调用关系。在结构图中还可以用带注释的箭头表示模块调用过程中来回传递的信息，带实心圆的箭头表示传递的是控制信息，空头圆箭头表示传递的是数据信息。

图 D-5　程序结构图的基本符号

经常使用的结构图有传入模块、传出模块、变换模块和协调模块。它们的含义分别如下。

- 传入模块：从下属模块取得数据，经处理再将其传送给上级模块。
- 传出模块：从上级模块取得数据，经处理再将其传送给下属模块。
- 变换模块：从上级模块取得数据，进行特定的处理，转换成其他形式，再传送给上级模块。
- 协调模块：对所有下属模块进行协调和管理的模块。

程序结构图的例图及有关术语列举如下。

- 深度：表示控制的层数。
- 上级模块和从属模块：上、下两层模块 a 和 b，且有 a 调用 b，则 a 是上级模块，b 是从属模块。
- 宽度：整体控制跨度（最大模块数的层）的表示。
- 扇入：调用一个给定模块的模块个数。
- 扇出：一个模块直接调用的其他模块数。
- 原子模块：树中位于叶子结点的模块。

面向数据流的设计方法定义了一些不同的映射方法，利用这些方法可以把数据流图变换成结构图表示软件的结构。

数据流的类型大体可以分为两种类型，即变换型和事务型。

（2）详细设计

详细设计是为软件结构图中的每一个模块确定实现算法和局部数据结构，用某种选定的表达工具表示算法和数据结构的细节。详细设计的任务是确定实现算法和局部数据结构，不同于编码或编程。常用的详细设计（也称为过程设计）工具有以下几种。

- 图形工具：程序流程图、N-S（方盒图）、PAD（问题分析图）和 HIPO（层次图＋输入/处理/输出图）。
- 表格工具：判定表。
- 语言工具：PDL（伪码）。

D.3.4 软件测试

1. 软件测试定义

使用人工或自动手段来运行或测定某个系统的过程，其目的在于检验它是否满足规定的需求或是弄清预期结果与实际结果之间的差别。软件测试的目的是尽可能多地发现程序中的错误，不能也不可能证明程序没有错误。软件测试的关键是设计测试用例，一个好的测试用例能找到迄今为止尚未发现的错误。

2. 软件测试方法

软件测试方法分静态测试方法和动态测试方法两种。

静态测试：包括代码检查、静态结构分析和代码质量度量。不实际运行软件，主要通过人工进行。

动态测试：是基于计算机的测试，主要包括白盒测试方法和黑盒测试方法。

（1）白盒测试

白盒测试方法也称为结构测试或逻辑驱动测试。它是根据软件产品的内部工作过程，检查内部成分，以确认每种内部操作符合设计规格要求。测试的基本原则是保证所测模块中每一独立路径至少执行一次；保证所测模块所有判断的每一分支至少执行一次；保证所测模块每一循环都在边界条件和一般条件下至少各执行一次；验证所有内部数据结构的有效性。白盒测试法的测试用例是根据程序的内部逻辑来设计的，主要用软件的单元测试，主要方法有逻辑覆盖和基本路径测试等。

（2）黑盒测试

黑盒测试方法也称为功能测试或数据驱动测试，是对软件已经实现的功能是否满足需求进行测试和验证。黑盒测试主要诊断功能不对或遗漏、接口错误、数据结构或外部数据库访问错误、性能错误，以及初始化和终止条件错误。

黑盒测试不关心程序内部的逻辑，只是根据程序的功能说明来设计测试用例，主要方法有等价类划分法、边界值分析法和错误推测法等，主要用软件的确认测试。

软件测试过程一般按 4 个步骤进行，即单元测试、集成测试、确认测试和系统测试。

D.3.5 程序的调试

程序调试的任务是诊断和改正程序中的错误，主要在开发阶段进行，调试程序应该由编制源程序的程序员来完成。其调试的基本步骤如下：

1）错误定位；

2）纠正错误；

3）回归测试，软件调试后要进行回归测试，防止引进新的错误。

软件调试可分为静态调试和动态调试。静态调试主要是指通过人的思维来分析源程序代码和排错，是主要的调试手段；而动态调试是辅助静态调试的。对软件主要的调试方法可以采用以下几种。

1）强行排错法：主要通过内存全部打印排错、在程序特定部位设置打印语句和自动调试工具 3 种方法。

2）回溯法：发现错误、分析错误征兆并确定发现"症状"的位置，一般用于小程序。

3）原因排除法：是通过演绎、归纳和二分法来实现的。

习题三

一、选择题

1. 在软件生命周期中，能准确地确定软件系统必须做什么和必须具备哪些功能的阶段是（　　）。

A. 概要设计　　　　B. 详细设计　　　　C. 可行性研究　　　　D. 需求分析

2. 下面不属于软件工程三个要素的是（　　）。

A. 工具　　　　B. 过程　　　　C. 方法　　　　D. 环境

3. 检查软件产品是否符合需求定义的过程为（　　）。

A. 确认测试　　　　B. 继承测试　　　　C. 验证测试　　　　D. 验收测试

4. 软件生命周期中所花费用最多的阶段是（　　）。

A. 详细设计　　　　B. 软件编码　　　　C. 软件测试　　　　D. 软件维护

5. 数据流图用于抽象描述一个软件的逻辑模型，数据流图由一些特定的图符构成，下列图符名标识的图符不属于数据流图合法图符的是（　　）。

A. 控制流　　　　B. 加工　　　　C. 数据存储　　　　D. 源和潭

6. 下面不属于软件设计原则的是（　　）。

A. 抽象　　　　B. 模块化　　　　C. 自底向上　　　　D. 信息隐蔽

7. 下列工具中为需求分析常用工具的是（　　）

A. PAD　　　　B. PFD　　　　C. N-S　　　　D. DFD

8. 软件测试的目的是（　　）。

A. 发现错误　　　　B. 改正错误　　　　C. 改善软件的性能　　　D. 变成测试

二、填空题

1. 软件是程序、数据和（　　）的集合。

2. 软件工程研究的主要内容包括（　　）技术和软件工程管理。

3. Jackson 方法是一种面向（　　）机构化方法。

4. 数据流图的类型有变换型和（　　）。

D.4　数据库设计基础

D.4.1　数据库系统的基本概念

1. 数据、数据库、数据管理系统

1）数据：描述事物的符号记录。

2）数据库（DB）：是数据的集合，具有统一的结构形式并存放于统一的存储介质内，是多种应用数据的集成，并可被各个应用程序所共享。

3）数据库管理系统（DBMS）：一种系统软件，负责数据库中的数据组织、数据操纵、数据维护、控制和保护，以及数据服务等，是数据库的核心。

4）数据库管理员（DBA）：对数据库进行规划、设计、维护和监视的专业管理人员。

5）数据库系统（DBS）：由数据库（数据）、数据库管理系统（软件）、数据库管理员（人员）、硬件平台（硬件）和软件平台（软件）5个部分构成的运行实体。

6）数据库应用系统：由数据库系统、应用软件及应用界面组成。

数据库技术的根本目标是解决数据的共享问题。

2. 数据库系统的发展

数据库管理发展至今已经历了3个阶段，即人工管理阶段、文件系统阶段和数据库系统阶段。

如表D-1所示是数据库管理3个阶段的比较。

表 D-1　数据库管理的 3 个阶段

		人工管理阶段	文件系统阶段	数据库系统阶段
背景	应用背景	科学计算	科学计算、管理	大规模管理
	硬件背景	无直接存取存储设备	磁盘、磁鼓	大容量磁备盘
	软件背景	没有操作系统	有文件系统	有数据库管理系统
	处理方式	批处理	联机实时处理、批处理	联机实时处理、分布处理、批处理
特点	数据的管理者	用户（程序员）	文件系统	数据库管理系统
	数据面向的对象	某一应用程序	某一应用	现实世界
	数据的共享程度	无共享，冗余度极大	共享性差，冗余度大	共享性高，冗余度小
	数据的独立性	不独立，完全依赖于程序	独立性差	具有高度的物理独立性和一定的逻辑独立性
	数据的结构化	无结构	记录内有结构，整体无结构	整体结构化，用数据模型描述
	数据控制能力	应用程序自己控制	应用程序自己控制	由数据库管理系统提供数据安全性、完整性、并发控制和恢复能力

3. 数据库系统的基本特点

1）数据的高集成性。

2）数据的高共享性与低冗余性。

3）数据独立性。数据独立性是数据与程序间的互不依赖性，即数据库中的数据独立于应用程序而不依赖于应用程序。也就是说，数据的逻辑结构、存储结构与存取方式的改变不会影响应用程序。数据独立性一般分为物理独立性与逻辑独立性两级。

4. 数据统一管理与控制

数据统一管理与控制主要包含以下3个方面。

1）数据的完整性检查：检查数据库中数据的正确性以保证数据的正确。

2）数据的安全性保护：检查数据库访问者以防止非法访问。

3）并发控制：控制多个应用的并发访问所产生的相互干扰以保证其正确性。

5. 数据库系统的内部结构体系

1）数据库系统的三级模式：概念模式、外模式和内模式。

2）数据库系统的两级映射：概念模式/内模式的映射和外模式/概念模式的映射。

D. 4. 2　数据模型

1. 数据模型的概念

数据模型是数据特征的抽象，它从抽象层次上描述了系统的静态特征、动态行为和约束条件，为数据库系统的信息表示与操作提供了一个抽象的框架。其描述的内容有 3 个部分，即数据结构、数据操作与数据约束。

数据模型按不同的应用层次可分成概念模型、逻辑数据模型和物理模型。

2. 实体联系模型及 E-R 图

（1）E-R 模型的基本概念

1）实体：现实世界中的事物。

2）属性：事物的特性。

3）联系：现实世界中事物间的关系。实体集的关系有一对一、一对多和多对多的联系。

E-R 模型 3 个基本概念之间的联接关系一个是实体集（联系）与属性间的联接关系；另一个是实体（集）与联系。E-R 模型的基本成分是实体和联系。

（2）E-R 模型的图示法

1）实体集：用矩形表示。

2）属性：用椭圆形表示。

3）联系：用菱形表示。

4）实体集与属性间的联接关系：用无向线段表示。

5）实体集与联系间的联接关系：用无向线段表示。

（3）数据库管理系统常见的数据模型有层次模型、网状模型和关系模型 3 种

关系模型采用二维表来表示，简称表，由表框架及表的元组组成。一个二维表就是一个关系。二维表的表框架由 n 个命名的属性组成，n 称为属性元数。每个属性有一个取值范围，称为值域。表框架对应了关系的模式，即类型的概念。在表框架中按行可以存放数据，每行数据称为元组，实际上，一个元组是由 n 个元组分量所组成，每个元组分量是表框架中每个属性的投影值。同一个关系模型的任两个元组值不能完全相同。

（4）关系中的数据约束

1）实体完整性约束：要求关系的主键中属性值不能为空值，因为主键是唯一决定元组的，如为空值则其唯一性就成为不可能的了。

2）参照完整性约束：关系之间相互关联的基本约束，不允许关系引用不存在的元组，即在关系中的外键要么是所关联关系中实际存在的元组，要么为空值。

3）用户定义的完整性约束：反映某一具体应用所涉及的数据必须满足的语义要求。

3. 从 E-R 图导出关系数据模型

数据库的逻辑设计的主要工作是将 E-R 图转换成指定 RDBMS（关系数据库管理系统）中的关系模式。首先，从 E-R 图到关系模式的转换是比较直接的，实体与联系都可以表示成关系，E-R 图中的属性也可以转换成关系的属性，实体集也可以转换成关系。

D.4.3　关系代数

1. 关系

关系是由若干个不同的元组所组成的，因此关系可视为元组的集合。元关系是一个元有序组的集合。

关系模型的基本运算为插入、删除、修改和查询（包括投影、选择和笛卡尔积运算）。

2. 集合运算及选择、投影、连接运算

1）并（∪）：关系 R 和 S 具有相同的关系模式，R 和 S 的并是由属于 R 或属于 S 的元组构成的集合。

2）差（－）：关系 R 和 S 具有相同的关系模式，R 和 S 的差是由属于 R 但不属于 S 的元组构成的集合。

3）交（∩）：关系 R 和 S 具有相同的关系模式，R 和 S 的交是由属于 R 且属于 S 的元组构成的集合。

4）广义笛卡尔积（×）：设关系 R 和 S 的属性个数分别为 n 和 m，则 R 和 S 的广义笛卡尔积是一个有（n＋m）列的元组的集合。每个元组的前 n 列来自 R 的一个元组，后 m 列来自 S 的一个元组，记为 R×S。

根据笛卡尔积的定义，有 n 元关系 R 及 m 元关系 S，它们分别有 p 和 q 个元组，则关系 R 与 S 经笛卡尔积记为 R×S，该关系是一个 n＋m 元关系，元组个数是 p×q，由与 S 的有序组组合而成。

5）在关系型数据库管理系统中，基本的关系运算有选择、投影与联接 3 种操作。

D.4.4　数据库设计方法和步骤

数据库设计阶段包括：需求分析、概念分析、逻辑设计和物理设计。

数据库设计的每个阶段都有各自的任务。

1）需求分析阶段：这是数据库设计的第一个阶段，任务主要是收集和分析数据，这一阶段收集到的基础数据和数据流图是下一步设计概念结构的基础。

2）概念设计阶段：分析数据间内在的语义关联，在此基础上建立一个数据的抽象模型，即形成 E-R 图。数据库概念设计的过程包括选择局部应用、视图设计和视图集成。

3）逻辑设计阶段：将 E-R 图转换成指定 RDBMS 中的关系模式。

4）物理设计阶段：对数据库内部物理结构进行调整并选择合理的存取路径，以提高数据库访问速度并有效利用存储空间。

习题四

一、选择题

1. 在数据管理技术的发展过程中，经历了人工管理阶段、文件系统阶段和数据库系统阶段。其中数据独立性最高的阶段是（　　　）。

A. 数据库系统　　　　B. 文件系统　　　　C. 人工管理　　　　D. 数据项管理

2. 下述关于数据库系统的叙述正确的是（　　　）。

A. 数据库系统减少了数据冗余

B. 数据库系统避免了一切冗余

C. 数据库系统中数据的一致性是指数据类型的一致

D. 数据库系统比文件系统能管理更多的数据

3. 数据库系统的核心是（　　　）。

A. 数据库　　　　　　B. 数据库管理系统　　C. 数据模型　　　　　D. 软件工具

4. 用树形结构来表示实体之间联系的模型称为（　　　）。

A. 关系模型　　　　　B. 层次模型　　　　　C. 网状模型　　　　　D. 数据模型

5. 关系表中的每一横行称为一个（　　　）。

A. 元组　　　　　　　B. 字段　　　　　　　C. 属性　　　　　　　D. 码

6. 按条件 f 对关系 R 进行选择，其关系代数表达式是（　　　）。

A. R|×|R　　　　　　B. R|×|R　　　　　　C. σf（R）　　　　　D. πf（R）

7. 关系数据管理系统能实现的专门关系运算包括（　　　）。

A. 排序、索引、统计　　　　　　　　　　B. 选择、投影、连接

C. 关联、更新、排序　　　　　　　　　　D. 显示、打印、制表

8. 在关系数据库中，用来表示实体之间联系的是（　　　）。

A. 树结构　　　　　　B. 网结构　　　　　　C. 线性表　　　　　D. 二维表

9. 数据库设计包括两个方面的设计内容，它们是（　　　）。

A. 概念设计和逻辑设计　　　　　　　　　B. 模式设计和内模式设计

C. 内模式设计和物理设计　　　　　　　　D. 结构特性设计和行为特性设计

10. 将 E-R 图转换到关系模式时，实体与联系都可以表示成（　　　）。

A. 属性　　　　　　　B. 关系　　　　　　　C. 键　　　　　　　　D. 域

二、填空题

1. 一个项目具有一个项目主管，一个项目主管可管理多个项目，则"实体项目主管"与"实体项目"的联系属于（　　　）的联系。

2. 数据独立性分为逻辑独立性和物理独立性。当数据的存储结构改变时，其逻辑结构可以不变。因此，基于逻辑结构的应用程序不必修改，称为（　　　）。

3. 数据库系统中实现各种数据管理功能的核心软件称为（　　　）。

4. 关系模型的完整性规则是对关系的某种约束条件，包括实体完整性、（　　　）和自定义完整性。

5. 在关系模型中，把数据看成一个二维表，每一个二维表称为一个（　　　）。

附录 E　参考答案

习题一

一、选择题
1. C　　2. D　　3. C　　4. D　　5. B　　6. B　　7. D

8. C

二、填空题
1. 有穷性　　2. $\log_2 n$　　3. 350　　4. $n(n-1)/2$　　5. DEBFCA

习题二

一、选择题
1. B　　2. A　　3. A　　4. B　　5. D　　6. A

二、填空题
1. 功能性　　2. 软件生命周期　　3. 关系模型　　4. 封闭　　5. 实例

习题三

一、选择题
1. D　　2. D　　3. A　　4. D　　5. A　　6. C

7. D　　8. B

二、填空题
1. 文档　　2. 软件开发　　3. 数据流　　4. 事务型

习题四

一、选择题
1. A　　2. A　　3. B　　4. B　　5. A　　6. C

7. B　　8. D　　9. A　　10. B

二、填空题
1. 一对多（或 1:N）　　2. 逻辑独立性　　3. 数据库管理系统　　4. 参照完整性

5. 关系

参考文献

[1] 刘卫国. Visual FoxPro 程序设计教程[M]. 北京:北京邮电大学出版社,2005.

[2] 孔庆彦. Visual FoxPro 程序设计教程[M]. 北京:中国铁道出版社,2009.

[3] 王珊,陈红. 数据库系统原理教程[M]. 北京:清华大学出版社,2005.

[4] 崔巍. 数据库系统及应用[M]. 北京:高等教育出版社,2003.

[5] 郝方,舒成. Visual FoxPro 教程[M]. 北京:清华大学出版社,2002.

[6] 王利. Visual FoxPro 教程[M]. 北京:高等教育出版社,2005.

[7] 蔡伟,刘立志. Visual FoxPro 6.0 应用开发实例[M]. 北京:人民邮电出版社,2000.

[8] 教育部考试中心. 全国计算机等级考试二级教程——公共基础知识 2008 版[M]. 北京:高等教育出版社,2007.

[9] 吕新平. 二级公共基础知识实战训练教程——全国计算机等级考试辅导丛书[M]. 西安:西安交通大学出版社,2006.